經理人　03

EMBA的第一門課

中山大學企管系教授　　　　葉匡時　博士　　合著
雲林科技大學企管系副教授　俞慧芸　博士

臺灣商務印書館　發行

推薦序（一）

這本書最吸引我之處有二，第一是作者把書名定為《EMBA的第一門課》，第二是這本書適合管理經驗的分享與交流。

首先，這本書是EMBA的第一門課。企管教育最常被批評的是，其所培養的MBA不能完全符合企業的需要。若要檢討其原因可發現，商管學院的課程設計與教學方式，太偏重企業知識的灌輸，而忽略管理能力的培養。所謂企業知識，指的是資源的有效分配與運用，注重的是分析技術。而所謂管理能力，指的是激發他人潛能、幫助他人成功，其注重的是人文涵養。現今商管學院可能培養出優秀的企管顧問或財務分析師，但不一定能培養出傑出的高階主管，因此管理能力的培養應是企管教育的當務之急。

本書第一章為〈管理十要〉，這是每位經理人的學習目標；第二章為〈學習與心智模式〉，講的是學習方法與態度，其他各章可說是第一、二章的延伸與應用。本書旨在使經理人瞭解管理的內涵與基本精神，它當然應是EMBA的第一門課。

其次，加拿大教授亨利‧明茲柏格（Henry Mintzberg）在其近著《不是MBA的經理人》（Managers not MBAs, 2004）指出，學習管理最有效的方法是經驗分享。傳統企管教育所教導的學生多無管理經驗，因此只好用個案教學設法速成，但若學生在討論

個案時，沒有和其顧客、員工或利害關係人打過交道，討論個案就變成只是分析技巧的運用，這充其量只能增進企業知識，而不能達成管理能力的培育。好在EMBA班所招收的學生多為有管理經驗的在職主管，他們是樂於進行經驗學習的。

本書兩位作者將西方最新管理理論做了完整的消化，然後再參考在地實務，將個人的管理見解撰成本書，這可做為EMBA學生在課堂內經驗學習的基本架構，本書的陳述方式與每章所列舉的討論問題，都有助於EMBA學生在課堂上進行經驗分享與交流。

這是一本我非常喜愛的管理書籍，希望各界人士也能撥冗讀它，共同來體認管理的本質，提升管理能力。

寶華銀行董事長、前中山大學校長

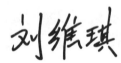

推薦序（二）

——我讀EMBA的心得

在本世紀開始的第一年，有幸考上台灣大學EMBA國際企業研究所。鼓起莫大的勇氣，背起沉重的書包，每星期坐在知識殿堂的第一排，仔細聆聽老師們的諄諄教誨，像海綿一樣的吸收著最新的現代國際企業管理知識，興奮的心情溢於言表。

葉教授這本《EMBA的第一門課》不僅驗證了我創業多年的經營理念，也非常契合我在台大修習EMBA的學習心得。自民國65年創業二十多年以來，就逐步以四項主軸在做企業的經營管理：

1. 成為佔上風的企業：以不斷的研發、不斷的創新來增加企業的張力（R&D費用從未低於5%）。

2. 用cc mail向上溝通：以同步cc mail的溝通方式，建構透明的溝通管道，及企業文化與共同價值觀的確立。所謂的堅定、固執、透明、純真，馬力十足。

3. 人才優先論：未來全球的企業都面臨人才不足的問題，唯有每年明確獎勵最好的人，淘汰最差的人至少10%，才能建立一個求取勝利的團隊。

4. 財務是血：正現金營運模式的商業模型，是企業生存的基本條

件。

今年在台大EMBA的學習終於告一個段落之後，也印證以上四個經營主軸，在現代企業經營管理的重要性。這幾年與葉匡時教授共同創業燦星旅遊網，一年左右，我們居然賣出了將近3億的旅遊服務。燦坤公司在推動治理也是經歷驚濤駭浪，一一克服困難而走出更健康的結構，從知易行難到知難行易。從這個年度開始，燦坤公司嚴格實施每半年淘汰不適任的5%，並不斷引進優質新人，一年挑戰獲利一個資本額，讀EMBA下山，總有一股我能做到的實力感！我花了4年超過60個學分努力過後的一點感覺——還不錯！願與大家互勉之！

燦坤實業董事長

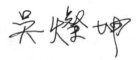

推薦序（三）

葉教授乃國內知名的組織與公司治理的學者，在他近二十年的學術生涯中，不但經常的在報章雜誌上發表其研究與觀察的心得，且出版了甚多的管理實務著作，如《總經理的新衣》等，嘉惠國內企業界甚多。

個人與葉教授相識多年，在前幾年百略在企業內推動學習型組織的過程中，即經常向其請教有關組織管理與變革的事宜，而受益良多。葉教授在三、四年前更從學界借調進入企業界，實際擔任企業的管理與執行的工作，同時也參與了多家新創企業的創立。此次葉教授特將其多年之學、教與實作的心得出版了《EMBA的第一門課》這一本很特別的書。其中結合了他個人長期在企業管理學界與企業實際經營的經驗與智慧，包含了近年來國內外知名的管理思潮，加以融會貫通，字字珠璣。尤其難能可貴的是，書中處處充滿了針對國內管理文化特有的情境而做的評論與建議，更是中肯、實用，且一針見血。

個人親自領導百略的組織變革，歷經十年。百略醫學由一家純正的本土型企業成長為一家國際型企業的典型範例。由於涵蓋了七種國籍的員工，人數更是高達二千人，期間經歷了各種文化（尤其是中、西文化）面的衝突與調和、願景設定與溝通、外界競爭的克服、技術的創新與突破、生產力與執行力提昇等等組織變革

中的主要議題。

綜合來說，企業變革的目的，就是一種全面經營力的建立，其中包括領導階層的願景經營、中層的策略經營與基層的生產力與執行力的經營。這些建造一個優秀且可能永續經營的組織的必要構面與細節，都已經清楚的為企業管理學界所發現與知悉。

由於產業演化的速度非常快，人類即將完成從龐大、僵硬的工業製造配送體制，過渡到有機、柔軟的體驗，轉化體制。一項全面性的企業淘汰賽，相信已默然快速在進行當中。企業在此一過程中迫切的需要一些實際但又有學理依據、可真正依循的真知識、真技術，協助企業經理人學習體驗企業經營的全貌，並帶領通過企業轉化的難關，而進化到能符合下一個社會需求的企業體。

坦白說，這樣一套完整的知識技術體系已經存在，只是知道的人還不多。葉教授的這本《EMBA的第一門課》可以說是此一趨勢之下難得的一本好書，標記著管理學終結的時代已經到來。以融會貫通整合性的組織管理經營與知識，運用到一個為下一代需求而設立的新創事業，按部就班的在一個新市場裡逐步成長的機會已經來臨，眾多現存的企業必須做好準備，迎接不能拒絕的轉化潮流，以進化到下一個經營狀態。所以說，葉教授的大作《EMBA的第一門課》是很好的一個寶典，可以讓企業人學而時習之，不亦悅乎，因此特為之作序推薦。

百略醫學科技公司董事長

推薦序（四）
——好的理論最實際

葉匡時教授是中山大學管理學院的優秀教授，也是一位多產的管理論述作家。他的學術成就廣受肯定，實務經驗豐富，同時也因為能言善道、教學活潑生動而成為本校管理學院最受學生愛戴的老師之一。俞慧芸教授是中山大學管理學院訓練出來的博士，在雲林科技大學管理學院的研究成果與教學績效獲得非常好的評價，是本校的傑出校友。

拜讀了兩位教授的著作《EMBA的第一門課》之後，我深深的感受到所謂「學術理論都很不實務」的說法並不成立。在這本書中，作者以淺顯平易的文字闡釋許多管理學術理論之外，並且引用了非常多有趣的例子來說明管理理論。在理論的層面上，這本書討論了組織設計的原理，也討論有關企業倫理的哲學基礎，如效益論、權利論、正義論等觀點。但另一方面，這本書卻也非常的實務導向，例如，討論辦公室設計所應該注意的各種問題、企業從事公關工作的具體步驟等等。

幾年前，葉教授曾經借調到民間企業擔任高階主管。我曾經問過他，管理的理論與實務是否差距很大？葉教授借用一位管理大師的話回答我說：「沒有什麼東西比好的理論更實務的。」許多人認為理論與實務有差距，常常是因為他們對理論的理解不足，不知道每個理論都有基本的假設以及適用範圍。無論是學者或是業

者，如果能有好的理論訓練，一定都能增加他們在工作崗位上的洞察力。因此，以《創新者的兩難》以及《創新者的解答》二書聞名於世的哈佛大學教授克雷頓‧克里斯汀生（Clayton M. Christensen）就曾表示，好的經營者一定要懂理論。葉教授與俞教授的這本書，反映出他們在嚴謹理論基礎下對實務的洞察力。這本書讓我對管理產生很多新而有用的看法，我相信讀者一定可以從中受益並應用到實務界，同時也會體會到理論的力量。

中山大學管理學院院長

蔡憲唐

作者簡介

葉匡時　博士：

現任台灣中山大學企管系教授，燦坤實業股份有限公司、百略醫學科技股份有限公司獨立董事。曾任太平洋聯網科技營運長、中山大學傳播管理所所長以及美國紐約大學石溪分校助理教授。在國內外學術期刊與會議中，發表五十篇以上的研究論文。

葉教授畢業於台灣大學政治系，並獲得美國卡內基梅隆大學組織理論博士。曾經與友人先後創辦了易遊網（ezTravel.com.tw）、燦星旅遊網（startravel.com.tw），兩家線上網路旅遊公司。此外，葉教授也擔任過多家知名企業的管理顧問以及台灣《經濟日報》、北京·《京萃週刊》等報章雜誌的專欄作家，著有《總經理的新衣》、《總經理的內衣》、《總經理的面具》等書，《總經理的內衣》曾榮獲中小企業處金書獎。

俞慧芸　博士：

1963年生。輔仁大學企管系學士，國立中山大學企管研究所碩士和博士，曾任中國農民銀行專員。現任雲林科技大學企管系副教授，主要研究領域為組織理論、產業競爭優勢、企業倫理以及策略理論。

特約主編簡介

徐桂生：

文化大學新聞系畢業，任職《經濟日報》35年，副刊組主任二十年，其所規劃之〈經濟副刊〉，多年來引介國內外管理新知，五千餘萬言，輯編經營管理書籍逾百冊，影響力深遠。

作者序

過去幾年，我們分別在中山大學與雲林科技大學EMBA班開設
「組織理論與管理」的相關課程，這本書即是以我們這幾年在
EMPA的授課內容為基礎，改寫而成的心血結晶。由於授課對象
為EMBA學生，授課內容以實務導向為主，因此這本書與市面上
的一般教科書有所不同；我們盡量減少學術性的文獻回顧與理論
陳述，而且在內容表達及寫作的格式上，也盡量採用比較通俗易
讀的呈現方式。

我們以一個EMBA學生（或中階主管）在學習第一門組織管理相
關課程時，所應該瞭解的基本知識（或常識）為範圍，一共設計
了十五個主題，每個主題獨立成為本書的一章。處於數位化與模
組化的時代，這本書的每一章都可視為是一個模組，因此，無論
是授課老師採用本書做為上課教材，或是讀者要自行研讀，並不
必然要遵照本書既定的章節次序。不過，為了更能提綱契領，我
們建議讀者先閱讀本書的前三章之後，再根據個別的需求或興
趣，自行調整閱讀的次序。此外，也建議第六章與第七章一併研
讀，第八章與第九章配成一套，第十三章則與第十四章一起學
習，以達到相輔相成、事半功倍的效果。

本書雖有很多內容與理論架構是歸納其他文獻而來，但是，也置
入許多我們自己的研究成果與觀察心得。特別是為了要使枯燥嚴

肅的管理知能論述更為活潑，我們採用一些當前政治、社會、經濟的實際議題作為思考討論的例證。因此，本書雖稱不上是嚴謹的學術論作，卻有不少有趣的創見；它也不是一部大塊頭的管理工具書，但其中不乏針對管理實務提出的具體方法。我們相信，不論讀者是想找尋富有創意的管理議題的靈感，或是想要掌握關鍵性的管理技能，都可以在本書各章節中獲得線索、窺得端倪。

管理有普世通用的知識與技能，但也有很多因地制宜的知識與技能。本書雖然引用大量的西方文獻與西方公司的範例，但我們也做了相當多的在地化「加工」工作。我們希望這些在地化的努力，可以牽動讀者們，讓大家一起用更寬廣、更深刻的態度來認識管理的本質。

多年來，我們任教的學校一直提供我們良好的教學與研究環境，同事們、EMBA的學生以及助理群的支持和協助，源源不斷，我們在此致上誠摯的謝意。同時也要特別感謝前《經濟日報》副刊主任徐桂生先生，如果不是徐主任耐心而寬容的一再「逼催」，這本書可能永遠無法完成。雖然此書是在「逼催」之下完成，但我們並沒有因為這本書的出版而覺得工作已經告一段落，反而是把此書視為一個新生命、新嘗試的誕生，需要更多的呵護、持續的投注，讓結合西方理論與國內管理實務的創意與努力，後續有更紮實嚴謹的呈現。

葉匡時　俞慧芸

2004年6月

目錄

管理十要

學習目標

1. 了解管理的基本工作內容與特性
2. 釐清對管理工作的誤解
3. 學習管理者應有的態度與思考

導論

不論是管理那一項專業領域的探討，都不外於管理活動的範疇。即使是在充滿商業活動，激烈競爭壓力的台灣時空裡，由於望文生義、顧名思義，管理的內涵依然存在許多的誤解。究竟管理的本質為何？管理是控制的代名詞嗎？是監督的同義字嗎？管理者就是約束命令別人的人嗎？由於管理者對管理活動和內涵持有的體會與態度，對組織運作效能和企業經營績效有最根本的影響。面對各種的管理理論，經理人既沒有時間也沒有精力好好地消化它們。因此，本書第一章特別針對管理的基本內涵與應有的態度，整理出管理的十個要點或口訣，彙總說明管理的基本精神。

基本上，管理知能的學習與進步，沒有速食麵可吃，也沒有食譜可看，最終還是要看個人的修行與造化。但相信以下提供的「管理十要」足供管理者一再咀嚼思考。

一、管理要有模有樣

1. 管理不是請客吃飯

管理不是請客吃飯。在注重人際關係的華人社會，似乎不論是遇到什麼衝突或困難，只要把人搞定，大家調整調整，問題就可以解決，而要把人搞定最重要最容易想到的方式就是請客吃飯，讓大家一邊用餐，一邊把問題討論討論解決解決，以致使人誤以為管理是容易的、不需要紀律的，只要請客吃飯，人際關係搞定就可以解決問題。事實上，管理雖然是藝術，但也是一門科學，絕非僅靠人際關係就足夠的。

2. 管理不可隨心所欲

孔子說他「七十而隨心所欲不逾矩。」，聖人孔子尚且七十才能隨心所欲不逾矩，可知一般人是不能隨便地隨心所欲。那作為管理者呢？他所做的決策，即使是日常的營運決策，其後果也可能影響到非常多人，職位愈高的管理者，其決策所可能影響的人愈多。一般人不能隨心所欲以免傷害他人，管理者更是如此，而需有紀律，遵循一定的規則、規矩，來確保企業的順利運作。

世界知名半導體大廠英特爾係以研發創新聞名於世，但對於員工紀律依然有相當嚴格的要求，其董事長葛洛夫就說過：「管理最重要的原則是紀律。」同樣地，微軟公司給予軟體開發工程師相當的自主權，但在軟體程序撰寫的要求上卻十分的嚴格，每一段的程式都需經過各種測試後，才能繼續寫下去。可知成功的企業，對紀律要求的內容和方式或許不一樣，但一定在某一方面有

嚴格的紀律要求。因此，管理實務工作者在心理上應有管理是
「要接受嚴格紀律要求」的體會。

目前國內許多中小企業出現轉型困難，可能原因即在對管理是嚴
肅的、需要紀律、需要規則的本質缺乏體會。為什麼這樣說？中
小企業主通常權力很大，自主性高，享受隨心所欲制定決策的自
由，不習於制定規則，更不用說遵守規則。當企業規模變大，需
依重專業團隊管理企業時，引進管理規範與控制制度，以確保企
業的順利運作有其必要。如此的改變，一方面與中小企業主過去
經營企業的方式有極大的差異；另一方面，引進紀律、引進規則
的同時，勢必壓縮企業主原來自由裁量的決策權力，中小企業主
往往難以適應或接受，以致企業轉型或成長難以為繼。

3. 管理不能盡如人性

管理是很嚴肅的，就如同學習是很嚴肅的一樣，任何專業的精
通，其養成過程一定是需要很認真很嚴肅的。如同上述，管理絕
不能隨心所欲，也不易完全以符合人性為依歸。管理是在藉由計
劃、組織、領導和控制等方法，有效達到目標。在這個協調集合
眾人之力以達成目標的過程，絕對是嚴肅的、有紀律的和無法盡
如人性。以奇美企業為例，表面上許文龍先生似乎不經常過問公
司事務，但不代表如此隨性、尊重員工，即可換得公司的順利運
作。事實是奇美公司內有許多值得信賴的工作幹部，很有紀律地
在管理公司。

觀念澄清：管理有紀律 *vs.* 管理人性化

很多人應該都有這樣的經驗，因為工作的關係，早上很不想起床，但無論如何必需起床；或是晚上很想睡覺卻不能睡覺，正說明人性化和管理紀律之間的衝突。一般而言，人都是懶惰、好逸惡勞的，如果要符合人性，管理工作很難落實。但如何順著人性，讓人發揮潛能，完成目標，的確是管理的重要課題。因此雖然國內「人性化管理」蔚為流行，但管理者必需體認管理需要瞭解人性，但實在不能盡如人性。

二、管理要有遠有近

1. 管理要講求效果與目標

假設你是在職進修的管理研究所學生，決定回學校繼續學習的目的是為了提升管理能力。但回到學校唸書後，發現預期目標無法達成，你會怎麼做？如果不能符合需要，理應離開，以免損失更多（包括時間、金錢、家庭生活等）。但大部分的人可能都不是這樣做，而是修改原來目標，或是當初就不清楚回學校學習的確實目標是什麼。由此可以了解，管理要講求效果與目標，看似簡單易懂的道理，但很多人違反這個原則而不自知。另如有人婚姻很痛苦，卻認為無論如何要硬撐下去，亦是不符合管理要講求效果的原則──忘記婚姻的實質目的，而拘泥於婚姻形式的維繫。

管理大師彼得・杜拉克認為管理的第一步就是釐清效果（effectiveness）與效率（efficiency）的差別。效果是做對的事（do the right thing)，效率是把事情做對（do the thing right）。效果就是大方向，長期最終要達成的目標，而效率就是做事的方法或程序。如果我們方向不對、目標錯誤，那麼做事方法再好也是水中撈月，難有成效。

2. 管理目標要有長短期與優先次序

管理必須根據時間遠近訂有長期、中期、短期目標。通常我們要同時執行多個目標，這些目標甚至可能相互衝突。因此，管理者要擬定目標的優先次序，列出公司未來一年最重要要做的三件事，假設分別是營業額成長10％、增加海外分支10個點以及提高獲利率5％。如此就要盡一切所能達成目標，企業可能會因為經濟不景氣、競爭對手殺價競爭、供應商不配合、或者法令規範改變等很多因素而無法達成目標，但是，就算員工有一百個或一千個達不到目標的理由，企業領導者最重要的責任就是為最後的成敗負責任，不能推諉責任。換言之，考量各種限制條件後，「設定組織目標的優先次序，付諸實行徹底落實，做不到，就要負責任」，既是管理目標要有優先次序，亦是管理需要紀律的根本精義。

3. 管理要有衡量指標

管理者要針對目標訂定具體的衡量指標，這些衡量指標是組織最有效的溝通工具之一。我國企業對於指標的訂定常常過於馬虎，無法精確具體的落實。《萬曆十五年》作者黃仁宇在其論述中指出，中國傳統沒有數字管理的概念，即使貴為一國之君卻不能掌握國家擁有多少人口、多少資源，也就無法規劃、訂定目標、績

效考核、控制管理，使得中國雖然稱霸世界一千年，但至西元1500年後就停滯不前，而終被西方世界追趕超過。

或許是我國傳統文化的影響下，許多上市公司對外公佈的財務預測也有類似問題；或許是為了操弄股市，沒有認真衡量或執行，導致大幅調降財測的新聞屢見不鮮。普遍而言，管理者對數字負責任的態度不足，對於組織指標的設定、衡量與考核也多流於形式，少具有實質作用。企業經營者應該深刻體認，一定要透過衡量指標，幫助我們經營管理，而且要要求這些指標確實落實，否則的話，不如不訂定指標。不過，台灣的資訊電子業在國際劇烈競爭的壓力下，在衡量指標的落實上，確實大有進步，鴻海精密的郭台銘就是個中佼佼者。在傳統產業中，台塑集團就是以確實落實各衡量指標而受投資者敬重。現在管理界流行「執行力」的說法，做好衡量指標管理就是落實執行力。

4. 指標非目標，注意目標替換

雖然衡量指標很重要，但指標不等於目標，管理者千萬不能為了指標而忘了目標，學術上的名詞稱之「目標替換」。每個人從小到大的學習經驗就是一大堆的考試，雖然這些考試的目標是確定學生的學習成效如何，但作為評估指標的考試成績卻成為教學活動積極追求的目標。為了改善學生的考試成績指標，老師或家長不斷體罰學生，至於學生是否真正瞭解學習的意義，已不再是老師或家長所關心，結果是離指標愈近，卻離目標愈遠。又例如說，破案率此一指標的目的在改善治安，但員警為改善指標，而普遍吃案，吃案愈多，破案率愈高，但犯罪率卻更高。一樣是離

指標愈近，離目標愈遠。

要改善這種錯把指標當目標，甚至造成「目標替換」的現象，管理者要知道運用多重衡量指標，例如員警的考核指標不應限於破案率，還應廣泛包括民眾以及各單位對員警的評價等，以較全面較完整地激勵員警在各方面的表現，以改善治安，實現警察作為人民保母的社會期望。

人是非常聰明的動物，只要組織訂得出指標，組織成員就一定可以取巧地來達成。因此，考核時絕對不可只看指標是否達成，更要關心指標後面所代表的問題是否被妥善解決。例如目標是要改善治安，立即想到的是要提高破案績效，因此加強員警的偵察能力、射擊和空手道等防衛能力訓練。雖有可能因此破案的績效改善，可是治安問題依然未得到改善。因為預防犯罪與破案訓練應得到相同的重視，才有助於治安的改善。又例如如何讓醫護專業人力投入預防疾病的工作？在現行健保局的給付誘因結構下，醫護人力的報酬是決定於個體疾病的治療而非個體的健康程度，因此，除非改變績效指標，否則醫護專業人力重治療輕預防的行為不易改變。

每個指標都是誘因的導向。當發現組織內的成員懶散不認真工作或是成員行為不符合組織利益，正是代表組織設定的指標不好，或是指標已成為數字遊戲，不具有實質激勵作用。例如當組織出現採購人員為降低採購成本而犧牲採購品質的問題，即代表指標不夠多元，對採購人員的績效衡量，不但需有採購價格的指標，

也需有品質的指標，還要有時程的指標等，才能防範目標替換的問題。

觀念澄清──多元指標？

多元指標最後需要加總或平均成一個數字，才能相互比較，但要如何加總或平均呢？以大學聯考為例，考試科目包括國文、英文、數學等，然後以總分評定，但英文多十分和數學多十分是一樣的意涵嗎？若擬以給予權重來改善此一問題，則需要有很好的母體研究，才能決定合適的權重。企業的指標應用時亦有相同的問題，多元指標間因衡量單位不同，無法加總，若衡量單位相同，需謹慎確定各指標對企業的貢獻是相同的，方能加總，如此才算得上是合理的績效評估方式。

多元指標可避免目標替換的問題，但指標愈多，指標發生衝突的可能性也愈大，如此又該如何是好？通常需視企業發展的階段而定，即此一時彼一時，企業發展之初可能是以價格取勝，漸漸以產品設計品質為競爭武器，之後再以產品開發速度為競爭優勢，則對指標的取捨或權重即應隨企業的不同階段做調整。另一種更可能的狀況是指標間的衝突不可避免，管理者的智慧就在解決衝突，並兼容並蓄地達成互有抵換的目標。

三、管理要有因有果

1. 管理要努力更要聰明工作

組織有目標要實現，通常達到目標的手段有很多。管理者除了訂

定目標，更要致力尋求有效的手段來達成目標。換言之，管理要不斷地追求更高的因果效益比。目前有許多的分析方法，如財務報表分析、資訊管理系統等，其功能無非都是追求更高的因果效益比。若是知道因果效益分析，管理者就知道如何聰明地工作，而不是拼命努力的工作。

觀念澄清──高階主管要*work hard* 或*work smart*？

明朝崇禎皇帝認為自己並非亡國之君，因他已非常認真非常努力地工作。但作為組織最高領導者，沒有掌握國家的方向以致亡國，如何能以認真工作或努力工作來作為推卸責任的藉口呢？特別是高階主管要重視的已不是自己有沒有努力工作（雖然努力工作常是最基本的要求），而是有沒有智慧地工作，為企業引領正確的發展方向。根據一項統計，台灣人的平均工作時間在世界上名列前茅，可見台灣人已非常努力地工作，但顯然附加價值不高，所以國民所得距離先進國家還相當遠。我們看歐美先進國家的國民，則是聰明地有創意地工作，因此有比較多的時間享受休閒生活。我們是否曾認真地想過除了認真工作和努力工作以外的可能性？

2. 管理要問耕耘更要問收穫

懂管理的人不但要問耕耘，更要問收穫。換言之，管理者隨時要審視投入的努力獲得什麼樣的回報，以減少無謂的努力浪費。這裡所說的聰明，並不是天生的，而是需不時地思考改善做事的方法。過去對台灣競爭力的討論都說台灣的經濟成就，是奠基於人民的勤奮、努力認真，但同樣的耕耘，如果有更好的方法或手段

是不是可以有更多的收穫？因此管理要問耕耘，更要問收穫，來提醒管理者除了勤奮，更要注意聰明手段的使用，來更有效地完成目標。

方法或手段有時比目的還重要。例如網路上到處都有創意，但創意若是執行不出來就不值一文錢，把創意用有效的方法執行出來才值錢。又例如目的是擁有健康的身體，方法是運動，但如果運動方法不對，造成運動傷害，不僅無法達到目的，反而對身體健康造成危害。台灣產業至今賺的都還是辛苦錢，這與我們不夠重視達成目的手段方法不無關係。

觀念澄清——手段 vs. 指標？

手段是做事的方法，指標是衡量是不是達到目標的工具。例如父母對孩子的期望是要為家門爭光和獲得社會成就，則爭光和有社會成就是目標。指標可以是年收入、知名度、完成的教育程度、任職企業的形象等，手段則是如何可賺很多的錢、更快地累積財富、或如何提高知名度等。

3. 管理要了解問題才能解決問題

管理要能了解問題，才能解決問題。要先習慣觀察現象，沒有弄清問題的本質，就急著解決問題，極易陷入單環學習的陷阱。我們從小的教育讓我們非常擅於解題目，但卻沒有出題目的能力。以數學問題為例，解數學問題是解題的能力；但找出複雜現象或問題的關鍵變數，並以數學符號表達出來，則是出題的能力。換言之，我們的教育訓練，教導出一批會解決問題的國民，卻未必

教導出知道如何問問題的國民。

反映在真實產業的經營型態,即是OEM的經營模式。OEM相當程度即是在解決工業先進國家出給我們的題目,解決人家製造上的問題和困難,但如何掌握消費者的需要?把消費者的需要轉換成產品設計?則不是我們擅長的。這就好像企業老板的責任即在出問題給員工,而不是在解決員工的問題。如果給員工笨問題,當然只能得到笨答案;想要從員工得到聰明的答案,老板就必需給員工聰明的問題。

至於如何問聰明的問題?彼得·聖吉在《第五項修練》一書所提的系統思考,就是在教導大家如何問聰明的問題,讀者可以參考。其實,問問題是需要學習的,我們可以多聽別人怎麼問問題,從中慢慢體會如何問聰明的問題。

四、管理要有得有失

1. 管理要計算機會成本

天下沒有白吃的午餐,所有事都是有得有失,沒有一件事是有得無失的,因此,管理要知道計算機會成本。一項活動的成本,不只包括去做這件事需花費的成本,更需考量因為要做這件事而無法做其他事所負擔的機會成本。例如廠商努力使成本下降10元、20元,似乎十分具有效益,但應計算為控制成本所付出的機會成本,例如破壞環境,把生活弄得辛苦痛苦,或是付出健康、家庭

或親情等代價，如此才算考慮了機會成本。唯有納入決策所需付出的機會成本之後，決策者才能判斷這個決策值不值得執行。

2. 管理要善用80／20原則

得失權衡最重要的評估方法就是大家熟知的80／20原則——用80％的資源去管理最重要的20％的產品、事務或顧客。假如您已經用80％的時間是在處理公司20％的事情上，但重要的是，花大部分時間所處理20％的事情，是不是正確的20％？因此，管理者應先分析自己時間運用的方式，然後分析所要處理的事情，接著管理者要決定最重要的20％是那些。至於那些較不重要的80％的事情，只要20％的時間處理就可以了。

3. 管理要選取長期與短期

得失權衡與管理者所持有的時間幅度（time span）息息相關。如果我們評估所做所為在十年後的得失、五年後的得失或是兩年後的得失，其結果當然會非常不同，所採取的行動也就有所不同。例如花一百萬來獲得EMBA學位以提升管理的能力，看兩年，自然會覺得學費很貴，但若看十年的得失，可能會覺得以一百萬元來提升管理能力以及隨之而來的收入與地位很值得。

4. 管理要權衡系統與組件

得失權衡還需考量系統（整體）和組件（個人）間的取捨。組織經常會有對A部門好的決策，但對B部門不好，此時即有必要加以權衡得失，A部門得，B部門失，但對整體而言是好還是不好？管理之所以不全然是科學，也是一門藝術，就是因為在這些

權衡上，必須視情勢而定，很難有個標準答案。

5. 必取或限制條件不能權衡

權衡是管理獲致成果的重要概念，沒有權衡，就難以割捨，也就無法集中力量，達成主要目標。但有些屬於個人或組織必取或限制條件則不能列入得失權衡之中的。例如公司絕對不能破產倒閉，或許企業可以為核心價值忍受短暫的獲利損失，但絕對無法為任何理由讓公司破產，此即屬必取或公司經營的限制條件。換言之，所謂必取或限制條件就是不能妥協，不容被權衡的條件。如果必取的條件互相衝突時怎麼辦？例如事業生存和企業主的健康、家庭幸福等，此時就必須借重創意或創新來解決。

觀念澄清——80/20法則

為什麼不是70／30或是60／40，這個法則是十九世紀末期一位義大利經濟學家，根據對真實情況的觀察統計所發現的一個共通規則，例如80%的所得集中在20%的家計單位；或公司80%的收益來自20%的產品項目；或是100萬家企業中，有份量的約有20萬家。即使在我們日常生活中，80／20法則也很適用。例如我有十套西裝，但穿來穿去總是那兩套，假如我外食的餐廳有十家，百分之八十是去其中的兩家。80／20法則在說明投入與產出之間不平衡的關係，也提示管理者取捨權衡的輕重拿捏。

五、管理要有虛有實

1. 管理要發展核心實力

管理者不可能樣樣行、樣樣通，必須瞭解究竟個人最會做什麼，或企業最會做什麼，然後全力在這專長上發展。企業不應花力氣在改善不會致命的缺點，而應配置資源於發揮優點上。以我們考大學聯考為例，若英文實力不錯，即應努力加強英文，讓英文成績得以大幅超前來贏得高分，其它科目沒有輸太多即可。我們常常認為我們要改善自己的缺點，從競爭的角度看，我們不應花太多的時間力氣在改善缺點，而是要把自己的優點發揮的更好，透過優點來取得競爭優勢，至於缺點，則不要是致命的缺點就可以。這個道理，就是企業要發展核心實力或核心競爭力的道理。

2. 管理要能夠以小博大，善用策略聯盟

當管理者發展出核心實力後，就要知道運用核心實力與他人合作，彌補自己之不足。從企業的層次看，企業要善用策略聯盟的機會，才能以小博大。即使你的實力在各方面比合作對象都好，仍應依據相對比較利益的觀點，不要什麼都自己做，而應選擇附加價值高的活動來執行。例如管理者可能打字比助理快、讀書分析問題也比助理快，但這不代表管理者要樣樣都做，而應是選擇附加價值高的活動來執行，即專心讀書和分析問題，至於打字則交給助理來執行。許多管理者無法掌握這個原則，事必躬親，不僅累壞自己，也無法培養出優秀幹部。

3. 管理要知道團隊合作、資源共享、互通有無

策略聯盟或網路組織就是一種有虛有實的組織方式。虛實拿捏好，善用策略聯盟、團隊合作、資源共享，可以以小博大、以無通有。要做好這一點，管理者必須樂於與人分享，同時發展自己的相對比較利益。觀察國內所謂的傳統產業與高科技產業，其中一項明顯的差異就是員工分紅入股制度，傳統產業知識或人的重要性比較低，不需分紅入股的制度，但高科技產業因為知識含量比較高，經營更需要團隊合作，所以有員工分紅入股的設計來綁住重要員工。未來，任何有競爭力的企業都會是高知識含量的企業，透過員工分紅入股建立團隊合作、資源共享將更為重要。

六、管理要有血有淚

1. 管理有悲歡離合、愛恨情仇、幽暗聖潔

當我們一再學習管理知能的時候，不要忘了管理是以人為核心的工作，有人管人，有人被管。這裡有悲歡離合、有愛恨情愁、有幽暗聖潔。每個人都有所謂「好我」如樂於助人、急公好義、忠誠的面向；同時也有「壞我」如自私、嫉妒、怨恨的面向。這就是人性。管理不能盡如人性，不能盡隨人性，但一定要了解人性、掌握人性。

東西方對人性的基本假設存有差異？

西方人認為人有原罪，因此要努力以赴，獲得救贖；中國人則強

調每個人都有佛性，所謂人皆可以為堯舜。因此，西方人犯錯時，比較能勇於面對自己的罪行，願意道歉認錯；而中國人則比較不能面對自己的幽暗面，所以會找些似是而非的理由推卸罪責。以男性公眾人物常常發生的緋聞案為例，當事人的典型作法是搬出自己的妻子為他說項，讓自己的妻子在媒體面前述說他是如何顧家、愛子。這樣的行為實在太沒有擔當。當事人實應面對自己人性的幽暗面，承認自己的確做錯事，並承擔自己做錯事的後果。

2. 管理要有光有熱、有生命有人性、能設身處地

管理者要面對自己以及他人的人性，要有血有淚、有光有熱，以設身處地的方式，呈現對他人的關懷。不可否認，管理的使命在使組織的經營更有效率，但值得再思考的是更有效率的目的是什麼？是使我們活得更好更快樂呢，還是讓我們賺更多錢？我們相信管理終究要回歸到人的價值，唯有以設身處地的態度尊重每個人的選擇與價值判斷，才能合宜地判斷什麼地方需要多些管理，什麼地方最好少些管理。

在專業形成的過程中，不論是律師、醫師、會計師或專業經理人的養成，都傾向於把技術看得很重，而忽略專業發展的基本目的在對顧客，亦即是對人提供服務。很不幸地，許多專業人員在專業技術的養成過程，反而喪失作為人最基本的感情和判斷。「得理不饒人」豈是我們所樂見的？管理已經是一個專業，但我們並不樂見管理因為專業而成為冷酷無情的殺人工具。

我們經常說「法律不外人情」，認為法律作為客觀、無情和公正的社會秩序把關者，不能自外於人情的干擾。但更需要建立的觀念是「法律不外人性的尊嚴」，亦即再周密再完整的法律（或任何專業上的要求），永遠不要只以技術專業為重，而喪失對人性尊嚴的基本判斷和尊重。時時不忘管理活動的本質在服務人，在讓生活變得更好，違背或忽略這個基本原則實不足取。

觀念澄清──管理有血有淚V.S. 管理有模有樣

管理是無情、不能隨心所欲的，但管理又要有人性有生命，之間的矛盾如何拿捏平衡點？此即所謂管理是科學也是藝術，不存在單一標準和立即可用的答案。可以參考的原則是做決策要破除情面，無情的；但執行時應是正義的，有愛心的。西方人說的「魔鬼頭腦，天使心腸」（Hard head, soft heart.）就是這個意義。

七、管理要有軟有硬

1. 計畫不如變化，要圓融穩健

再好的計畫比不過環境的變化，所以說計畫不如變化。舉例來說，我們每個人目前所在的前程生涯，是個人預期的？是計劃中的嗎？相信絕大部分人的今天，並非昨日規劃而來。雖然，依佛家的說法，今日的果是昨日種下的因，但我們所種的因又有多少是刻意規劃的呢？「無心插柳柳成蔭」恐怕是很多人對生涯規劃的看法吧？其實，不只是生涯規劃，組織有太多的計畫，後來的發展都與當初規劃時相去甚左。但這是不是代表帶我們或企業不

要計劃、不需預測未來？答案當然不是，企業發展依然要有方向，有目的，但在追求目標的過程中，要圓融穩健，不要把自己逼到絕路，讓企業或個人因為一個錯誤而萬劫不復。

秦末項羽為了要擊敗秦朝大軍，採破釜沉舟的策略，讓他的部屬沒有回頭的餘地，是在走險棋，與上述原則似乎有所違背？的確，但以當時局勢而言，項羽不這樣做，也是什麼都沒有，只能險中求勝。但企業經營大部分的時候不應如此冒險，而應圓融穩健。

2. 承諾要堅定是硬道理，執行要彈性需軟著陸

雖說計畫不如變化，但管理者對願景的承諾要堅定，只是對執行的方法要有彈性、知變通。套用鄧小平的語氣，我們可以說：「承諾要堅定，不能輕易更改是硬道理，但執行時要有彈性需軟著陸」。硬也可以代表實質的管理場域與工具，軟則代表管理的方法與系統。管理者要軟硬兼顧，不可偏廢。雖然環境不斷變化，計劃需隨時調整修正，但有些目標是不會錯的，例如要讓員工工作有成就感、股東獲得合理的報酬等，管理者對於這些目標需堅定承諾，不應搖擺，但對於如何達到既定的目標，則需要彈性、需要時間來落實。

八、管理要有破有立

1. 管理要發揮創造力

破是指管理者要具有批判與思考的能力,立則是指管理者要具有創造與想像的能力。在資訊發達的時代,知識可以便宜地取得,因此,在未來的管理領域中,知識未必具有競爭優勢,創造力才是致勝的關鍵。管理者要能分辨知識的價值,把握組織增進創造力的九字訣「隨時想、隨便想、不要怕」的原則,發揮想像力,創造優勢。隨時想、隨便想的意思很清楚,就是要大家不受時空場域的限制,自由思想;而不要怕是指不要自我設限,經常質疑自己為什麼不能?為什麼一定要這樣?只要我可以想,有什麼不能想?來強迫頭腦進行創造性活動。

2. 想像力比知識更有力量

此外,管理者更需深刻體會想像力比知識更有力量,而能盡量不讓例行工作纏身,讓自己開始有創意地工作。坊間管理類書籍充斥,我們若是拼命的看書而不去思考、想像,對企業的經營運作助益有限。一家企業要獲利、不能觸法,不能不守企業倫理,同時又希望保持員工身體健康,這些都可以說是企業的限制條件,也可以說是企業不能妥協的目標,要做到就要靠創造力。如果企業創造出有某種壓力的環境,就是讓員工工作更有挑戰,應該是有利創造力的激發。

3. 創造力要靠執行力

落實創意時,不可忽略執行力的重要,沒有執行力,再好的創造力都是枉然。特別是在網路經濟的時代,創意很容易偷別人的,徒有創意是不夠的,更需要執行力,讓創意可以快速地具成本效益地得到實現。

管理練習——如何有效地過濾管理或研發創意？

當大家都創意地工作時，組織必然會面對另一個問題－如何評估創意的可行性？或如何決定創意是否值得繼續投資使其成真？默克藥廠以研究計劃爭取到多少研發人員參與，作為評選計劃的重要指標。3M設立種子基金，避免組織遺漏可能的創意和構想。又例如以專案管理的方式，在創意發展的每個階段都設有評估點，以判斷是否繼續投入或是就此打住，減少對不適創意的過度投資。

九、管理要有智有信

1. 企業的意義在服務人類

所謂有智是有方法、有技巧、有能力；有信是指有倫理、有價值判斷和有信仰。《涅盤經》曰：「有智無信，增長邪見；有信無智，增長愚痴。」有智無信，如希特勒為人類製造的禍害極大；而有信無智則極易流於迷信。企業是服務人類的工具，追求利潤只是企業生存的手段。許多管理者錯把手段當目標，把逐利當成首要或唯一的目標，而常有不合倫理，傷害企業所要服務對象的行為。社會又怎能容許這樣的企業存在呢？

2. 生命的意義在追求幸福

企業當然要獲利才得以持續存在，但企業存在的意義在服務人類。當企業服務人類，獲得人類的肯定，創造價值，自然會有獲利。同樣地，企業存在的意義在追求人類的幸福，包括服務的對

象、員工、企業利害關係人的幸福。讀者會問，什麼是幸福？這當然有很多的說法，我們認為幸福就是能夠不斷地有收穫、有成就感。如果一家企業能讓股東有收穫、讓員工有成就感，讓顧客獲得價值，這就是一家提供人類幸福的企業。

3. 企業要有倫理：公正、誠信、誠篤、尊嚴、快樂

企業倫理就是企業行為的規範，一家遵守企業倫理的企業應該是一家重視公正（Justice）、誠信（Honesty）、誠篤（Integrity）、尊嚴（Dignity）、快樂（Happiness）的企業。管理者應該努力地把這些原則融入工作的領域中。我們要在這裡特別解釋一下誠篤的意義。誠篤是指如何能自我實現，不因特別的利益，扭曲自己原有的行為、態度或價值。古云：「做一天和尚敲一天鐘」，社會的順利運作正是依賴社會中每一個成員認真本分地執行他們的工作。如果老師不像老師，學生不像學生，老板不像老板，員工不像員工，所謂「君不君、臣不臣、父不父、子不子」，那很難想像社會如何可以運作無誤。台灣在這個層面的反省是極度缺乏的，社會的有效運作需要所有人在各自崗位上認真演出。但扭曲人性的「大人物」往往得到過多的關注，而盡職本分的「小人物」卻得不到應有的尊敬。

公司要期待員工忠誠？員工應對公司忠誠嗎？

我們需不需要員工忠誠？當然需要，但當別的企業提供員工更好的機會和待遇時，員工離開公司，這不是不忠誠。所謂不忠誠是不盡職，做傷害公司的事。例如員工知道兩個月後離職，在這兩個月依然負責盡職好好地做事，這就是對公司忠誠，對自己誠

篤。反之，因為離職在即，忽略自己與企業之間尚有兩個月的契約關係，而不努力任事，則是不忠誠不誠篤。相對地，若企業培養員工而員工卻選擇至其它企業任職，企業應積極地檢討自己企業環境是不是不夠好，以致留不住人才，而非指責員工不忠誠。

普遍而言，台灣國民生活的尊嚴是不夠的。為了求生存需要去做很多不夠尊嚴的事。例如有的計程車司機會在乘客疏忽的情況下，在平常時段按夜間加成，只是多賺十幾二十元，就是有失尊嚴的作法。企業內有時會為一元、五元或十元，失去公司該有的原則或尊嚴。管理者，特別是組織的領導者，應有深層的信仰，這個部分的討論在國內是十分缺乏的。所有企業的領導者都值得問自己：企業的意義是什麼？回想當初創辦企業的目的是什麼？企業為何有價值？讓企業經營得以有智有信。

管理練習——「求名當求天下名，求利當計天下利」？

常言「爭一時也要爭千秋」，用以勉勵人處事要有大格局，寬視野，但相對持「一萬年太久，只爭一時」觀點的管理者，是否會因因果關係時間太長，格局太大，反而失去施力的著力點？這個問題隱含人才的能力是僵固沒有彈性的，其實，真正的人才一定會同時兼顧短期與長期，短期都過不了，談什麼長期呢？

十、管理要有我有他

1. 管理者在追尋自我，實現自我

我是誰？我為什麼要做個管理者？通過我，可以了解他；透過他，才能呈現我。這裡所列出來的十點原則，管理者未必能夠面面俱到，管理者需要了解自己的優缺點與性格偏好，透過與他人的合作與對話，才能了解自己，發揮自己的優勢，彌補自己的弱勢。例如管理方法有千百種，為何用這種？不用那種？企業在什麼位置？企業主要什麼？唯有透過不斷的反省深思，尋找自我認同，管理者才有卓越的可能。例如創業很艱辛，創業者為什麼願意承擔這樣的辛苦，往往不只為了獲利，而是有想要實現什麼的強烈欲望，趨使創業家去承擔創業過程種種的不確定與艱辛。

2. 管理者要能角色定位

我們非常容易忘了自己是誰，例如有不少企業經營者因為自己的企業達到相當規模，有了知名度，就很容易認為自己有能力且有立場對很多非關經營的議題都有發言權，舉凡教育改革、經濟政策、兩岸關係等議題無所不包，而模糊自己在企業的角色定位。

3. 在自我認同中的期待、義務、合約

管理工作的本質還是在「人」。若以個體自利行事的程度，以及個體忠於自我價值的程度，可將管理者分為四類，分別是無私自我，無私無我，自私自我，以及自私無我。所謂自私無我，是為了利益或為了名聲而沒有自己的尊嚴，目前國內政壇上似乎到處充滿這樣的人。當年句踐為拍吳國夫差的馬屁，可以吃夫差的糞

便，無我到這種程度，吳國宰相伍子胥即建議此人不可留，以免後患。所謂無私自我，雖然熱心助人，但覺得自己一定是對的，不容易接受別人的立場。至於無私無我與自私自我是完全對比的類型，前者熱心公益又能摒棄一己想法，廣納各方建議，但卻可能完全沒有自己的立場；後者堅持自我想法和立場，並積極牟取自身利益。我們究竟要做什麼人呢？

唯有清楚的自我認同，才能清楚與他人間的期待與義務。即你的預期是什麼？別人對你的期待是什麼？你如何看自己？你希望別人如何看自己？在這樣的反省中，指導自己的行為，使管理者得以有我有他地完成組織目標。

管理十要的優先順序

管理十要若要排列優先順序，以何者為先？

管理十要缺一不可，而非優先順序的問題。此外，管理十要中絕大多數是思考方式、態度或習慣問題，一念之間，決定做好就可做好，不佔時間。但如果一定要排列優先順序，我們認為管理要有模有樣和管理要有遠有近最為重要，一定要先能接受紀律，才能學習新的事物和觀念。管理十要中比較需要時間訓練的是因果關係的確認與掌握，是管理技能與工具的訓練，非一蹴可及。另如管理有智有信，且需時間養成，實屬必要，但國內管理教育值得憂心之處亦在此，管理專業人員擁有很多的智能和技巧，卻沒有靈魂，疏忽企業的目的和根本價值所在。改善之道在管理專業人員除專業智能的充實外，需著重歷史、人文、藝術方面的涵養。例如以企業裁員為例，管理者應該要關心決策的後果，不只

是從管理的角度來看或企業本身的觀點出發。

落實管理十要，最困難的部分是？

管理十要中最困難實踐的應屬「管理有得有失」，以及「管理有智有信」。有得有失的評估相當程度反映企業的價值，公司高階主管間未必容易取得共識。至於有智有信指的是要企業合乎企業倫理，表面上看，有時還真的是高難度的挑戰，但如果企業需同流合污、要逃漏稅、要污染環境才能生存，那根本就是沒有競爭力的企業。其實，符合倫理且獲利可觀的企業不在少數，因此，根本還在於企業認為什麼事情絕不妥協，什麼政策必須堅持，這涉及企業的價值選擇。俗諺「一種米養百樣人」，每個人都有自己的生存方法，其實就反映每個人的價值選擇。

彙總

管理的內涵存在許多的誤解。究竟管理的本質為何？管理是控制的代名詞嗎？是監督的同義字嗎？管理者就是約束命令別人的人嗎？本章歸納提示管理的十個要點，彙總說明管理的基本精神，分別是：

1. 管理要有模有樣
2. 管理要有遠有近
3. 管理要有因有果
4. 管理要有得有失
5. 管理要有虛有實

6. 管理要有血有淚
7. 管理要有軟有硬
8. 管理要有破有立
9. 管理要有智有信
10. 管理要有我有他

簡言之，管理活動首在有效地完成工作，獲致預期的成果；其次，管理不只是控制或規劃技巧的組合，更在回應組織成員的需要，創造激發組織成員潛能的工作環境；最後，管理不存在有得無失的完美解，而需回歸管理者的基本價值觀以及企業的定位，以進行權衡取捨。

問題討論

1. 有的工作需要執行力，有工作的需要創意，你認為高階管理者最重要的工作是什麼？你同意高階管理者最重要的工作是把成員放在適當的位置上，以適才適所，繼續發展嗎？

2. 列出公司未來一年要做的三件最重要的事？有認真地做嗎？如果沒有，為什麼？管理十要所提示的精神或態度有益於解決目標與執行落差的問題嗎？

參考文獻

許士軍，2002，〈領導可以是創新的管理〉，《經濟日報》，4月5日。

黃仁宇，1990，《萬曆十五年》，台北：倉貨出版。

葉匡時，1996，《總經理的新衣》，台北：聯經。

葉匡時，1999，《總經理的內衣》，台北：聯經。

葉匡時，2004，《總經理的面具》，台北：聯經。

謝綺蓉譯，Koch, Richard著，1998，《80/20法則——迎接新世紀，最省力的企業成功與個人幸福法則》，台北：大塊。

學習與心智模式

管理者需發展有效的學習方法，持續有效快速地洞察環境變化、引領組織發展方向。

學習目標

1. 了解訓練、教育和學習的差別，掌握各種學習模式與學習的意涵
2. 了解並評估自己和組織的學習模式
3. 了解阻礙或影響個人學習的主要因素
4. 知道如何改變以更有效地學習

導論

在討論管理十要之後，我們選擇「學習與心智模式」作為開始的章節，目的在提供管理者反省的線索──如何讓自己的學習變得更有效，因為終身學習在產業快速變遷的今天，已成為我們維持乃至於提升競爭力的基本態度。過去可以賴以成功的技能、觀念、事業經營模式，能否持續作為企業爭戰未來的武器，受到高度的質疑。但新的競爭優勢、新的努力方向、新的重要技能卻模糊不清、曖昧不明，極需要管理者發展有效的學習方法，持續快速地洞察環境變化，引領組織發展的方向。「給人一條魚不如教會他釣魚」，掌握我們的學習與心智模式就好像掌握了釣魚方法，才可能有取之不盡用之不竭的魚貨，也不至於迷失在林林總總的管理新知之中。

因此，本章學習與心智模式的討論，首先在引導讀者了解自己的學習方法、判斷適合自己的學習方式並建議聰明的學習方法；其

次，討論心智模式如何影響學習的成效；最後分析並指出什麼樣的心智模式可以有效地進行學習。

壹、從教育、訓練和學習談自我省察

學校辦教育，相對於升學補習班或技能訓練中心，究竟有什麼樣的區別？從傳授知識的範圍來說，訓練活動著重於特定技能或實用知識的學習與傳授；教育則除了實用知識的學習外，還包括人格的養成、行為的塑造以及抽象思考能力的培養。因此，教育產生效用的時間較長，但訓練則具實用導向，擅於立即解決特定的問題。也因此訓練的內容是具體的，教育的內容則是較抽象、層次較高的知識系統，同時也較具發展潛力。由於環境的快速變動，過去經訓練獲致的特定技能，如打字、軟體程式撰寫等，可能已不再適用，在不可能永遠持續接受訓練的限制下，透過教育掌握自我學習能力的重要性不言自明。

自我學習能力的良莠關鍵在於好的教育。那何謂學習？教育是學習，訓練也是學習。學習是指經過不斷的練習（可以是教育或是訓練），在自我體驗後，使行為發生改變，才稱得上學習。例如上課之後，學員的思考方式或行為依然故我，那沒有真正的學習；又例如有人拿槍指著你，要你做東做西，雖然行為發生改變，但當槍不在時，你又依然故我，也算不上是學習。簡言之，能改變行為模式或習慣的過程才稱得上有效的學習。

常言道：「老狗學不了新把戲。」俗語也說：「江山易改，本性難移。」學習真的可能發生嗎？事實上，這也是當今國內企業面對最大的挑戰。對高階管理者而言，最大的挑戰，恐怕不是外在環境的快速變化，或是競爭對手的激烈競爭，而是改變自己的思考習慣和行為方式。

不可否認，改變自己是痛苦的，而在改變之前，要先承認自己是什麼樣的人。以下僅就如何了解自己的學習方法和如何改變以更有效地學習，進行討論說明。

一、管理者的必備技能

管理者基本必要的技能，包括人際關係的能力、專業操作性的能力以及抽象概念化的能力 (Katz， 1955)。不論基層或高階主管人際能力都十分重要，愈是基層人員，專業操作性能力愈重要，反之，愈是高層人員，抽象或概念化能力則愈重要。大致而言，抽象或概念化能力必須透過教育學習而來，專業操作能力則可以經由訓練習得，至於人際能力則不是課堂上可以輕易學得，必須從周遭的家人、同儕、朋友或自我親身的經驗用心觀察體會學習而來。在管理職位與必備管理技能的對應關係如圖2-1所示。

二、學習的方式

我們可以依據學習資訊的來源以及個人的習性，將學習方式區分為：閱讀型、聆聽型、講論型、沈思型、對話型。說明如下：

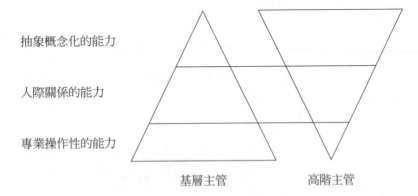

抽象概念化的能力

人際關係的能力

專業操作性的能力

　　　　　　　基層主管　　　　　高階主管

圖2-1　管理職位與必備的管理技能

資料來源：Katz, Robert L. 1955. Skills of an Effective Administration. *Harvard Business Review,* 23 (1): 33-42.

1. 閱讀型

閱讀書籍、各種資料等是一般大眾最經常應用且最熟悉的學習方式。幾乎可以在任何地方進行，不需特別的設備或場所，只要個人想要閱讀，也有閱讀的材料，就可以進行。

2. 聆聽型

聆聽型亦是一般大眾學習常用的方式，學生在課堂上聽課即是最典型的聆聽型學習，其餘如聽演講、聽廣播等亦是。相對於閱讀型的學習，聆聽型需有人講，不論是現場講或是聽錄音帶（或廣播、CD等媒介），才能有學習的進行，因此，學習活動的進行較受限制。

3. 講論型

與聆聽型相對的學習方式是講論型。即個體藉由將已知知識向人講演或討論而增進學習的方式。我們說教學相長，即指出藉由講論增進學習的可能。有機會傳授別人特定技能或知識的人，應該都有講論學習的經驗，即在教授別人的過程，因為被迫將腦中的知識編譯為別人可以理解的型式，而改善或增進自己對已知知識的理解和掌握。美國奇異公司前任總裁傑克‧威爾許把奇異公司轉型成教導型的企業，要求公司高階主管都能上台演講教導幹部。透過教導，奇異公司的幹部也都在學習。

4. 沈思型

子曰：「學而不思則罔，思而不學則殆」。沒有思考就沒有學習，藉由腦中知識的分解、重組、串聯，一些原來零零碎碎的知識才能逐漸具像成型。台灣在過去填鴨式教育，強調記憶背誦的教育體系下，一般大眾並不習慣也不知道如何以沈思作為學習的方式。高階管理者常常批評部屬沒腦筋不思考，但是，自己是否就有足夠的思考呢？

5. 對話型

柏拉圖的《對話錄》一書記錄蘇格拉底與弟子柏拉圖等人的對話，正說明西方自古就有教人如何講話如何辯論的學習傳統。反觀中國尊老敬賢、尊師重道的傳統，拉大位高者與位低者間的權力距離，致使藉由師生辯論對話以進行學習的方式，鮮少被應用。在台灣以對話型為主要學習方式的管理者，自然就非常少見。

從以上各種學習方式的說明，自己最適合那一種學習方式？是眼睛比較厲害，還是耳朵比較厲害？除了找出自己最適合的學習方式外，對管理者而言，更積極的意義還在於思考其它方式的學習能不能被開發？被採用？以增進個人的學習效果。

貳、如何學習

學習有幾個要件，第一不斷練習，第二自我體驗，第三行為改變。本節藉由對學習類型的探討，來提示管理者應「如何學習」。綜合多位學者的研究心得，本節分析學習的類型，首先介紹學習階段的分類方式；其次單環學習與雙環學習；第三為左腦學習與右腦學習；最後，說明最經常被使用的學習管道——向經驗學習。

一、學習階段

學習可分為四個不同的階段，分別為不知不能、自知不能、自知有能，以及不知有能，如圖2－2所示。

1. 不知不能

對於習於特定行事方式的個人而言，在面對變化快速的環境時，經常會有「不知不能」的狀態出現——對於環境的變化，以及因此需增加或改變的能力一無所知。「夏蟲不可以語冰」，如果個人不自覺缺乏什麼，或需要學習什麼，自然缺乏學習的誘因和方

向，也就不易有所謂學習的產生。改善組織學習效果的第一步，也是最需要克服的障礙即在改變組織不知不能的狀態。許多企業無法順利推動組織變革就是根本不知道自己有什麼不好不對的地方，學習自然無法生效，變革也就無從發生了。

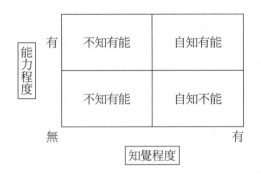

圖2-2　學習的類型

2. 自知不能

經過資訊的蒐集或揭露，個人或組織開始自覺到對特定知識或技能有所不足，而開始有學習的動機。個人或組織所處的學習階段不容易從外顯行為得到正確的觀察。例如教室中有50位同學，雖然都實際參與學習的活動，但其中有多少同學是因為自知不能而融入學習活動，有多少同學是礙於規範、公司要求等非自願的狀態參與學習。從鼓勵組織學習的觀點，誘導成員知所不足，是有效學習的關鍵所在。當學員自覺到自己有所不足，才可能引發學習動機，才可能知道學些什麼，學習才有機會成功。

3. 自知有能

了解自己會什麼，不會什麼，是學習的第三階段。子曰：「知之為知之，不知為不知，是知也。」正說明學習的起點不止在知道自己不知道什麼，更積極的是在知道自己會什麼，然後在學習的過程中，善用自己會的去學習補強自己不會的，真正學習活動於焉展開。

4. 不知有能

這是學習的最高境界。學習的成果已內化為組織或個人智能的一部分，而不特別意識到特定知識或技能的存在。同時，學習者一直保持一個謙虛的態度，不認為自己很有知識能力，持續的學習，學習才會持久。

如果管理者是不知不能，那根本不可能有學習的產生。自知不能，個人知所不足，才開始出現學習的念頭和動機。至於不知有能，則是最高層次，所謂隨心所欲，不逾矩。

自知不能，看似簡單，但卻不是如此容易，例如擠進大學窄門的同學們，其中有多少是自知不能而有學習動機，或只是別人唸大學我也要唸大學的從眾心理，值得深究。

又以組織推行知識管理（KM）為例，首先有些員工根本不知道什麼是KM，其行為也不利於KM（例如，沒有做記錄的習慣），那我們就要先用實際的例子來讓他們知道，他們的行為有違KM

的理念，同時我們要讓他們知道KM對公司經營的意義。當員工完成了這些訓練之後，他們才從不知無知進步到自知無知。這時候，企業可以有系統的訓練員工KM的具體想法與做法（例如，如何運用資訊系統協助我們建立記錄）。經過一定時間的訓練，員工可以琅琅上口什麼是KM，也可以操作KM的相關程序，但是，員工是否具體落實KM呢？能說不能練，不是知識。所以，處在自知有知的階段所要反省的工作是，如何運用落實知識。當員工把有關KM的各種做法都具體落實，並且成為工作習慣之後（例如，很自然地把每次顧客的抱怨與處理都記錄下來），員工不會意識到他的某些行為是屬於公司KM的一部份，這就是不知有知的階段了。

二、單環學習 (single loop learning) 與雙環學習 (double loop learning)

依據哈佛大學學者克利斯‧艾吉里斯（Chris Argyris）的研究指出，依學習者學習回饋的層次可區分學習為單環學習和雙環學習。典型的單環學習有如室內的控溫器，系統不時偵測室內溫度的變化，當溫度高於設定的溫度時，壓縮機即開始運轉，直至室內溫度與設定溫度一致（即在既定的目標下追求有效率地達成目標）。若控溫器的溫度設定不是固定不變，而可視進入房間成員的體溫偏好，進行調整，則為雙環學習（即在努力達成目標前，質疑並思考改變目標的必要性）。又例如婆婆挑剔媳婦家事做得慢吞吞，媳婦便努力學習加快燒飯洗衣做家事的速度，此為所謂

的單環學習；但如果媳婦去思考婆婆挑剔家事是因為太閒太無聊，那陪婆婆逛街或找朋友陪婆婆聊天打牌即是所謂的雙環學習。

一般而言，愈是專家，成功經驗愈豐富的人，愈會不自覺地接受既定目標，而愈致力地追求如何以更有效率的方法來確定目標的達成，此即所謂的單環學習。單環學習的人也傾向認為達到既定的目標就等於解決問題。

達到目標就等於解決問題嗎？

當處在快速變化的產業環境中，要如何為企業或部門或員工訂定績效目標？不論是由上往下或由下往上訂出公司可以依循的目標，都需要組織由上往下進行監控，以了解訂定的目標是否獲得執行。但當環境充滿不確定性，如何能確定什麼作為對組織才是有效的？解決之道在於加快速度，即當目標不清楚時，效率變得很重要－即快速不斷地嘗試雙環學習，蒐集資訊來修正目標，來確定目標是否合適。換言之，目標設定本身即是一個雙環學習的結果，因此若對目標不加質疑即努力達成之，便經常會有達成目標，卻未解決組織既有問題的奇特現象。

如何能避免自己陷於單環學習而不自覺的困境？彼得・杜拉克所提出的回饋分析法（Feedback Analysis）可以用來探知並改善自己的學習方式。依照這個方法，管理者要記錄自己制定決策的過程、考量因素以及預期結果，並於一定時間如三個月或六個月後，看看自己的紀錄再評估個人當時的判斷是否正確，決策預期

的結果是否與實際狀況出現差距等。如此重覆不間斷地對自己的決策進行記錄，待記錄的量足夠，則可藉此了解個人如何制定決策，對那些事預測準確又對那些事預測不準確。如此可以讓成員知所不能，積極採行學習改善或與人合作，避免個人進行不擅長的決策制定。

管理練習——如何從單環學習改變為雙環學習？

目前，企業流行執行力的說法，其實很容易淪為單環學習。企業老板要求員工遵照指示，不加質疑，戮力以赴，把員工訓練成快速完成任務，缺乏思考能力的個體，整個企業的思考就在老闆一個人的腦袋裡，員工又如何會思考學習呢？企業或學校都需要思考的是：我們需要沒有反省能力的學生嗎？沒有反省能力的員工？改善上述問題的方法，關鍵在於老師或管理者是否能盡量少給答案，少給指示，少給命令？讓學生或員工從尋找答案的過程中，自我定義問題，解決問題，學生或員工的學習能力自然就增強，組織才有可能成為學習型組織。

三、左腦學習與右腦學習

根據醫學上已知的事實發現，人的左腦專司邏輯思考、語言、線性思考和數學；右腦則專司圖像、非線性思考等。近來國內十分流行所謂右腦開發的學習，強調創造力的養成，以彌補過去偏重左腦而輕忽右腦學習的教育事實。但從管理的角度觀之，創造力雖然重要，但在執行時好的邏輯能力更重要。

管理者最重要的能力來自右腦學習或是左腦學習？

筆者曾請教過前飛利浦執行董事、全球電子事業部總裁羅益強先生，什麼是管理者最重要的能力或特質。羅益強認為好的邏輯思辯能力（logic mind）最重要。筆者接著問，認真工作、品行、聰明難道不重要嗎？羅益強認為如果有好的思辯能力，自然會知道要認真工作；有好品行，也會展現聰明才智。在被世俗的社會價值或規範影響下，不知道為什麼的堅持，往往是經不起考驗的，相對地，唯有經過很多的邏輯思辯，確定的價值和態度，才能禁得起考驗。筆者不反對右腦開發的重要，但是許多管理者連左腦都沒開發好，邏輯思維一塌糊塗，侈言右腦開發，未必能增進管理效能。

四、向經驗學習

學習來自深刻的自我體驗，而體驗的材料可以是：自己的經驗、別人的經驗或共同的經驗。分別說明如下：

1. **自己的經驗**。沈思、獨處、自我檢討、自我觀照就是要從自己的經驗中學習。管理者要能透過這些方法，了解自己的行為以及別人是如何看待自己的行為。根據管理大師明茲伯格（Henry Mintzberg）的說法，管理的情境千變萬化，管理者自我反省觀照的能力是最重要的一種能力，因為有這種能力的管理者就能向自己的經驗學習，讓自己的行為更有效。

2. **別人的經驗**。他人經驗最主要的來源是書本或影片，因此，管

理者要多讀書、多看影片來學習。

3. **共同的經驗。**即使共同的經驗，彼此的解讀未必相同，因此，
   我們要透過相互對話理解共同的經驗，達到學習的目的。

除此之外，善用「無中生有學習法」以及「少中生多學習法」對
於企業的學習十分有助益。假設你擔任某企業總經理一職，未曾
經手企業購併的業務，卻遇到購併案，請問如何是好？多數人會
認為找顧問公司，或許是，但顧問公司可以解決問題，卻不一定
可以為組織帶來學習。

雖然沒有親身經驗或實戰經驗，解決問題可以借重模擬的能
力，即想像可能情境，不斷模擬各種狀況，此即所謂「無中生有
學習法」。另有一種學習法稱為「少中生多學習法」，係指公司或
許曾有一次併購案的經驗，且參與者只有總經理、副總經理和財
務長，如何可以由少數幾個人的經驗，變成很多人的經驗？基本
上，雖然參與的是相同的活動，但每個人的經驗和體會都有不
同，若能透過適當機制的建立，促進彼此的對話與互動，則可將
公司一次的購併經驗，轉化為三次不同的經驗，而讓向經驗學習
的效果更好。

向經驗學習應是每個人都採用的學習方式。但向經驗學習存有一
些問題應是應用於學習活動時要加以注意的。即許多人都對自己
的記憶力過度信心，從心理學的實驗中一致地發現人的記憶會朝
肯定自己的方向移動，亦即，自己的錯在記憶中很容易被洗掉，

自己的對則持續地在記憶中被強化。例如在做決策時，若未在當時記下決策制定的思考過程和考量因素，事後回憶，往往會忽略自己考慮不周的地方，記得的是自己的周密（或是別人的疏漏）。因此，若想一窺個人學習的方式，不僅要能自我觀照，更需借用紙筆等工具，記下事件的決策與思考過程，如此才容易達到自我觀照，向經驗學習的效果。

參、心智模式對學習的影響

學習要透過自我體驗才能學習，其中最關鍵的要素莫過於心智模型，即你如何看世界、如何看別人、如何看待自己和別人的關係，關鍵地決定你的學習效果。

資源匱乏的中國傳統社會是個零和社會，對許多資源的控制遠重過開發。所謂零和社會指的是一個社會的資源像一塊大小固定的餅，你吃了一小塊，這塊餅就少了那一小塊。零和社會因為沒有資源可開發，不會想到開源，只會要節流。為了要節流，就得處處控制，防範他人浪費舞弊。國人常見的紅眼症，見不得人好，也是零和社會下的現象。

在零和社會下，每個人都要盡力爭取資源，同時固守已有的資源。由於資源有限，人與人的合作很困難，合作只是要去掠奪別人已有的資源，而不是另外創造新的資源，合作的人到後來仍會互相爭奪資源。歷史上為爭天下而相互誅殺的例子不勝枚舉，應

是最好的佐證。

相對地，經濟成長使得許多資源不再匱乏，而使這些資源進入非零和狀態。在非零和社會下，大家應盡量利用既有資源來開發新資源。但是如果大家依然以零和社會的心態和習慣來看待非零和資源，許多資源就會被消耗在不必要的控制上，交易成本就無法有效的降低，競爭力與生產力自然不會強。

例如錢是一項資源。在過去貧窮的時候，整個制度的設計在於有效的控制錢這項資源，不能讓任何人有舞弊的可能。因此，我們到銀行去存錢提錢都要好幾個人蓋章，結匯要在銀行的樓上樓下跑來跑去，而不能在一個窗口辦完，造成雙方的不便。許多公司行號有十分嚴格的報銷制度，來防止員工舞弊或浪費。就算這些重重控制減少舞弊浪費的可能，所減低的生產力（此即因為忽略有創造價值的可能性）是不是值得我們好好來檢討這些不便措施呢？

綜合以上，零和社會的心智模式因為相信價值是建立在相對稀少性上，而致力於資源的保護和控制上，自然極少分享和學習的可能；相對地，非零和社會的心智模式，因為存在創造雙贏或多贏的可能，樂於學習樂於分享的可能性無所不在。以下更具體介紹有益於學習活動的展開的心智模式，提供讀者參考應用：

一、你有沒有擴大資源的心智模式

你是否覺得別人多一塊，你就少一塊？不偏好隨便教別人自己會的東西，因為深恐教別人之後，就失去知識或資源的獨佔性？在此心智模型下，不容易有積極學習活動的產生。例如有些社會得到大家的肯定，是成功或成為英雄人物的條件；但有些社會則是需要打敗別人讓別人相形失色，才有機會變英雄，前者的成員比較可能有擴大資源的心智模式，因為相信幫助別人等於幫助自己，而有利學習分享活動的進行；反之，成員會致力於保護自己的經驗與知識，以保護自己或打敗別人，如此資源搶奪的心智模式不利於學習的展開。

俗語說：「格局決定結局，高度決定態度。」擴大資源的心態就是有格局的心態，管理者或企業才有機會留住優秀人才，邁向卓越。

二、自信、信任與分享

信任是學習活動的基本前提，亦即，我們必需相信別人不會拿我們教他們的知識來與我們競爭或打擊我們，同時，必需對自己深具信心，因為自己會的都不吝於教別人，如此才會逼迫自己持續學習，再進步。水漲船高，員工好，主管才會更好。因為自信與信任，才容易開啟相互學習和持續學習的良性循環。我們為何會信任別人，相當程度也與自信有關。唯有相信自己，才能相信別人，才能用開放的態度與別人共同分享與學習。

前面提到的學習方式，對話型與講論型才能擴大資源，至於常用的學習方式如沈思型、閱讀型等都沒有分享活動的進行。這也正反映國人不習慣與人分享資源（或知識）的事實。雖然學習必需來自自我體驗，但往往與人分享，才容易形成促進學習的動力，讓個人可以自律地學習。缺少樂於與人分享的文化是不易進行學習的。

三、自我與學習

管理者學習除了作為回應環境改變，以求企業永續生存發展的手段外，學習本身亦可以是目的——即為學習而學習。管理者的自我定位——做一份工作糊一口飯吃；或是從工作中學習不斷精進，常保好奇之心，凡是不知道的、不理解的或有疑問的，都時時留心尋求答案，可以顯見管理者不同的自我定位，學習的動力天壤之別，學習的效果自然完全不同。

肆、生命管理與學習

綜合前述，學習需要自我體驗，學習很難勉強為之。管理者的學習目的往往在增進管理者自己的能力。究竟管理者要增進那些能力？在學習階段的討論中有提到「不知不能」是學習最大的障礙，管理者若以為需要的只是作業管理的能力，必然會大大限制管理者學習的方向和學習的強度。以下用丹尼爾·高曼（Daniel Goleman）所提出的理論架構，針對管理者專業生涯所需能

力，區別四個部分來加以討論：

一、自我認知

首先要能了解自己的情緒，並正確地自我分析，如此才能知道自己可以做什麼，不可以做什麼，有益自信的建立。自信與自傲不同，前者建立在對自己清楚的認知上，而後者則往往缺乏對自我的全面了解，而對自己擁有的能力過度重視，至於不足的能力略而不計。究竟我們是否具備自我認知的能力，是個沒有標準答案的長期功課。按理說，隨著工作和人生經歷的增加，我們的自我認知的能力會與時俱進。

二、自我管理

許多管理學者談起管理理論頭頭是道，實際操作卻往往無功而返，或許原因之一即是缺乏自我管理的能力。自我管理能力包括：

(1) **自我控制**——例如，能控制自己的情緒，知道不該發脾氣，就不發脾氣。

(2) **值得信任**——是個值得令人信任的人。

(3) **自覺心**（Conscientiousness）——負責任，答應別人一定做到的可靠程度。根據研究發現，一個人成功最關鍵的因素，

第一是智商，也就是夠不夠聰明。其次即是自覺心，對工作的負責任的態度。老闆喜歡負責任的員工，員工也喜歡負責任的老闆。在自我管理的修為項目中，如何有自覺心負責任是十分重要的功課。

(4) **適應力**——彈性應變，才能確保自己跟得上情勢或環境的發展與變化。

(5) **成就取向**——成功的人往往有著高度的成就取向，不輕言放棄，偏執於設定的目標，持續努力。

(6) **主動性（Initiative）**——機會來的時候不會錯失任何機會，沒有機會也會創造機會。

三、社會認知

企業不能獨立地存在於社會之中，社會的種種情境和改變，或多或少都會影響到企業的營運。因此在管理者學習的能力中，如何了解社會成員的想法與態度，社會成員之間的溝通互動，社會成員如何可能影響企業運作等都是重要的。

(1) **同理心**——會站在別人的立場來看問題。例如台灣主張教育改革的政策精英們，樂觀地以為美國行得通的理想模式，套在台灣身上一樣行得通，決策者沒有真正了解台灣實際的情況，無法充分體會校方、教師、學生家長以及學生如何解讀

教育改革，以及如何因應教改的種種措施，自然容易出現政策設計立意雖佳，但政策結果卻難臻理想的政策。

(2) **組織認知**──是否了解組織運作的邏輯。本書的目的即在協助管理者了解組織運作的邏輯和重要課題。

(3) **服務導向**──同理心是站在對方立場思考問題；服務導向則比同理心更進一層，是在站在對方立場思考問題後，能本於服務熱誠，替對方解決問題。

四、社會技能

作為一個稱職的管理者，需具備各種社會技能，才能影響別人，貫徹個人意志，達成設定的目標。重要的社會技能包括：(1) 願景與激勵、(2) 影響力、(3) 發展別人、(4) 溝通、(5) 變革媒介、(6) 衝突管理、(7) 關係建立、(8) 團隊合作等。

市面上有很多改善個人社會技能的書，另外也有很多這一類的訓練課程，有心人只要肯努力，一定可以改善自己的社會技能。

彙總

基本上，人愈成功，愈容易陷入既有的成功模式之中。特別是管理者在組織中如果成功的經驗愈多，愈有決策的主導權，愈會陷入單環學習，走錯方向而不自知。事實也證明組織轉型的關鍵困

難在於管理者的心智模式。因此，作為管理者應保有一個開放的態度，不要只是想學管理，而需學很多不是管理但是有用的東西。隨時學，隨便學，不要怕，讓學習成為一種生活習慣，學習活動持續不斷地在進行。

問題討論

1. 你是屬於那一類的學習？單環學習或雙環學習？左腦發達與右腦發達？試練習回饋分析，並說明個人對自己學習方式的體會。

2. 請分析你自己的學習模式？你的學習方法的優缺點是什麼？

3. 請整理說明本章你所學到最有用的觀念或技能

參考文獻

張玉文譯，Argyris, Chris著，2000，〈教聰明人學習〉，《知識管理：哈佛商業評論精選02》，台北：天下文化。

張玉文譯，Kleiner, Art & Roth, George著，2000，〈如何以經驗為良師〉，《知識管理：哈佛商業評論精選02》，台北：天下文化。

張玉文譯，Leonard, Dorothy & Straus, Susaan著，2000，〈左右腦並用〉，《知識管理：哈佛商業評論精選02》，台北：天下文化。

葉匡時，1996，《總經理的新衣》，台北：聯經。

Drucker, F. Peter. 1999. Managing Oneself. *Harvard Business Review,* 77 (2): 65-74.

Goleman, Daniel. 2004. What Makes a Leader?, *Harvard Business Review,* 82 (1): 82-90.

Gosling, Jonathan, & Mintzberg, Henry. 2003. The Five Minds of a Manager, *Harvard Business Review,* 81 (11): 54-63.

Katz, Robert L. 1955, Skills of an Effective Administration. *Harvard Business Review,* 23 (1): 33-42.

組織觀點與類型

組織分析的觀點基本上可分為經濟理性的觀點、政治權力的觀點和社會文化的觀點

學習目標

1. 了解組織分析的不同觀點。
2. 認識組織的環境。
3. 了解組織的基本構面與特性。
4. 學習組織結構的基本型態,以及新興的組織型態。

導論

在第一和第二章討論管理者的基本修練後,本章的目的在裝備管理者處在組織之中時所需要的概念與分析架構。誠如本書前言所述,組織向來都存在不同的觀點和立場,因此,本章首先介紹組織的不同觀點,讓讀者可以體會和享受學習組織理論的樂趣。組織理論發展至今,存有許多各種不同的觀點,由於組織現象本來就是複雜,風貌不一,因此,組織理論即使在未來,相信都將持續如此多元的觀點,而難加以統一整合。

其次,面對組織複雜多元的現象,本章說明管理者著手了解組織時,所需理解的分析構面與特性,如規模、集中化、正式化等。第三,探討組織結構的基本型態。此外,因為環境變化,新近出現的另類組織型態,亦一併於本章做說明。

壹、分析組織的觀點

觀點很重要，用不同的觀點來看組織，會得到完全不同的想法。以下說明三個最經常被採用的觀點，分別為經濟理性的觀點、政治權力的觀點以及社會文化的觀點，詳細說明如後。

一、經濟理性的觀點

所謂經濟是從利益的角度來看，理性則是有效率地達到目標。經濟理性的觀點認為組織是一項工具，就營利組織而言，組織是極大化股東財富的工具，至於非營利組織，組織仍是達到特定目標的手段。一般管理學中最重要也最常用的觀點就是經濟理性觀點。

二、政治權力的觀點

這個觀點認為組織是一群人在爭權奪利，以遂行個人目的或意志的地方。因此，組織是政治權力的競技場，伴隨權力而來的效益，不再限於讓組織成員保住飯碗或失業這般的型式，還包括社會地位、成就感等。

管理練習——策略聯盟的不同觀點

為何要與特定廠商進行策略聯盟？從經濟理性的觀點，策略聯盟之所以得以成形，是聯盟雙方為獲得更大的利益。相對地，若從政治權力的觀點，對廠商間合作行為的解釋則側重於如何讓公司

愈來愈大，建立企業帝國，實現經理人的成就感和提升經理人的社會地位，反而比較不關心企業是否因此獲取更多的經濟利益。例如某些國內企業集團積極擴張事業版圖，較不重視新增事業單位與企業原其它單位能否創造新的競爭優勢，較關心的是如何建構心目中的企業帝國，不難發現政治權力的觀點用於理解企業行為亦具有相當的參考價值。

三、社會文化的觀點

組織是一群人生活的地方。如同電影侏羅紀公園中所說的生命會自己找到出路，由人所組成的組織也一樣會尋找自己的出路。至於組織遂行的目的，是否與原先設定的目的一致已不再重要。例如國內早期的中國青年反共救國團，從經濟理性的觀點，救國團為一達到特定目的的手段，組織創設時的目的為動員青年愛國救國。從政治權力的觀點，救國團可被視為蔣經國先生繼承權力的設計，是個人權力運作的工具。若從社會文化觀點，救國團在今天已不再被期望動員青年愛國救國，亦不具有鞏固特定政治人物權力的作用，理應宣告解散。但誠如社會文化觀點所強調的，組織是有生命的，有自主性的，會自行尋找生路的，救國團經過時間演變已成為時下年輕人旅遊活動規劃和心理輔導諮商的組織，雖然偏離組織原設定目的甚遠，卻避開走向死亡的命運。

由於組織現象複雜多變，不能只用一個觀點看組織，而需用較多的觀點來看組織，才能對組織中的成員和組織本身有較深刻的體會。雖然看待組織的觀點是多樣的，但作為競逐全球市場的個別

廠商，最主導和最常用的觀點依然是經濟理性的觀點，視組織是逐利的工具。我們也可以從此推論出公部門和私部門的顯著差異：公部門不應逐利，私部門則以逐利為主；公部門重視公平正義以及程序，私部門則追求效率與結果，可以比較不重視程序；公部的績效不易衡量，私部門的績效容易衡量，如股價、業績等。由於經濟理性的觀點較無法應用於公部門，缺乏可以明確界定的績效指標，因此，我們可以斷言在公部門陰暗的權力競逐要較私部門嚴重，運用權力政治的觀點也就比較容易來理解公部門。

管理練習——虛擬辦公室

虛擬辦公室在未來科技成熟後，有可能蔚為潮流普遍應用嗎？若從經濟理性觀點，似乎是無庸置疑，虛擬辦公室可以省下組織成員通勤的時間和痛苦，又可提供相當大的工作彈性。但問問自己或周遭的人如果不再需要出門上班，工作地點沒有自己的辦公空間，可能會比較有效率但會不會比較快樂？當以政治權力或社會文化的觀點來看待虛擬辦公室時，則不難發現許多人是很高興出門上班的，因為可以找自己的夥伴，找自己的朋友，從與他人互動交流得到權力或心理的滿足等。虛擬辦公室普遍應用，或許可以更有效率地完成組織被賦予的工作，但卻對組織作為組織成員間權力的競技場或滿足成員社會的需要則顯有不足。換言之，時下阻礙虛擬辦公室普及的因素，不只在技術的可行與否，還在於組織的本質——即具有達成經濟目的之外的重要功能。此也正凸顯採用多元觀點了解組織現象的重要性。

貳、組織的環境

從泰勒時代的科學管理學派、費堯的管理程序學派、霍桑實驗之後所開啟的行為關係學派，以及後來的管理科學學派、情境理論等，均視組織環境是固定不變或是僅有少數幾種可能，而專注於組織內部的管理。但隨著環境變化幅度和頻率的加劇，以及環境變化對組織生存的重大影響，組織管理者的眼光不得不從組織內部轉移至組織環境。本書有關企業願景、企業成長、組織變革、組織網絡等課題的討論，均是組織回應環境變化的必要作為。

傳統組織理論在探討組織環境時，是以相當客觀的態度，把組織和環境視為兩個獨立個體來討論彼此的影響。舉例來說，在環境呈現經濟大蕭條時，組織經常得做策略調整，這就是環境影響了組織；而組織也常常透過各種不同的力量來影響環境，如遊說促使或阻礙法令制度變更等。甚至組織的某些行為也會影響其他組織的行為，如台積電的分紅入股制度，就對科學園區內的企業生態造成相當的影響。

相對地，符號詮釋學派主張環境是組織成員主觀建構的結果。亦即，不存在所謂客觀的環境，環境究竟有沒有變化、環境友不友善，以及環境會對組織造成什麼樣的衝擊，是決定於組織成員各自的觀察與理解。例如大陸發展會不會影響到台灣生存，覺得會就是會，覺得不會的人就覺得不可能有影響，也就是說組織與環境間的界限，端看個人的解讀而定。

不但組織環境難以界定，有時候，連組織成員也不再像過去如此清楚明確。舉例來說，「誰是大學的成員呢？」你可以說是教職員和學生，但推廣教育班的短期學員還有學生家長算不算也是呢？平常不是，但募款時是嗎？同樣的，何謂中鋼人、中油人，也似乎並沒有一定的準則來評斷，這時就要看每個人涉入組織的程度而定。本節有關組織環境的討論，僅就傳統組織理論所界定的環境內涵來進行討論與說明。

一、環境的內涵

組織環境的分析，有層次上的差異，假設只有兩個組織A和B，那麼它們彼此可視為是對方的環境因素。若同時共存許多組織，則可視為組織群，觀察之間錯綜複雜的互動關係。因此要分析組織環境時，應先探討組織間的互動網絡關係；其次，探討一般環境，包括由法令規範組成的體制環境和遊戲規則（如證券商被黑道牽制），以瞭解組織在一般環境限制之下，什麼是可以做的？什麼是不可以做？最後，探討國際環境，因為國際環境在近代已出現對組織影響越來越深遠的趨勢。彼此的關係如圖3-1組織環境所示。

二、網絡環境

分析組織的網路關係時，首先要分析誰是利害關係者，此可分成兩類利害關係人來討論。首先是股東、員工、管理者、顧客等較

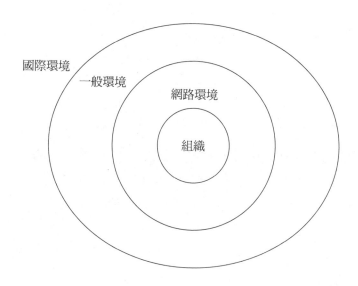

圖3－1　組織環境的內涵

為內部的成員，其次是供應商、政府、社區、一般大眾等較為外部的成員。要注意的是，有時第二層的外部利害關係者對特定產業造成的影響遠遠大於第一層的利害關係人，不容忽視。例如航空業、金融業等管制行業受政府法規變更的影響可能遠大於受顧客或員工的影響。

在分析組織與同業間的關係時，可藉由找出組織在環境中的結構地位，來界定網絡中的核心人物，透過這樣的分析，可以了解組織在環境中的權力結構、資訊流通等狀態。以紡織業來說，產業中上下游關係十分緊密，在分析時應該先界定其組織與環境間的界限，找出互動關係如交易情況等，來瞭解這個產業的「密

度」。然後再分析「中心度」，找出資訊流通的核心，以中鋼的中衛體系來說，中鋼就可視為是核心組織，因為它是資訊交流和交易最為集中的中心廠。

三、一般環境

一般環境可分成幾個構面來觀察，其中經濟、科技、實體方面屬於較理性的分析，而社會、政治、文化、法令面則是屬於較非理性的分析。以下試著分析台灣目前面對的環境狀況：

1. **社會面**：主要的變化是都市化，外勞與外籍新娘增加，以及人口老化，如此一方面是退休年齡的延長或老年工作人口的增加；另一方面經濟活動的內容和類型也將出現根本的改變，如建築業的衰退等。

2. **文化面**：文化是一種信仰或價值觀。韋伯曾經比較過基督教和天主教的分別，他認為因為天主教是權威體制，所以不鼓勵競爭；而基督教則是每個信徒都可以自行和上帝溝通，企業家往往因受到上帝的感召而創業，造成資本主義的興起大多發生在基督教國家的現象。台灣在文化方面最重要的改變就是本土宗教的興起。例如，台灣政府相信企業家的管理（即是一種信仰），所以找來大企業暢談政府再造等議題；又例如基於「人是理性的」的信念，企業相信管理（信念），所以聘請MBA等，這些都是文化價值觀上的轉變。

3. **法律面**：台灣近年在法律環境面的改變，主要是解除管制的趨勢。基本上，台灣的企業大多得受公司法的規範，可是我們往往可以發現，公營企業太遵循法規的結果，就是經營效率偏低。前台汽客運和民間客運的競爭就是這樣的情況，法令規定不能隨地載客，但民營企業卻仍偷偷進行，台汽遵守法律的結果就是造成顧客的流失。此外，台灣的法制問題亦對組織生存有很深的影響。台灣的法令為大陸法系和成文法，但是商業環境變化多端，成文法是否適宜台灣商業運作，值得商確。以國際仲裁為例，為了適應環境變遷，大多為非成文法。

4. **政治面**：最為明顯的就是權威解體、民主化與本土意識的興起，這對企業經營的影響為何，值得注意。

5. **經濟面**：主要是產業結構的調整。台灣的製造業從勞力密集到資本密集，能否順利進入知識密集，是很大的挑戰。此外，服務業的比重日益升高，法令管理都應有所調整。

6. **技術面**：現今組織運作時所需的技術與以往比較有很大的不同，尤以資訊科技的興起為代表；科技已是人類生活的一部份，像電視的出現就大大改變了家庭的運作。又例如汽車，使人類移動容易，無形中改變了大家的社區意識和生活方式，對社會結構造成很大的衝擊。

7. **實體面**：實體面泛指物質、生態、地理等因素。例如說，在天然物質豐富的環境下，自然會產生相關產業的組織。南非就有

世界最大的鑽石生產與配銷公司，加拿大的林業、紙業產業發達，當然有其必然的道理。

四、國際環境

我們最後再來談談國際環境。非政府組織（NGO）的興起，可以說是對現代組織影響甚鉅的因素，舉凡環保、婦女、和平、人權等國際性組織都算在NGO的範疇之內。

以美國以前在南非的商業活動和耐吉在亞洲的球鞋製造為例，都是因忽略人權、勞工等條件因素，受到NGO發動示威形成杯葛，而遭致銷售額劇減等損失。在台灣，這一類的組織還很有限、力量也不大。但是在可見的未來，相信這會成為影響台灣組織運作的重大因素。

參、組織結構

一、何謂組織結構？

有學者以人的骨架來類比組織的結構，此一比喻可讓剛接觸組織結構的人很快了解組織結構的基本特性——決定組織的分工型態、職權隸屬和互動方式，如同骨骼對人體的價值。但此一比喻也極易誤導讓人以為組織結構就如同人體的骨骼是固定的無法變動的。事實上，組織結構係組織回應科技、權力關係、策略方

向、環境和組織規模變化所呈現的結果。

何謂結構？以一般研究生的班級為例，新生時原先來自各大學互不認識，但經過一段時間以後，便會有一些團體出現，漸漸的結構浮現，影響班級組織的運作，且繼續強化。到這時要打破結構就有其困難度，因為相對於其他組織因素，結構是比較穩定的。

為什麼有組織結構的出現呢？主要是因成員分工而來；成員分工與彼此工作進行整合之間，漸漸形成組織結構。至於分工的觀念，則係亞當・史密斯所著國富論之重心[1]。分工越精細，彼此協調的需求越大，此時就愈需要靠管理來整合，因此，不難發現，較龐大的組織涵括較多型態的分工，而會有總管理處的存在。雖然奇美董事長提倡「沒有管理的管理」，視人事室、總管理室為成本之一，是不需要存在的單位，但是這樣的作法，在台塑或其它企業集團可行嗎？顯然不同的組織，需要不同的組織結構。

組織結構是執行企業策略的工具，唯有合適的組織結構才能確保策略的徹底執行。在傳統的策略規畫當中，組織結構的主要任務在「控制」策略的執行，即所謂的結構追隨策略。不過現在企業強調人性化的管理，加上環境變化快速，不能再只依賴結構控制的手段，還需藉由信任來管理，是屬於比較感性的做法。90年代

---

[1] 有一種說法指出亞當・史密斯的學說是受到我國古代史學家司馬遷的「各職所司」觀念影響，這是真是假還有待論證。有人說分工的出現，是因為先有「比較利益」才有分工——每個人先做自己專長的事，再進而整合。

以後，因為文化、人性的差異，組織分工後往往還需要再整合，所以企業多改採團隊合作的模式。這跟外在環境的變化有很大的關係，如高科技產業的產品生命週期很短，團隊合作的需要很強。如果產品生命週期很長的話，企業就可以繼續採行傳統的分工形式。有關團隊此一新興的結構型態，於第十章介紹團隊時做更深入的討論。

什麼因素會影響企業結構的改變？傳統的組織結構係以員工在正式結構中的職權而逐漸形成專業。但現在擁有權力的人卻不必然是擁有正式職權的人，例如從資訊結構可看出另一種分工，當組織成員需要資訊時，不一定會去找有職權的人，反而會去找比較有意見想法的人，這樣的互動過程就形成資訊結構，彼此互相強化，有些人是傀儡，有些人有實權。舉例來說，早期在醫院裡，雖然X光機器是由放射技師來操作，但因為儀器不是那麼複雜，所以技師仍然要聽從醫師的指導來操作。不過現今機器越來越進步，要多人互動討論才知使用方法和正確的結果，某個程度上醫師反而要聽技師的意見。因此可以說科技改變成員間的互動和相對權力，進一步改變組織結構。

二、組織的結構要件

作為一個管理實務者，組織績效是其工作重心，會受到科技、策略等等因素的影響，這些因素彼此間也會相互影響。當管理者嘗試了解一家企業的結構時，應該從何著手，以能快速地掌握該企業結構的特性？以下簡單分析組織的結構要件：

1. **規模**（Size）：規模大或規模小何者績效會比較好呢？權變理論告訴我們說：不一定。以美國為例，當經濟蕭條時，組織紛紛採取縮減的策略，景氣變佳時，就反採取組織擴大的方式。在台灣，基於永續經營，許多企業卻是能少用人就少用人，為什麼呢？因為根據現今的勞基法，有很多台灣的企業，將來都有可能會被退休金拖垮，而有人力縮減的現象。企業規模的衡量，可以是資產總額、資本額、營業額、人數等等。若以人力來表示企業規模，由於時下業務外包盛行，專職人力日減，兼職人力日增，組織的界限日益模糊，愈來愈難以企業規模（雇用人數）來反映企業管理的複雜程度。

2. **管理幅度**（Span of Control）：係指管理者可以有效直接指導的部屬人數。過去我們常說適當的控制人數是七人，但最適的管理幅度已因科技的進步和人力素質的提升而有相當程度的變異。基本上，當員工工作自主性的要求愈高，人員獨力作業的能力愈強，監督指揮的需求愈低，則最適的管理幅度愈大。例如在高科技產業，有些公司控制幅度甚至大於兩百人。又例如統一超商推行加盟的作法，因為加盟主的自利誘因和自主經營的需求，可使控制幅度大幅提高。

3. **正式化**（Formalization）：正式化是指組織成員的工作行為受到工作規則、規範、政策和程序指導的程度。一般而言，當個人可以任意影響工作績效的程度低時，即代表組織的正式化程度高。工作規則愈清楚、愈詳細、愈無模糊不清的可能、愈不能容忍偏誤，組織的正式化程度愈高。簡言之，正式化的程度

反映組織控制成員行動的程度。正式化的極致即是所謂的標準化 (Standardization)，典型的代表即麥當勞，藉由作業程序標準化，使全球各地的麥當勞提供的是齊一的產品品質。

4. **複雜度** (Complexity)：組織需要的專業和技能的種類愈多，代表組織愈複雜，反映在組織結構上，即是水平分工和垂直層級的多寡。環境愈複雜，組織愈需要各類專業的人來回應環境的需要，但因此衍生有關控制、協調和衝突解決的問題就愈嚴重。

* 在水平分工方面 (horizontal differentiation)——當組織規模很小的時候常見的是「校長兼撞鐘」老板包辦一切重要的企業活動，並無明顯的水平分工。但隨著組織成長，組織需要雇用各種專業人力，如行銷研究、產品開發、公共關係、資訊專家、法律顧問等，基本上，組織面對的環境愈複雜，組織水平分工的程度愈高。當組織水平分工程度提高，專業化程度 (Specialization) 提高，往往因為不同部門使用不同的語言、不同的目標、不同的專業等，組織部門間的可能衝突也會隨之提高。如何解決此類衝突，常是管理者最核心的挑戰。

* 在垂直層級方面 (vertical differentiation)———一般而言，管理幅度愈大，組織的層級愈少；反之，組織的層級愈多。不像水平分工，垂直層級有內建的衝突解決機制。因為當層級之間出現衝突時，通常由擁有較多正式職權的人來定奪。組織的垂直層級與水平分工是否同向變動？有的實證研究顯示是，有的則

否，但從直覺來判斷，兩者不必然會同時變動，因為我們可以觀察到真實世界的組織有的是「高且窄」，有的組織則是「矮且寬」。

5. **集權程度**　(Centralization)：用人、預算等權力集中在特定人或少數人或特定管理階層的程度。換言之，集權程度係指組織決策制定的職權在組織中的分散程度。組織決策是只由高階管理團隊制定或是由最接近行動或現場的成員制定，反映特定組織的集權程度。基本上，愈例行的決策，因為決策規則明確，授權並無失控的風險，而可分權由現場成員決定之。除此之外，組織若要分權成功，就必需有機制來確保決策結果符合組織的規範和價值，否則集權雖然有許多問題，但過於輕忽的分權，亦可能為組織帶來經營的危機。

在大公司中，規模成長業務多元，主管們多擁有部份預算，分權程度高，加上決策過程清楚，正式化程度也高，所以分權程度與正式化程度不一定相違背。甚至正式化程度有益促進分權，特別是專業性的組織。然而，垂直分工程度上升，控制幅度則一定會下降。因為高階管理者想要節省決策的時間，所以減少控制幅度，造成組織層級的出現，最後導致一個最佳化的組織結構形成。但是當層級變得太多，組織回應環境的彈性會降低，所以又有扁平化的提倡。不難了解，從上述五個結構要件，規模、管理幅度、複雜程度、正式化程度和集權程度，可以對一企業的組織結構有相當程度的了解。

三、明茲伯格的結構要件

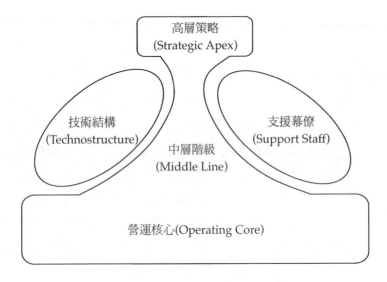

圖3－2　Mintzberg 組織結構的五個基本要件

資料來源：Mintzberg, Henry. 1979. *The Structuring of Organizations.* Englewood Cliffs, N.J.: Prentice-Hall Inc. p.20.

管理大師明茲伯格指出組織結構具有五個基本的要件，如圖3-2所示，分別是：(1) 高層策略 (2) 中層階級 (3) 營運核心 (4) 技術結構 (5) 支援幕僚。根據以上五個要素，可以將組織結構區分成五種類型：

1. **簡單結構**（Simple Structure）：由老闆和員工所組成，老闆身兼1、4、5三種身份，而員工就是營運核心，這種結構多沒有中層階級的存在，如台灣的中小企業。

2. **機械官僚**（Machine Bureaucracy）：這種結構中，1、2、3、4、5部分都存在，像台塑、中鋼公司就是屬於這種組織結構。

3. **事業部**（Divisionalized Form）：這是為了因應多角化而形成的結構，可視為多個機械官僚所組成在一起，形成某個機械官僚的營運核心，美國奇異公司就是這樣的組織設計。

4. **專業官僚**（Professional Bureaucracy）：營運核心多由專業人員所組成，支援幕僚在公司所佔的比例，比2跟4為大，律師、會計師事務所、大學就是屬於這樣的組織結構。

5. **即興式組織**（Adhocracy）：類似拍電影、辦流水席，平常不養這些人，但當需執行這些活動時，可以立即調度，平時維繫一定的關係，工作完畢，即告解散，等待下一次合作的機會。每個人的角色都模糊，沒有實質的產品。像最近流行的流體式組織，強調組織中沒有任何人是不可以被取代的，即為一例（Kotkin & Friedman, 1995）。

如何管理專業官僚、即興式組織和簡單結構的組織？

例如餐廳應如何管理？過去組織管理的討論，多局限於功能式或事業別的組織型態，至於其它類型的組織，較佳的管理之道還有待發展。

肆、組織設計的基本型態

組織結構隨著環境的改變，逐漸從機械式的觀點 (mechanistic structures) 演變為有機式的觀點 (organic structures)。前者具有高複雜程度（水平分化高和垂直層級多）、高正式化程度（許多規則和規範）和高集權程度（決策制定集中由高階管理者制定），此種結構多擅於執行例行性的工作，對非預期狀況的回應速度慢。相對地，有機式結構具有較高的彈性和適應能力，比較強調水平而非垂直溝通、權力主要來自專業能力而非正式職權、強調工作責任而非工作內容、重視資訊交流而非給予命令 (Banner, 1995)。以下介紹組織結構的基本型態，分別是功能別、事業部別和矩陣式組織。

一、功能別 (functional structure)

這種結構的設計是針對單一事業的大型組織，基本上是建立在功能別的部門劃分上，也就是將相似或相關的專業人員組織在一起，由該部門全權負責該項功能之執行。例如製造、推銷、人事、總務等等皆是各項不同的功能。

功能別組織的優點就是專業化。將相似的專業人員集中在一起，可以獲致經濟效益，避免人員及設備的重複，並使員工因能與同儕使用共通之「行話」溝通，而感到自在、滿足。同時以功能為基礎的分部化，係將所有性質相同或相關之事務，分配由一個單

位全權處理，故不論計畫、執行和管制均歸該單位負責，容易使事權劃一、職責明確、力量集中。如圖3－3所示。

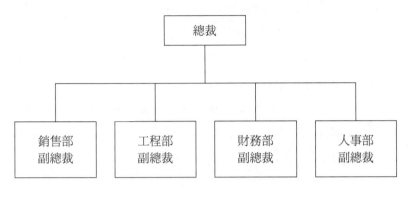

圖3－3　功能別組織

但功能別結構的主要缺點是經常為了追求部門的目標，而使組織的最佳利益受損。各功能部門的員工彼此隔離而無法了解其他部門人員所做的事。而不同部門之間也由於利益與觀點的不同，為了強調各部門本身的重要性，而有所謂的本位主義，經常出現部門間的衝突，難以解決。此外，隨著執行業務內容的複雜化，工作愈來愈不易做明確的權責劃分。同時在此種組織下，宏觀的經理人才不易培植。在專業化的導向下，專業人才的培養固然不難，但如果想從專業人才中，培養出較具通才取向的行政主管，則備感困難。

二、事業別 (divisional structure)

這種組織擁有多個自給自足而且自主的事業單位。每個事業單位都由專人領導,負責績效表現,並且擁有策略及運作上的決策權力。基本上每個事業部結構又由功能別的次級單位所組成,也就是每個事業單位都有自主性的功能別結構。事業別的組織結構下,由企業總部支援各事業單位所需的各項必要服務,通常包括財務及法律事務,以及任何以集中運作較具經濟效益的活動。同時,企業總部也居中協調並控制各個事業單位,因此各事業單位可以說是有條件地自主。事業單位通常有充分的裁決權,以其自認為適合的方式指導其單位,只要符合企業總部所規範的基本原則。

在事業部的結構下,可以是地區別、產品別或顧客別(如圖3-4～圖3-6所示),公司視需要選用之[2]。其主要的優點為注重結果,事業單位負責人對其產品或服務要負完全責任,有益提高決策正確性,以及培養組織未來獨當一面的經營者。

由於受制於台灣金融產業的平均規模,以及出資大股東對企業經營的控制偏好,台灣企業在規模成長和業務多角化之際,鮮少以事業部結構為之,而多以成立新的獨立子公司為之,此也形成台

---

[2] 大型的事業部組織就像利潤中心一樣,主要有三種計價方式:(1) 完全自由交易:以價格來決定,所以並沒有一個整合的策略存在,這樣的優點是競爭,缺點是失去集團的意義。(2) 成本計價轉撥:在這樣的計價方式下,下游廠商較佔便宜。(3) 市場價格轉撥:在事業部組織中,基本的衝突是必要的代價,因為這樣會有監督的功能,能瞭解各部門的運作效能。

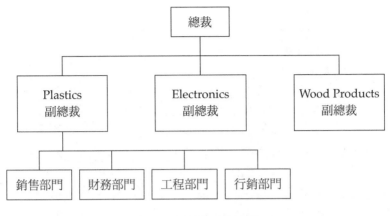

圖3−4　產品別組織

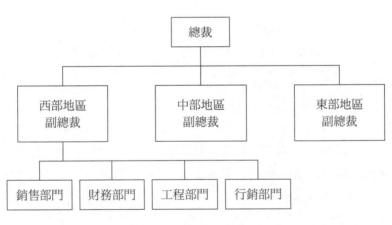

圖3−5　地區別組織

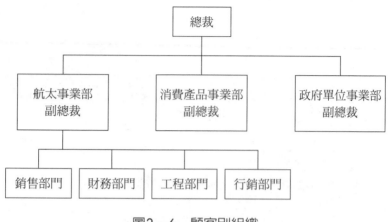

図3-6　顧客別組織

灣企業集團眾多的現象。至於事業部結構的缺點——資源重複投資，例如每個事業單位都要一個行銷研究部門，容易造成功能重複之成本浪費，因此，改善之道為具規模經濟效果之活動係由企業總部統籌辦理，形成結合事業部別和功能別的混合式結構（如圖3-7），而減少此類重複設置造成浪費的缺點。

當企業規模再行擴大，經營的業務種類愈來愈複雜，涵蓋的地理範圍愈來愈多元，原由總部統籌辦理部分功能活動的效益愈來愈少，而衍生的問題愈來愈多，如成本分擔的爭議或成敗責任的歸屬等，趨使總公司退出平常的經營活動，而將各功能活動回歸至各事業單位，但又期望能避免部門重複設置的浪費，而在事業部之上，出現所謂的事業群，統籌協調各事業部間的活動，此為事業群組織，如圖3-8所示。

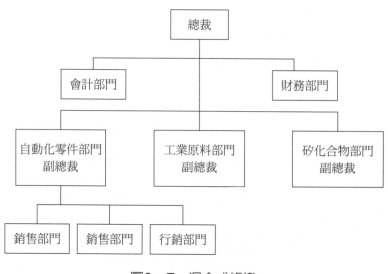

圖3－7　混合式組織

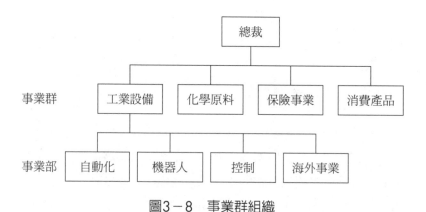

圖3－8　事業群組織

三、矩陣式 (matrix structure)

相對於功能別和事業別，矩陣式組織最重要的特色是一個員工有好幾個主管，需要花相當的時間協調。基本上，企業成長到一個

規模都會變成矩陣式組織，例如我國的警政系統即為典型的矩陣式組織。中央有警政一條鞭，地方有各地方縣市政府予以調度管轄。矩陣式結構如圖3－9所示。

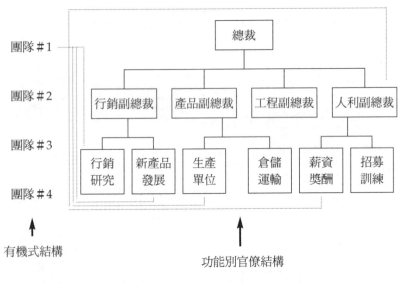

圖3－9　矩陣式組織

矩陣結構的優點在於其具有協調的能力及彈性。例如它可以讓航空公司或廣告公司同時處理十幾個計畫案，隨時增加新的計畫並結束已完成的計畫。計畫的成功或失敗與該計畫的經理人有直接關係。在此同時，專業人員依其功能分組（非特定歸屬於特定的計劃或專案），彈性支援各計畫所需要的專業人力。如此專業人力可因歸屬同一單位而有專業分工彼此學習的優點，同時，視專案或計劃需要，隨時調動所需的專業人力，而可免去各計劃或專案重複設置功能部門的困擾。

但此一組織結構的缺點在於，不易協調各種專業人員和各項專案工作的進行時程，特別是各個專案所需專業人力的專長與所需投入程度、時間多寡、支援時段等。此外，若再加上不同上司的領導風格或決策偏好，而出現互相衝突的決定，究竟誰才是真正的老板，往往會使員工感到挫折或無所適從。

為避免雙首長（或多首長）導致衝突不易解決的困難，近來有愈來愈多的企業發展相當程度的共識，主張事業部為作戰單位，功能別為支援單位，由事業部負責協調整合各事業部或事業部內各功能的衝突。以惠普印表機事業部為例，指揮關係明確，是從台灣向亞太再向總公司報告的垂直指揮關係。上述共識雖有助衝突的解決，但容易架空地區總經理的職權，以致忽略當地各事業部協調一致作戰的可能。此外，各功能別的專長養成與發展，也容易在以事業部為主導的組織結構下被輕忽。以上三種結構的利弊分述如表3－10所示。

表3－10　功能別、事業別和矩陣式結構的比較

	功能別	事業別	矩陣式
運作邏輯	效率與集權（如：大潤發在全台集體採購）	效果分權	彈性
適用範圍	標準規格製造（生產）	多角化事業（市場）	資源共享（兼顧生產與市場）
可能困難	僵化沒彈性	資源浪費	協調困難

我們以大潤發之採購活動為例，說明三種基本的組織結構特色。若以功能別來執行，即各地區所需產品係由採購部門集中採購，因集權而獲致效率；亦可以事業部別來執行，即由各地區之大潤發自行採購，分權有效符合當地需求。但在資訊科技發達的今天，既可掌握各地特殊的需求，又可集權採購，追求效率，形成既集權又分權的情形。基本上，當市場間的變異愈大，愈適合採事業別。但事業別容易資源浪費，例如每個地區都有採購部門，每個事業部都有自己的品牌設計。飛利浦是全世界落實矩陣式組織極佳的典範——各事業部有協調整合之處，如共用的企業識別系統——Let's make things better，但也有各自發揮的餘地。

文化省思——中國人與矩陣式組織

根據前飛利浦全球電子事業部總裁羅益強先生表示，中國人的性格不適合矩陣式組織。因為矩陣式組織在沒有明確的各級主管優先順序的設定下需進行高度的協調，來解決可能的衝突。但中國文化強調萬眾歸一、大一統，遇有衝突就一決勝負，沒有衝突解決的文化。單純從這個角度觀察，不難推論中國人要運用矩陣式組織來發展跨國大企業是有困難的。

伍、新興的組織型態

面對變化快速的環境，為因應環境變化的組織結構亦出現可觀的改變，除了上述功能別、事業部別和矩陣式組織外，在真實的企

業運作中，反而鮮少看到純粹的功能別、事業部別和矩陣式的組織結構，比較容易觀察到是以下所列諸多的新興組織型態。

一、網絡式組織（network organization）

什麼是網路式組織（虛擬式組織）？係指組織大量運用策略聯盟或結盟的方式，最後形塑成組織網，達成共同的目標。如電影拍攝製作、流水席（辦桌）等以及目前各種組織型態的變型，不勝枚舉。與上述三種基本的組織型態，組織的變化型態或是時間構面 (time spectrum) 的不同，或是控制協調機制的不同。以網路式組織為例，組織維繫的時間可以短至2~3個月。待工作完成即告解散，但需要工作時，又能在極短的時間內組成必要的團隊，執行各自專長的工作項目。為此，組織必需好好經營與外圍組織的關係，使需要時具有動員網絡成員的能量，以及被其它網絡成員需要的可能。

中衛體系可以說就是一種網絡組織，控制協調的機制不同於內部單位，較以非正式的方式來維繫合作業務的進行。過去，企業什麼事情都自己做，會有力不從心的現象出現，現在則會將某些業務外包，使營運品質上升，只要保留核心技術，並與外界維持長期穩定的關係──這就是網絡式組織。例如：在矽谷的知名華裔創業公司金士頓（Kingstone）是家做記憶體的公司，他所有的業務都是外包，除了核心工作──品質測試，由自己來做。戴爾電腦（Dell Computer）亦是一樣，只保留品牌行銷、資訊、物流等業務，其他的工作則都外包出去。同樣是汽車產業的龍頭廠

商，美國通用汽車公司採取資源內化的作法，而日本豐田則善用外包的市場機制，以網絡組織來獲取所需的各項資源[3]，因此，豐田比通用更有效率更有彈性。

二、專案式組織（task-force organization）

所謂的專案式組織結構並不是一個獨立的結構，而屬暫時性的結構，是為完成某個特殊、定義清楚、複雜的任務，而召集各相關次級單位的人員組合而成。其成員在此小組中工作至任務完成之後可以編成一個新的任務小組，或回歸到原編制的功能部門。此係組織內的任務編組，雖然可自組織外界聘任人員，但大部分為組織內從各部門調動集結的專案團隊。網路式組織亦有特定的任務需要完成，持續的時間也不長，但參與成員絕大部分為組織外部的成員，係經由長期合作或私人情誼，得以順利運作並保有高度的應變彈性。相對地，專案式組織參與的成員多係組織內部的成員，協調的機制不如此依重非正式的私人情誼。

至於專案式組織與矩陣式組織，皆屬組織內的分工合作設計，但不同之處在於，矩陣式組織已將專案式的工作方式體制化，矩陣式組織中的成員總是有兩位或兩位以上的主管，但專案式組織的成員在參與專案時服從專案領導人，專案結束歸建後，則服從原單位領導人，較無多位主管命令衝突的問題。

---

[3] 至於企業至外界獲取資源時，為了監督品質，必需訂立契約所產生凡種種成本，即為交易成本，為了降低此成本，所以企業會將一些資源內化成組織的一部份。此部分我們將於〈組織網絡〉一章再做深入的分析討論。

由於任務編制結構是暫時性的，因此可以在對原結構造成最少干擾的情形下，解決涉及各個部門的問題，同時具有效能與彈性的優點，且因任務具體而明確，可使小組成員感到較大成就感和激勵作用。但這種單位與組織正式部門之間，極易發生衝突，尤其單位成員係由正式部門借調時，可能影響後者工作的進行與安排。且專案式組織在獲得某種成果後，成員即告解散歸建，使得原有成果和努力因缺乏持續之支持，極可能發生功虧一簣或虎頭蛇尾之後果。

三、流動式組織——依企業內部正式化程度的高低

將組織依彈性回應特定問題的程度，我們也可以把組織區分為有機式（Organic），獨斷式（Autocratic），賦權官僚式（Enabling Bureaucracy），以及機械式（Mechanistic）。分別說明如後：

1. **有機式**——此為彈性最高的組織，舉凡網路式組織、小組織或注重研發創新的組織，皆屬之。

2. **獨斷式**——在艱困的環境中往往需要老闆專斷才能做事。此類組織係由老闆依其經驗或直覺判斷合適的作為，通常員工只能遵循不得質疑。

3. **賦權官僚式**——是具有積極能力的官僚組織，已具備建構相當完備的作業程序和規範。一般而言，世界知名大廠如惠普或

IBM其正式化的程度都遠比台灣的企業高（企業歷史和企業正
式化程度成正相關），但員工並不會因此被綁得死死的，而依
然有相當的發揮空間。如此也才得以激勵員工自發性地工作。
目前這是大組織努力的方向，即在保有一定標準作業程序的規
範下，員工的創意與自主性依然得到發揮。

4. **機械式**——因為執行的是相當例行性的工作，因此對組織工作
的執行皆有相當具體清楚的規範，不得逾越，如軍隊、警政
等，要員工做的工作一定要照標準作業程序做。

四、明茲伯格與海登的組織結構

明茲伯格與海登（Mintzberg & Van der Heyden, 1999）認為傳
統的組織結構圖，對於一個想了解組織運作的外人而言，就好似
置身在一個陌生的城市中，靠著知道一串市政府官員的職稱和人
名，要去找到旅遊的路線和方向。因此，他們發展出新的結構概
念（organigraphs），來補充既有組織結構圖的必要，他們認
為，人們不只需要結構圖 (pictures)，更需要結構地圖 (maps)，
來更快地知道組織主要的工作、執行的流程，以及成員、產品和
資訊之間的互動關係，而不只是組織中管理者的名字、職稱和隸
屬關係。

這兩位學者認為組織結構地圖的基本型式有四，分別為組
（set）、鏈（chain）、樞（hub）和網（web），其對應的管理重
點亦有所不同，以下說明之。

1. **組**——一個組是一個主管負責幾個獨立運作的部門或員工，例如大學的教授或企業內的各個功能部門，各自獨立工作，如果不是為分享共同的資源，如設施、財務資源或管理支援，似乎沒有隸屬同一組織的必要。因此，在一個組內，管理者最重要的工作是分配資源。

2. **鏈**——一個鏈要有兩個以上的連結流程。組織存在的目的不在集合各個組合，而是要讓各個組合間有所連結，形成鏈以創造價值，例如自動化工廠中的裝配線，又例如我們經常提到的價值鏈 (value chain) 或供應鏈 (supply chain) 等。對於管理者而言，確保鏈中的各環節能夠順利連結無誤是最重要的工作，因此，在一個鏈中，管理者的主要工作是控制。

3. **樞**——樞是幾項活動的中心與樞紐，例如機要秘書通常就是組織內的一個樞，是很多人事活動進出的樞紐。鏈雖然是我們非常熟悉的概念，但鏈卻無法描述公司內所有的活動和關係，例如新產品的開發團隊，或是機場和證券交易所中所發生的種種活動，而有所謂樞，樞是一個協調中心，可能是實體的集散點，也可能是概念的中心點，在此人們、事物和資訊進行交流協調，一棟學校的建築物、一台負責資訊控管的電腦、一位足球教練或一項核心能力，都可能是所謂的樞，展現從中心點對內和對外的移動情形。很顯然，一個樞的管理者最重要的任務是協調各單位之間的行動。

4. **網**——當移動的情形再趨複雜，有必要顯現出移動的方向和對

象時，則出現所謂的網，網中有不同的結點 (nodes)，彼此以各種可能的關係相聯結。例如新產品開發、舉辦奧林匹克運動會、電影拍攝等，參與成員與每個網中的其它成員互動，經常出現極富創意和預期以外的結果。就網而言，管理者最重要的工作是讓網內每一個成員都能動起來，發揮網的綜效。

當管理者以組織結構地圖的四項基本型式，來對組織的活動進行思考時，可以獲得完全不同的觀察，以銀行為例，傳統分有保險、銀行、證券經紀和信託四項主要的業務，各個部門係獨立作業開發客戶。如圖3－11所示，公司由四個獨立的組所組成，各自開發顧客。

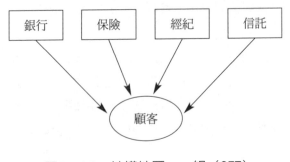

圖3－11　結構地圖──組（SET）

資料來源：Mintzberg, Henry & Heyden, Ludo Van der. 1999. "Organi-graphs: Drawing How Companies Really Work." *Harvard Business Review*, 77 (5): 87-94.

有鑑於競爭加劇，資訊分享和交互銷售愈具競爭價值，而開始嘗試不同的結構方式。可能改變的方案之一，係由公司指派個人理財顧問，由其從顧客的利益，為顧客整合公司提供的各項專業服

務，如圖3－12所示，這些個人理財顧問即是所謂的樞，以一個整合的方式來為顧客提供服務。

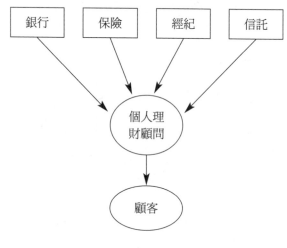

圖3－12　結構地圖──樞（HUB）

資料來源：同圖3－11

另一個可能的改變方式是每一個事業部門派出代表，與其它部門的代表共同合作，彼此交換訊息，以團隊的方式開發和服務顧客，如圖3－13所示，每個部門的關係是所謂的網，彼此互動藉以產生有創意服務或開發顧客的結果。

傳統的組織結構圖視每個部門是彼此獨立，且只以垂直的命令鏈聯結。因此當我們主張改變結構時，自然想到的方式就是把各自部門重新排列或改變關係，而有結構重組、扁平化或外包的提議。正可以知道不同的組織型式反映不同的管理哲學。上述組織

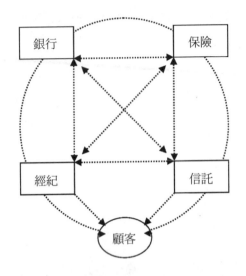

圖3－13 結構地圖──網（WEB）

資料來源：同圖3－11.

結構地圖不同基本型式，反映不同的管理重點，簡單如圖3－14
所示。

1. **組**──類似傳統的組織結構圖，管理者位於結構圖的上方，面
   對各自獨立的事業單位，管理工作就是決定資源如何分派，工
   作如何歸屬。亦即，決定那個部門獲得什麼資源。

2. **鏈**──鏈所連結的活動既清楚又有秩序，管理者的工作就是控
   制各項連結的營運活動，以保持既有清楚又有秩序的狀態。

3. **樞**──樞的管理工作，不同於位在結構圖頂端者的管理工作，

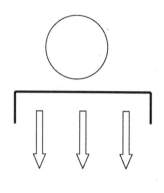

在一個組，管理重點是分配

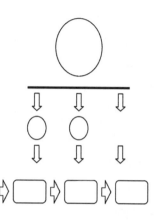

在一個鏈，管理重點是控制

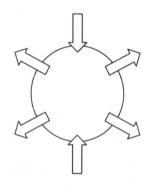

在一個樞，管理重點是協調

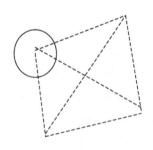

在一個網，管理重點是激發

圖3－14　結構地圖的要素與管理重點

資料來源：同圖3－11.

也和鏈的管理工作不同，鏈的管理者要控制鏈中各項活動有秩序的進行；而樞的管理者則需協調樞中的各項活動，並需激勵參與成員持續參與，完成工作。此外，更重要的差異在樞管理者的易變性——假設我們把住院病人當作是一個樞，那護士——不是醫生也不是醫院管理人員——才是管理者，因為是由護士協調各項對病人的醫療、檢驗和照護的工作。

4. **網**——網的管理工作是什麼？管理者是誰？由於網的彈性，管理者無法固定在中心位置，也不能確定在最高的地方，網的管理者必需無所不在，他們不必然具有正式的組織職稱，而可能是實驗室的科學家，或是銷售現場的業務人員，但他們都在致力促進活化整個網絡的合作。管理的工作是在鼓勵成員熟悉了解如何執行他們各自的工作，好好把工作完成。

相對於傳統的組織圖，明茲伯格與海登提出的結構地圖，讓我們對組織的了解，不再侷限於組織的職權隸屬和分工關係，更能對組織營運活動和價值創造的流程有所掌握。特別是在快速變化和知識經濟的時代，傳統功能、事業、矩陣組織設計都流於靜態，無法從動態流程理解組織活動。透過組織結構地圖的分析方式，管理者可以更清楚的掌握組織的動態流程。

陸、組織意象——組織究竟像什麼？

根據摩根 (Morgan, 1977) 所寫的《組織意象》一書，主張隨著

觀察組織的角度不同，可以得到不同的啟發，利用具體的意象比喻，來推論組織的特性和可能的管理議題。例如：

一、組織像人

人要運動才會健康，就好像組織要常變動，才能常保彈性，因應變化。人會死，人靠繁衍後代來延續生命。組織也會死，組織也要靠分化出去的組織來繼續企業原有的價值。人有生老病死，組織也有生命週期，在不同的生命階段，有不同的困惑和難題需要克服。

二、組織像樹

樹大招風，愈大的企業，愈容易樹敵，也愈可能受到比較多的關注。要樹生根結果，要先播種、除草、施肥、灌溉，也不可以輕易移植，因此在台灣運作很成功的組織，到其它國家可能失敗，要注意當地的土壤和氣候。

三、組織像機器

機器由不同的零件組成，每個機器都有特定的用途和功能，只要設計精良，零件之間配合良好，小心維護，機器的表現總是穩定、可以預測。組織像機器，如果期待組織能有穩定可靠的表現，就需詳細地界定每個部門每個成員的工作內容和職責，避免

個人偏好或情感對組織運作的干擾，確保彼此之間的溝通很穩定、很精密、很正確，使其善盡各自的本分，自然組織可有效執行任務完成目標。

四、組織像披薩（Pizza）

披薩由很多成分組成，客人可依自己喜愛添加不同的佐料。組織雖然常被視為達成特定目的的手段，但組織其實可以像披薩，由來自各方的成員所組成，可以滿足成員的權力或社會地位需求、經濟需求、人際交往互動的需求、自我成就的需求等，就像披薩有不同的口味，可以加不同的佐料，因此，組織應重視組織成員不同的需要，讓成員得以在組織中滿足各自不同的需要。

隱喻有助於人們利用熟悉的知識，來學習認識新的事物。組織像什麼？以上只是一些聯想，讀者可以自行練習，藉以發掘組織更多的面向和內涵。基本上，看不見的情感和心智結構，往往決定我們看得見的結構和我們會注意到的行為，甚至還會影響到事件的結果。正因為內隱在我們身上，看不見的信仰、偏好、價值會對外在的組織和組織的行為產生巨大的影響，讀者在對外在組織進行了解和觀察時，不忘時時觀照自己內在對組織的隱喻和假設，以掌握組織現象與觀察者之間的密切互動。

彙總

企業生存是一個不斷調整適應環境的過程。所謂適者生存，說明

的正是能適應環境變化的組織得以繼續生存；反之，不能適應環境變化者則只能接受被環境淘汰出局的命運。自然界的動物如此，產業界的企業組織亦不例外。隨著企業經營環境的持續改變，組織結構的改變也隨時在進行著。

本章首先探討組織分析的不同觀點，強調企業既有工具理性的本質，也有滿足成員社會需求和權力目的的功能，不可偏廢，才能一窺組織的全貌。其次，分析組織的環境，環境對組織的影響愈來愈無法忽視，一方面是環境的變化日益明顯，再方面是組織成員對環境變化愈具解讀的能力。組織必需能與環境配適，才能生存持久。

究竟組織要如何設計工作的分派和職權的隸屬，來配適環境的變化？本章第三節介紹組織結構的基本型態，包括功能別、事業部和矩陣式組織，並比較說明不同結構的優缺點和適用情況。除了組織結構的基本型態外，為有效回應環境改變，組織出現諸多新興的結構型態，包括網絡式組織、專案式組織等。此外，值得強調的是，明茲伯格與海登所提出的結構地圖，不同於傳統的組織結構圖，對於了解組織事業運作和價值創造，極具啟發。

隨著環境變化或策略方向的調整，往往需要伴隨組織結構的重新設計，才能確保策略的落實執行。例如過去台灣重經濟發展，輕環境保護，所以環保局隸屬於經濟部；當政府政策開始訴求經濟發展和環境保護並重時，中央政府的結構就有調整的必要，將環保局升格為環保署，使其與經濟部平行，而可在政策出現衝突

時，具有平等抗衡的空間和可能性。

換言之，組織結構有回應環境變化和策略方向改變的必要。但在進行結構改變或調整時，不可忽略不同結構設計所隱含基本價值、信仰和假設的差異。例如官僚組織是藉由功能分工，讓成員的專業得以精進；藉由層級，全盤掌握公司的營運狀況；藉由精確的工作說明，減少部門間或成員間的協調需求，其主要的控制機制在預算、各種工作規則和作業程序、正式職權和指揮命令系統。但當組織結構從功能別轉變為事業部制時，強調的是分權、員工賦能（重視個別員工承擔的責任）、彈性、適應力和以知識為基礎的權力（不是來自職位或年資的權力）。此正可說明結構的轉型困難重重。

組織向來不是一單純獨立的社會現象，往往會與研究者進行的觀察和研究活動，產生互動彼此影響。因此，理解組織和掌握組織本質，需要更多的創意和更開闊的觀點，本章最後借用摩根的組織意象理論，以隱喻來了解組織的精神，請讀者練習思考組織像什麼，自行體會組織的管理重點。

問題討論

1. 請說明本章最有用的觀念或技巧。

2. 請分析貴公司組織結構的類型，以及組織結構的演進歷程、改變的原因和改變的影響。

3. 請就一新興的組織型態，討論分析在貴公司的適用程度和採行的配套措施。

4. 你認為貴公司像什麼？請列舉三個隱喻來說明貴公司組織的特性以及可能的管理意涵。

參考文獻

Banner, David K. 1995. *Designing Effective Organizations: Traditional & Transformational Views. California: SAGE Publications, Inc.*

Kotkin, Joel & Friedman, David. 1995. *Why Every Business Will be Like Show Business.* Inc, 17 (3): 64-73.

Mintzberg, Henry & Heyden, Ludo Van der. 1999. *Organigraphs: Drawing How Companies Really Work.* Harvard Business Review, 77 (5): 87-94.

Mintzberg, Henry. 1979. The Structuring of Organizations. Englewood Cliffs, N.J.: Prentice-Hall, Inc.

Morgan, Gareth. 1977. Images of Organization. CA: Sage Publication. （戴文年譯，2000，《組織意象》，台北：五南圖書。）

企業願景

4

人需要信仰，企業經營亦同
樣需要價值來指引……

學習目標

1. 了解企業願景以及企業願景在全球競爭環境下的重要性。
2. 了解VMOST的內涵與功能。
3. 學習管理願景的方法，讓企業願景成為組織成員的信仰，並指引組織成員的行為。

導論

在二○○一年十一月十五日的《商業週刊》有如下報導：

多年前美國《時代雜誌》曾經做一期〈上帝死了嗎？〉的報導，提及要企業領導者在公司中站出來為信仰說話，大概比要他們當眾宣佈離婚還困難。不過在今日的美國，似乎情況有些改變。面對高度變動與挑戰的年代，企業領導人常是很孤獨的，需要創新、需要眼光，甚至需要奇蹟來帶領企業往前走。在每天的重大決策，企業領導人和許多人一樣，需要行事的準則，例如怎麼處理裁員問題？該給員工什麼樣的待遇？如何讓公司全體有一套共同的溝通語言和價值標準，避免誤解與資源浪費？如何賺錢？用什麼方法擊敗競爭對手？這些問題已遠遠超越方法或技巧的層次，而是原則的取捨和釐清。

台灣的情形又是如何？從喧騰一時的威盛與英特爾之間的訴訟，

我們從威盛電子的董事長王雪紅與總經理陳文琦夫婦的堅持與信心，似乎可看到信仰對企業策略與競爭的影響力。同樣地，誠品書店創辦人吳清友，開創了台灣書店經營的新風貌，我們也可以清楚地從吳清友身上體會到信仰與價值體系，對於掌握經營方向與策略的重要性。

不論是企業領導人信仰、或價值、或原則，具體反映在企業管理上，即是近年流行的企業願景。究竟為何企業願景會變成一個不可忽視的管理課題？企業願景對所有企業都具有相同的重要性嗎？大企業固然要有企業願景，小企業也需要企業願景嗎？究竟是有了企業願景才讓小企業變成大企業呢？還是因為企業長大了，需要有企業願景？本章將從基本名詞的界定開始，其次探討企業願景的內涵和作用，最後說明建立企業願景的方法。

壹、企業願景的內涵

經營者最常聽到的一句話是「唯一不變的就是變」，這句話反映經營環境的變化多端，難以規劃預測。但事實如何？企業經營可以改變主力產品、可以改變市場的地理涵蓋範圍、可以改變通路、可以改變目標顧客、可以改變組織結構……為了永續生存，只要不利企業生存的都可以變。如果真是如此，那企業生存的優勢只有一個，就是變得好不好，即不即時，是否能不斷地變而更有競爭力。但是，如果說企業之所以被淘汰就是因為變的能力不足，若是變的能力沒問題，就不會被市場淘汰，這種論證不過是

套套邏輯（tautology），毫無企業經營上的參考價值。企業願景之所以得到重視，與企業經營者只知要改變，卻苦無改變的指引有關係。

本節首先說明企業願景（vision）、使命（mission）、目標（goal）等的關係，以澄清企業願景的意涵。其次，分析企業願景的緣起，提出此一管理概念的背景。最後，說明企業願景的基本構面，以讓讀者對企業願景有一基本的認識。

一、企業願景、使命和目標

願景是時下最熱門的討論話題，但願景與企業使命、目標或策略有什麼不同？願景是從企業最高層指出企業最終希望的方向；使命相對來得具體，藉由界定企業如何朝企業願景前進；目標則是什麼時候可以達到一個具體可以衡量的結果。策略則指出如何去做以達到目標。戰術則更為具體而且比較短期，給予組織行動確實依循的規則。從願景、使命、目標、策略和戰術（簡稱VMOST），形成企業運作一步一步拾級而上的階層步驟。以下以近年大力轉型成功的藍色巨人IBM公司為例[1]，說明VMOST的關聯與差異。

1. **願景（Vision）**——全心致力於每一位顧客的成功，為公司和世界從事有益的創新，在所有的關係中都維持信任與個人責任。

---

[1] 整理自IBM Annual Report, http://www.ibm.com/annualreport 以及Gerstner（2002）。

2. **使命（Mission）**──藉改善全球夥伴的組織效能，穩固維持在電腦業和廣大商業世界中的領導地位。

3. **目標（Objective）**──顧客、創新、全球性的企業、尊重個人、企業公民

4. **策略（Strategy）和戰術（Tactics）**──恢復獲利能力、盡全力服務顧客、積極拓展主從架構市場、成為業界唯一完整解決方案的服務供應商、切實執行更體貼顧客、加快交貨時間、提高服務品質。

從IBM公司的實例，不難體會Ｖ－Ｍ－Ｏ－Ｓ－Ｔ所揭櫫的內容，從比較抽象到比較具體可衡量。但由於經營現場的狀況千變萬化，企業很難為經理人設定明確的決策或回應方式，常常需要經理人當下自主判斷合適的方案。因此，願景、使命和目標愈形重要，以提供經理人決策的指引。

二、企業願景的緣起

企業願景係由柯林斯與寶來斯（James C. Collins & Jerry Porras）在《基業長青》（Built to Last: Successful Habits of Visionary Companies）一書中所提出，並旋即獲得熱烈迴響，而成為重要的管理概念。這兩位管理學者在經歷六年的時間研究，選出一群真正卓越並經歷歲月考驗的公司，這些公司雖曾經歷無數的挫折、錯誤，但他們卻展現出可觀的彈性，以及從逆境

中恢復的能力，他們不僅創造長期優異的財務報酬，更對改善人類生活帶來不可抹滅的影響。

這些卓越公司平均創立日期是1897年（每個樣本公司都已存活50年以上），兩位作者記錄分析這些卓越公司從創業草創之初、如何因應市場的種種變化，發展至今的種種作為。並與另一組歷史相當相同產業，但未獲同等卓越地位的公司做比較，該書嘗試理解：「為什麼這些真正傑出的公司有別於其他企業？」希望知道歷百世不變，繫卓越公司於不墜的管理原則。

該書發現兩組公司在許多所謂新穎或創新的管理作為上並無二致，例如員工持股、授權、持續改善、全面品管、策略規劃等，既然管理作為沒有多大的突破或差異，那為何有的企業能永續不衰，有的企業卻一蹶不振，艱苦經營呢？柯林斯與寶來斯指出，兩組企業最大的差異在於卓越企業知道「永遠不該改變的事物」和「應該容許改變的事物」之間的差別。作者進一步指出，這種能辨別因襲與變革、堅持與彈性、紀律與創新之間差異的能力與企業是否擁有願景息息相關[2]。

---

[2] 事實上，更早提出相同問題並嘗試回答的學者是艾瑞德格 (Arie de Geus)。艾瑞德格因為任職皇家荷蘭蜆殼石油公司全球規劃協調人，執行規劃研究案時發現，大多數企業在組織運作未臻成熟就已經倒閉。在日本和歐洲企業，不論大小的平均壽命只有12.5年（台灣的企業平均壽命為 8 年），為什麼有企業可以存活數百年之久，而一般企業的平均壽命會這麼短？艾瑞德格主張企業機器觀導致企業無法像生命有機體適應環境自主因應調整，以致壽命不長；反觀，視企業為生命體，保持像生物般適應環境的能力，則企業存活百年不是難事。詳細內容可參閱 此書之中譯本──《企業活水》（滾石出版）。

永續經營是企業值得追求的目標嗎？

當我們問任何一個人你希望你的子孫子子代代綿延不絕嗎？答案絕對是肯定的，但在台灣高度競爭的環境下，企業似乎不必然認為永續經營是值得或可以追求的目，一定有些企業主會希望在適當時機獲利了結，作個快樂投資人。或許因為環境中的不確定性因素太多，遠遠超出企業主可以控制的範圍，使得企業主不曾花費時間去思考這個問題。值得強調的是，所有高瞻遠矚的企業都是由小變大，而願景給企業應該也值得繼續存活下去的理由，並能強化企業面對環境挑戰的忍受力，讓企業有機會持續成長茁壯。對於那些只想等「長大」後再來思考企業願景，而現在沒有願景的企業，只怕根本沒有機會變大。易言之，企業願景是企業並長存規模變大的原因，並非企業變大後才需要做的工作。

三、企業願景的構面

依據柯林斯與寶來斯的研究，企業願景的內涵，可分為核心意識型態以及願景下的藍圖。核心意識型態又可分為核心價值和核心目的。願景下的藍圖則包括10到30年的膽大心細目標以及對此目標鮮明的描述。亦即，企業願景的內涵如下所示：

1. 核心意識型態（Core Ideology）

(1) 核心價值（Core value）
(2) 核心目的（Core purpose）

2. 願景下的藍圖（Envisioned Future）

(1) 10到30年的膽大心細目標（BHAG, Big Hairy Audacious Goals）

(2) 鮮明的描述（Vivid description）

後面我們根據柯林斯與寶來斯的架構與理論，加上我們的闡釋，來說明企業願景的內涵與意義。

貳、核心意識型態（Core Ideology）

企業的核心意識型態是指：(1) 企業長期不變的特性 (2) 企業存在的精神動力 (3) 企業的自我認同。所謂企業的自我認同就好像俗話常說：「行不改名，坐不改姓。」遇到困難也不妥協，這就是一種自我認同。舉例而言，迪士尼認為企業存在永遠不改變的價值是想像力 (imagination)，不管外在環境如何變動，迪士尼都不會放棄對想像力的堅持，此即為企業的核心意識型態。企業核心意識型態由兩個部分組成，一是核心價值，另一是核心目的。

一、核心價值（Core value）

所謂核心價值是指企業的基本信念，是組織持久不墜的根本信條，不會為一時的財務利益或短期權宜而自毀立場。有些企業想模仿其它公司的核心價值，但這是不切實際的，因為當你宣佈和制定公司的核心意識型態時，關鍵在於反映自己真正相信的東西，而不是去模仿其它公司定為核心價值的內容，也不是外界認

為應該是核心價值的東西。如前面所討論的迪士尼的基本信念是想像力，宏碁堅信人性本善，這些都是企業永不變的內在價值，因為永不變，因此核心價值為數通常不多，只有三到五個核心價值。

核心價值的重要性——八掌溪事件的反省

以二〇〇〇年台灣發生的八掌溪事件而言，四個人在暴漲的溪水中苦等五個多小時，等不到急難救助系統的援救而在全國國民眼前犧牲生命。讓我們想想如果當時急難救助部門的指揮官有到現場，他的作法和判斷會不會不一樣？會不會還是會堅持一定要依官僚程序規定才可以啟動急難救助的相關措施？急難救助部門的核心價值是什麼？是依規定辦事，還是保障人民生命安全？由於我們對許多辦法或規定根本價值的忽視，結果就總是依程序規定辦事，但也永遠只能依樣畫葫蘆，而沒有去思考根本的目的，或所反映出對生命的真誠關懷，無怪乎台灣的急難救助系統不易真正發揮急難救助的作用。

如何尋求企業的核心價值？可利用以下思考線索，確定企業的核心價值是什麼？

1. **你工作中不容妥協的價值是什麼？** 即使當價值不利於競爭時，你是否還要這個價值－例如宏碁強調人性本善，即使不利競爭依然堅持，才是所謂企業的核心價值。又例如主張廢除死刑，即使因此治安惡化，依然堅持不用死刑，即是價值觀的顯現[3]。

爲改善治安不可廢除死刑，反映什麼樣的價值觀？

誰能體罰別人？歷史的經驗總是顯示，強權者顯現暴力欺負弱勢者。是否也是強者決定事實真相，是非對錯？不僅是父母管教子女不應體罰，企業管理應強調人性化管理，由此往上推，死刑是該被反對的。想一想，誰會被判死刑並被槍決？是白領階級還是藍領階級多？殺人犯判死刑，經濟犯爲何不需判死刑（經濟犯危害社會的程度絕不必然少於殺人犯）？是誰在制定法律？是白領階級還是藍領階級？法律背後往往反映的正是許多社會的邏輯與權力分配的事實。在先進國家的思維中認爲死刑是國家機器施暴於人，人殺人是人施暴於人，但如果國家可以殺人，那人民爲何不可以殺人？國家機器有很多維持秩序的方法，爲何要用如此殘暴的方法？因此會主張廢除死刑。但對於相信亂世用重典，殺人償命的社會則認爲死刑是再正當不過的事實，兩者的差異即是反映價值觀的差異。

2. **不隨環境市場起舞的價值**——當政客爲爭取選票，什麼事都可以做，我們說他們沒有格，沒有原則。同樣地，當企業爲了賺錢什麼事都做時，就應該得不到尊敬。企業的領導者是要有原則，有格調；還是什麼錢都賺？這即是價值的選擇。既然這個選擇是來自企業領導者的自我反省，自然沒有隨市場起舞的道理。

---

3 爲讓廢除死刑的價值觀得到堅持，往往有益刺激創意，思考除了死刑以外，改善治安的其他可行辦法。雖然在日常生活似乎常有便宜行事或權宜之計的需要，但事實上都正反映出個體的價值觀。

企業價值需與管理流行同步？

最近流行管理人性化，為何管理需人性化？可能的答案是長期有助企業形成競爭力或提高企業經營效能，但此皆為工具性的理由。若從目的性的理由觀之，人做為人本來就應有尊嚴，本來即不應操弄人性，即使因此企業賺錢賺得少一點，都是值得的。因此，企業的核心價值不在與市場同步或追隨市場的變化，而是在對企業根本價值的思考與堅持。

3. **當你要重新建立一個企業時，你會要找哪幾個人與你進行重建工作？**——從這個選擇中可以看出你最在乎的是什麼？是要找與你理念相符的人還是要找善於奉承你的人？這些相符的理念即是你企業的核心價值。

4. **你希望你孩子成人後也擁有的價值是什麼？**——黑道老大十分威風，但他會希望他的孩子還是黑道老大嗎？或許迫於無奈，人在江湖身不由己等因素，有些事你雖然在做，但卻未必希望你的孩子做，那就不是你的核心價值。

5. **當你有足夠的錢退休時，你還願意有的價值？**——當你有足夠的財富時，你還持續工作的原因是什麼？贊助世界盃足球隊、支持癌症藥品開發、資助教育改革、改善生活環境品質……這個思考有助澄清個人的價值。

6. **百年之後這些價值還是價值嗎？**——百年之後，你希望你的企

業還留下什麼東西？能留下什麼東西？例如公司的價值是創造時尚流行，但百年之後原所創造的流行，可能不具有任何價值；但若公司的價值是掌握流行脈動，那百年之後，只要存在帶領和追隨流行的需要，公司的價值還是價值。

7. **如果這些價值成為不利競爭因素，你還願意保有這個價值嗎？**

——我們常說這個社會老實的人是會吃虧，但你依然老實，也還是希望你的孩子老實點，即使老實已是不利競爭的因素，但還是要保有，如此老實即是個人的核心價值。換言之，堅持某個價值，雖然活得比較辛苦，依然希望繼續的價值，例如對朋友很好，把錢借給朋友，被老婆埋怨，但還是堅持，此即為個人的核心價值。

二、核心目的（Core purpose）

核心目的是指公司除了賺錢之外，存在的原因。目的不必是獨一無二的，兩家企業可擁有相似的目的。核心目的的功能在指引和激勵組織。服兵役時長官最常罵士兵的話是「養你何用？」同理，多你這個企業，少你這個企業有什麼不一樣？如果企業存在的核心目的是賺錢，別的企業可以賺，為何要你來賺？所以，除了賺錢之外，怎麼賺是企業存在的真正意義。例如3M用創意解決問題、迪士尼是讓人們快樂。以下依序說明企業核心目的的實例；其次，介紹核心目的的作用；最後，列出思考企業核心目的的問題，以自我練習尋找企業的核心目的。

尋找企業的價值與目的必需奠基於清楚的個人價值與目的上

當我們小時候，老師一定出過一個作文題目是「我的志願」，如果有小朋友寫志願是當小丑，老師給的評語可能是「孺子不可教也。」但同樣的事若是發生在美國，小學老師給的評語可能是「希望你把快樂帶給全世界。」歐美國家保留較大空間允許個體隨性發展，在華人的環境，小孩被明確期待做個「有用的」人，如此個體自我的意識較為薄弱，也較缺乏思考自我價值或定位的能力。這也是台灣企業推動企業願景最根本的困難所在。

1. 核心目的企業實例

如果快樂是迪士尼的核心目，而不是手段，那在可以令人快樂的投資案中，迪士尼是否一定要選擇會賺錢的呢[4]？基本上，企業堅持核心價值往往與企業獲利是並行不悖的。其實，擁有核心價值的企業，會更認真地賺錢，因為企業不賺錢，企業失去的不只是金錢，還失去讓企業理想得到落實的機會。此外，企業能夠在堅持核心目的而賺錢，也證明該企業的核心目的受到認同。因此，擁有值得追求的核心目的，企業永續經營更是再自然不過的期望與目標。

又例如默克藥廠是以維持與改善人類生活作為核心目的。默克以

---

[4] 迪士尼在歐洲投資案的初期失敗，有人認為是迪士尼不能真的帶給歐洲人快樂，而今慢慢調整出真正令歐洲人快樂的方式，使獲利情況改善。但更確實的原因是迪士尼在帶給人們快樂這個部分的事業是賺錢的，但因有鑑於美國和日本迪士尼成功帶動週邊土地開發和繁榮，迪士尼在歐洲投資時係採大規模土地開發的方式，因疏遠企業的核心本業和目的，以致初期營運績效不佳。

高成本的藥在非洲和大陸等地虧損地經營，期換得最終的市場回報。因為默克的企業資源與條件，以及對核心目的的堅持，默克得以持續虧錢地經營一個市場十年二十年。雖然背後依然存在賺錢的動機，但不可否認，這是有意義的事——企業獲利、市場共榮和改善人類生活的三贏關係。

核心目的與企業獲利的關係？

企業獲利與堅持核心目的是並行不悖的——因為獲利讓企業具備堅持核心目的的資源與條件；但也因為堅持核心目的，而激發成員動機和創意，確保企業獲利。二者互為因果，關係密切。

2. 企業核心目的是百年不變的企業存在理由

有遠見的企業家，會認真思考員工激勵的來源與企業的靈魂何在？什麼東西可以打動你的靈魂？面對重大災難或各種急難救助的情況，慈濟人能馬上出動參與救難活動，對慈濟人而言，他們是在做有意義的事，但對政府官僚而言，可能只在執行任務，因為激勵的動力不同，行為的績效就迥然不同。企業核心目的的澄清，即在給予員工一個全力以赴，為企業打拚的理由。

雖說企業的核心目的在讓員工覺得在做有意義的事，但企業很難做到這點，台灣也幾乎找不到這樣的企業。台灣找不到在國際舞台上值得尊敬的企業，你可以說從戰後五十年，時間還太短，那台灣未來五十年可不可以出現百年企業？菸草公司一直是最賺錢的公司，但始終不是受人尊敬的公司，因此不是光只是賺錢，就可贏得尊敬。台灣未來要有值得尊敬的企業，恐怕需先從企業核

心目的能否打動人心做起。

3. 核心目的雖是百年不變卻能誘導變革

核心目的百年不變，而常被誤以為堅持核心目的的結果就是不知變通。但事實上，核心目的雖是百年不變，卻是企業變革的指引。例如迪士尼以帶給人們快樂為其核心目的，當其投資失敗，很容易即可省思新事業的目的是否背離企業的核心目的，是否有變革調整的必要。否則一般企業推行變革總是阻力重重、抗爭不斷，若無核心目的作為發展方向的明確指導，組織極易流於慣性，而無法積極作為。

4. 如何發現企業的核心目的

利用以下思考線索，有助找出企業的核心目的。先列出公司的產品與服務，然後逐一檢視企業對以下問題的看法：

(1) 問問自己為什麼我們企業要做這些，連問五次。

(2) 請問你企業對社會或顧客的貢獻何在。

(3) 賺錢是目的嗎？——因為企業提供社會大眾重視的價值，企業才得以賺錢，換言之，賺錢是社會肯定你的企業的價值。如果只要能賺錢就好，就極易不擇手段，且隨風搖擺，反而不利企業長存。

(4) 當企業可以賣得好價錢時，你會出售你的企業嗎？——除了

賺錢，企業還有什麼其它東西？類似台灣人的信念，認為祖產不能賣一樣，又例如不論有人出再高的價錢，你都不會願意賣女兒或親人，因為你認為親情是無可取代，此即反映一種價值。

(5) 當企業不在時有何損失？——如果企業沒有無可取代的價值，企業不在時則無社會損失可言，這也可說明為何台灣缺乏國際知名的企業。台灣有一百多萬家企業，可以有幾家國際知名的企業，從統計上來講，比例絕對偏低，例如荷蘭有飛利浦、殼牌石油、聯合利華等、瑞典有易利信、富豪汽車等、芬蘭有諾基亞等。

(6) 你的員工覺得自己是義工或老闆嗎？——企業的核心目的應該要能讓組織成員為理想工作，錢雖然重要卻不是最關鍵的。如果員工覺得自己是在為理想工作，就如同在當義工，同時，也可以讓員工因為擁有自主權，而覺得在當老板，為自己的事業打拚。比如說，現在軍警人員的績效有很大的改善空間，要增進他們的績效並不是調整待遇就可以，除非軍警人員覺得受人尊敬，是在為理想工作，他們的績效改善才有希望。

三、討論

綜合以上討論，歸納說明企業核心意識型態：

1. **是發現而非創造出來的**——如果企業原來沒有，就需要慢慢發展，核心意識型態是企業深層的價值與信仰，不是創造而是發現。作為創業家，個人對自己的期許是可以感動人家的。基本上，每個人內心深處都有信仰，不會輕易動搖，但卻需努力地發掘。例如拉皮條可以賺錢，你要不要賺？你不要賺就代表你存有你的核心價值。

2. **是指導激勵而非用來與人有所差異的，是指導自己而非向外人展示的**——企業的核心意識型態是激勵 (inspire) 自己的，提醒自己是什麼樣的人？要做什麼樣的事，而不是要與別人有所區別。例如台灣要成為亞太營運中心，是台灣適合做，想要做，還是只為了與別人有所不同？如果原因是後者，就很難期望具有激勵人心，參與者全力以赴的作用。

3. **企業應雇用認同核心意識型態的員工**——信仰是不容易改變的，所以企業經營的關鍵是要雇用擁有相同核心價值的員工。換言之，企業在進行員工的招募、考核和留用時，應該重視員工是否認同企業的核心意識型態。

4. **是否有書面文字未必重要**——核心意識型態未必需要形成書面文字，可以是一種內隱的自覺或默契。反過來說，形之於書面文字也不表示就是核心意識型態，端視其是否落實在企業的行動之中。

5. **只要不是核心意識型態，那就都可以變**——當企業確定所擁有

的核心意識型態，就可以在堅持核心價值或核心目的原則下，不斷調整企業來因應環境的變化，不拘泥於對特定技術、特定產品、特定市場的執著，而積極改變，適應生存。

核心目的與核心能力相同嗎？

核心能力與核心意識型態不同——核心能力是一種策略上的概念，目的在界定公司擅長的能力，例如新力公司具有一種使產品微小化的核心能力，且此種能力可以策略性地應用於廣泛的產品和市場。新力公司的核心能力，隨時間經驗逐步累積，不易被模仿，但隨著時間經過，市場環境改變，微小化的能力可能變得不重要；但相對地，核心意識型態則是企業相信的堅持的，不因市場改變而改變——新力公司依然以「體驗創新樂趣，並使一般大眾享受科技應用的歡愉與福利」之核心目的存在，不會改變。

參、願景下的藍圖（Envisioned Future）

企業願景的內涵包括企業的核心意識型態以及願景下的藍圖。前者是企業的基本信仰和企業存在的理由。後者則是企業對未來的期望以及期望方向的鮮明描述。以下分別說明之。

一、十到三十年的膽大心細目標（Big, Hairy, Audacious Goals, BHAG）

企業對未來十到三十年期望可以達到的目標是什麼？什麼是好的

BHAG？以下為好的BHAG應具有的條件：

1. 清楚明白易懂。
2. 成功率可能只有五到七成，但有信心與決心達成。
3. BHAG依預計內容的表達方式：目標、競爭對手、典範、轉型，分為四類，以下舉例說明之：
(1) 目標：例如是在2020年營業額達XXX，或是在2020年成為世界前三大公司。
(2) 競爭對手：例如打倒某某公司，佳能還是小公司時即以「打敗全錄」作為公司長期的BHAG。
(3) 典範：例如坐車燈出名的億泰利企業，可以宣稱要成為車燈業的台積電；台灣要成為東方的瑞士等。
(4) 內部轉型：如從OEM廠成為世界品牌、從依賴母廠成為與母廠平起平坐的公司。

二、鮮明的描述（Vivid Description）

不論企業十年到三十年膽大心細的目標為何，都還是需要做鮮明的描述，來打動人心，激發成員向未來目標熱情地前進。鮮明的描述應該能盡量應用隱喻，並可呈現出圖像般的訊息，來傳達企業強烈的熱情、感情、和信念。

三、尋找願景下的藍圖

願景下的藍圖與企業核心意識型態最大的不同，是願景下的藍圖

是由組織成員共同創造而非發現的。如何去尋找企業合適的未來藍圖？企業可以自己反省自問如下的幾個問題：

1. 二十年後我們變成什麼樣？
2. 二十年後我們達成什麼？
3. 二十年後員工一路走來，感覺如何？
4. 二十年後我要別人怎麼寫我？我留下什麼傳奇 (legacy)？

以上問題涉及企業成員的自信，以及企業對未來的承諾。根據新力公司的內部資料顯示，1950年代的新力公司就已具有相當鮮明的企業意識型態和願景下的藍圖。

新力在1950年代曾有機會自美國大廠獲得一筆金額十分可觀的OEM訂單。創辦人盛田昭夫自認為一生中為新力做最有價值的決策，就是拒絕接這筆單。因為企業願景的指引，使新力公司在面對困難的決策時，可以明確地拒絕被定位為OEM廠或追隨者廠的方案。這個決策的風險性極高，極可能在當時即因拒絕訂單而撐不過去，關廠倒閉，當然也因此讓新力的成員清楚企業的信仰與目的，堅定走來，成為全球知名的國際企業。以下列示五十年前當時還是小公司的新力公司的自我定位和期許。

核心意識型態

・核心價值

　　提升日本文化與民族地位

　　做領先者而非追隨者，做不可能的事

　　鼓勵個人能力與創造力

- 核心目的

  體驗創新的樂趣，並使一般大眾享受科技應用的歡愉與福
  利

願景下的藍圖

- 膽大心細的目標

  成為最為世人知道，改變日本產品低劣品質形象的公司

- 鮮明的描述

  我們製造在世界通行的產品……我們成為第一家直接在美
  國行銷的日本公司……我們在美國公司失敗的地方創新－
  如電晶體收音機……五十年後，我們將成為世界知名品牌
  ……在品質與創新上將與世界最有創新能力的公司相較…
  …日本製造將成為好產品而非劣質的象徵

回想1950年代新力公司在訂定十到三十年要達到的目標時，當時
沒有人會相信新力公司可以做得到，但新力在二十年內就達到所
設定的目標。有夢想有目標，就可能做到，沒有夢想沒有目標，
就不可能做到。作為企業高階主管，值得思考所經營的企業有沒
有這樣的夢想和這樣的目標？台灣現有企業有這樣的描述而且認
真的在做嗎？如果只是企業訂銷售額多少或產能多少之類的目
標，是很難打動人心的。

企業創立之初，是否就應有企業願景？

從新力公司和其它高瞻遠矚企業的實際經驗，顯示企業應該從創
立之初就有願景。但一般剛接觸企業願景的管理者，都認為企業

與人一樣，需成長到一個階段才會思考人活著有什麼價值，因此應該是企業賺錢賺到一個程度，才會思考企業的價值是什麼？而不可能在企業創立之初就有所謂的企業願景。果真如此，會有什麼樣的問題？第一，企業因為肚子還沒有吃飽，所以可以做危害社會的事。如果企業可以為特定目的，放棄堅持的價值，通常是愈離愈遠而不會是重拾原來的價值。其次，企業是一群人生活工作的地方，如前所述，價值不容易改變也無法創造，企業只能讓與企業價值相符的員工留下來，不符合者離開。如果企業創立之初，未思考並確定企業的核心價值和核心目的，企業成員逐步形成，企業核心價值和目的就不易更改也難以重塑。

四、企業使命宣言

願景之下，會有企業使命宣言 (mission statement)。所謂企業使命宣言，是在告訴別人你要做什麼、以什麼價值、用什麼方法達成使命。有一點像用宗教來治理企業，企業的信仰很重要，而使命宣言就在具象化企業的信仰，並訴諸文字表達。

西方是高度重視契約規範的社會，雇傭的契約關係會寫得非常清楚，並隱含契約雙方有遵守契約的義務和責任。例如開學之初授課老師發給學生的課程大綱，可視為學生與老師之間的契約，老師有遵守進度上課，學生有需準時參與的責任和義務。企業的使命宣言，亦可視為企業與社會大眾所訂的盟約，承諾與宣示企業要以什麼方法，做什麼，傳遞什麼價值。基本上，企業使命宣言的訂定應遵循以下原則：

1. **簡單淺顯，以一至二頁為原則。**

2. **高階主管起草、全員參與。** 台灣有些企業的使命宣言是由科員在擬，因為科長交代，科長要擬是因為副總交代，副總要擬是因為總經理交代，層層交辦的結果，就把一項重要的工作交給一個基層科員來辦了。這樣的企業使命宣言自然無法反映企業的價值與目的，更無法說明企業願景下的藍圖。因此具有作用的企業使命宣言，應由高階主管起草，再經由全員參與，並經過交換意見和凝聚共識的過程。就如同總統就職宣言或是重大場合的宣示，必然是先由總統先生提示政策的重點與方向，再由專人修改潤飾。企業使命宣言的擬定過程，高階主管責無旁貸。

3. **必要時，可聘請外部專家顧問參與擬定。** 外部專家可以協助企業員工更清楚地呈現他們的思想脈絡，也可以讓相關的討論聚焦。

4. **文字呈現應該反應公司文化與特質。** 公司究竟重視穩健保守，還是活潑創新應該在使命宣言中呈現出來。

5. **靈活的傳遞使命宣言。** 使命宣言制訂之後，應該廣為傳播，讓公司每一個員工都清楚地知道使命宣言的內容與意義，並依此為行動綱領。

6. **說到做到、莫成形式。** 企業使命宣言如果只是為了要應付企業公關所做的表面文字，那就不如不做。因為這顯示企業自身是否足夠誠信，若是說得多，做得少，反而會使得員工對企業失去信心，如此就不如不說。作者曾經進行過一個研究，收集了各上市公司的員工手冊或倫理守則進行內容分析，結果發現有三分之二以上企業把「創新」作為公司的核心價值。假如真是

如此，台灣企業又為何如此不具創新能力呢？可見許多企業只是因為認為創新是一個有利形象的重要價值，就把創新列入核心價值，卻不問自己企業真正的利基以及重視的價值是什麼。這樣的宣言，又有什麼意義呢？

肆、推行企業願景的程度

當了解企業願景的內涵與構面後，不論是為追求流行趕時髦，或是為保持企業競爭力，讓企業有機會成為所謂的高瞻遠矚的企業（visionary companies），企業似乎都開始致力尋找並創造企業願景。此從國內企業宣傳小冊的公司簡介中，紛紛開始增列經營理念或願景，可見一斑。

但除了本章第貳和參節對企業願景內涵的具體說明後，可增進讀者對企業願景的了解外，本節嘗試發展幾個指標，提供讀者自我評估或考核企業，公司的企業願景究竟只是一時的管理流行，或的確是企業制定決策因應環境挑戰的根本依據。

1. **公司的領導人是命令的下達者或指揮者，還是制度的建立者和工作環境的創造者？**此即柯林斯與寶來斯所謂的造鐘者和報時者的差異。企業主管應該是造鐘者，然後員工自然會看鐘而知道時間，而不需要企業主管不斷地提醒他們時間。擁有願景的企業，主管的職責和工作是確保企業提供的環境和制度是否合適，得以激勵員工潛能，並鼓勵員工承擔責任，讓企業得以持

續地滴滴答答作響，具有自發向前發展的動力。

2. 公司會因為一位或少數人的去職，而不知所措，失去方向？許
多人認為成功的企業一定有一位魅力型的領導者來凝聚成員的
向心力和帶領成員行動的方向。但擁有企業願景的公司，關心
的不只是組織一時的生存，更關心組織的永續發展，那企業的
運作就不能依賴在生命有限的個體，而是得以長久存續的制
度。研究發現，魅力型的領袖常因其魅力可保企業的順利運
作，結果往往忽略致力建立企業可長可久的營運制度。柯林斯
在後來的一本著作《從A到A+》（From Good to Great）中，
提出卓越企業都有所謂的「第五級領導人」，這個第五級領導
人具有「謙沖為懷，雄心為公」的特質，未必是活躍在鎂光燈
下的明星領袖。所討論的重點就是說明企業不能只靠一兩位明
星領袖，要有接班人準備。

3. 公司成員是為理想工作，還是聽命行事，為謀一份工作賺一份
收入？擁有企業願景的公司，每個員工都是企業情報網的一
員，主動偵測環境的變化並做出職責範圍內的合適回應。這是
企業得以長存、歷經各種產品和環境變化而不墜的重要關鍵。
因此，如果組織中大部分的成員都只是被動地聽命行事，為謀
一份工作，那顯然願景對其缺乏激勵作用，或公司根本未開放
鼓勵員工承擔責任的可能性。那這樣的企業就很難成為卓越企
業。

4. 公司最關心的是是否做「正確」的事，還是是否創造公司的利

潤？利潤對擁有企業願景的公司而言，往往是實踐理想或價值自然而然的副產品。因此企業願景的功能在引導企業做出「對」的事，而不是幫助企業創造利潤。事實上，也只有企業在面對各種可能的誘惑時依然堅持做「對」的事，才能不斷地向組織成員展示企業堅持的價值，也才能激勵員工於無形之中。

5. **公司致力培養自家經理人，以傳承企業堅持的價值嗎？** 在所有維繫企業價值的制度中，培養自家經理人是其中的關鍵。擁有企業願景的企業，非常重視組織成員的招募、考核與升遷。不符合企業價值或文化的成員，再優秀都很難愉快地在企業中工作。內部員工在一路的淘汰、考核和升遷的過程中，了解並堅持公司價值且能力卓越的經理人才得以出線，擔負起維繫企業核心意識型態的工作。

企業願景不必然訴諸文字，即使訴諸文字也不必然被落實在組織結構和成員的生活之中，引導組織和成員的行為。即使知道企業願景的重要性和功能後，許多股東和高階經理人員，可能還是比較偏好把企業維持成一台賺錢的機器，以使相關的投資者可以從中獲利，而對於建立一個可自行長久存續的企業組織則興緻不高。

但我們依然要問的是，再過五十年，台灣是否能出現所謂的高瞻遠矚企業，展現出從逆境中恢復的驚人彈性，對改善人類生活做出深刻的貢獻？這當然不會是每個企業的目標，但如果沒有任何企業以此為目標，自然再過五十年，再過一百年，台灣的企業依

然只能逐水草而居——為追求低廉的生產要素，不斷遷移生產據點。

面對越來越無法掌控的世界，企業越來越需要綿密的情報網和隨時應變的能力，同時，又必需有所堅持有所信仰，來凝聚成員和朝一致穩定的方向努力。知所變知所不變的能力，誠如前述，與企業是否擁有企業願景關係密切。因此，現今的企業，特別是上市上櫃公司，不論是追求短期獲利，或是致力企業長治久安，對於企業經營的核心價值的探索與澄清，應當是高階經理人不可迴避的功課。

伍、企業願景的管理

一、何謂好的企業願景

綜合以上企業願景內涵的討論，可以歸納好的願景應具有以下四個面向：

1. **企望**（Aspiration）——這是我要做的。
2. **能力**（Competence）——這是我能做到的。
3. **定位**（Differentiation）——這是我的定位。
4. **激發**（Inspiration）——這能激盪我的心志。

能夠符合這四個條件的願景才能提供員工無限的想像與努力的空間。

二、推動願景的十個原則

企業願景不僅可以指引企業朝一致的方向努力，更是企業吸引人力激勵人心的價值和原則。以下提示管理者在推動公司願景時，應謹慎遵守的十個原則。

1. **發展願景是一個沒有捷徑的明確活動。**一般而言，企業願景的推動至少需時一年。

2. **在推動願景過程中，領導者的支持和創造力一樣重要。**願景是企業核心價值和核心目的的宣示，若無領導者的創造力和堅定支持，企業願景多只能停留在書面作業的階段上。

3. **願景不能外包或假他人之手。**可以商請外部專業顧問，來協助組織成員尋找發掘企業的價值和目的，但無法外包或假外人之手。

4. **要發展出能實踐的願景。**推動願景不應成為公司另一個管理流行，無法靠對管理團隊施壓就可落實，也就是說，不是給員工更大的壓力，願景就能自然形成。

5. **旺盛的創造力來自於結構化的願景規劃過程。**願景可以來自企業創辦人經營理念的延續傳承，也可以是企業經營一步一腳印累積出來的方向，無論何者，當企業有意回顧過去或深入成員內心，發掘企業堅持的價值，則有賴結構化的願景規劃過程。

6. **策略的激發是來自企業內部或競爭者，而不是來自外在的總體環境。**企業的價值或目的，往往是在競爭情勢的壓迫下才變得清晰可見。因此，企業藉由與競爭者比較或與自己過去比較，逐步澄清什麼是企業該做的能做的，什麼是企業不適合不該做的。

7. **充分蒐集趨勢資料可以健全願景的基礎，降低不確定性。**為避免企業在達到願景下的藍圖後自滿缺乏不再進步的動力，或是制定出不切實際的膽大目標，推行願景時，企業應充分蒐集趨勢資料，以健全願景的決策基礎。

8. **從明確的趨勢切入，可以帶來極大的利益。**在制定公司願景下的藍圖時，應從明確的趨勢切入，以確保企業努力可獲得極大的利益。

9. **在願景發展的尾聲，須分析不確定性可能導致的結果。**高瞻遠矚的企業追求膽大心細的目標，又不讓企業過度冒險，成功的關鍵在於精確評估不確定可能帶來的後果。在有明確的藍圖指引下，企業仍鼓勵不斷地嘗試錯誤，雖然失敗錯誤的次數增多，但失敗錯誤的成本（或後果）都得以在企業可忍受的範圍內。

10. **願景必須以可實踐的方式發展出來，經由V-M-O-S-T的聯結與呼應才能確定願景可以被實踐。**

企業願景的澄清與展現，目的在提醒企業的領導者，要以時鐘的製造者自許，而非以報時為己任。企業可長可久端賴良好的制度能否建立，能否持續，其中關鍵的條件，在企業成員是不是清楚地自覺並認同企業的存在價值和目的。

本章有關企業願景的討論，在提示企業經營運作的邏輯中，尋找「企業的靈魂何在」是比選用什麼技術、開發什麼產品、或進入什麼市場，來得更根本更重要。沒有靈魂的企業，沒有價值沒有執著，如此無法激盪人心，鼓舞士氣潛能，只能隨風飄移，難以生根無法長青。

「企業願景」雖是近年新興的管理概念，但吾人絕不能視「企業願景」是另一個新的管理工具或方法。因為企業願景雖具有管理工具的效益，如改善效率、建立共識、促進創新、發動變革等，但企業願景卻無一般管理工具的形式，是一個企業內部自生的呈現，更不是靠強力推行就可以普及的工作。

在實務界我們不難發現經理人對「企業願景」充滿誤解，有的視為高調不切實際，有的則設立專案團隊，展開推行企業願景工作。經理人忽略「企業願景」係來自企業內省尋找價值和定位的過程，無法推行也難以創造，而只能發現，並在真實的決策取捨中，向員工持續明確地傳達企業堅持的價值。

本章首先說明企業願景的內涵，其次，分別說明企業願景的構面，包括核心意識型態和願景下的藍圖。第三，提示評估公司落實企業願景的程度，擁有書面宣言雖是好的起步，卻只是第一步。企業願景是否深入人心，融入組織生活的每一個角落，根本影響企業願景能否作為刺激組織進步的驅動力。最後，提示實務工作者管理企業願景的方法，以供參考。

簡言之，企業要成為高瞻遠矚的卓越企業，靠內部的價值指引最為重要，而不是靠外界的標準、習慣、流行或口號等凡俗之見。當然不是說企業經營可以忽略現實，而是企業在自己核心意識型態的指引下，可以配合現實，「正確」地指引企業應有的作為，這些作為可能是特殊的、不尋常的，但無須計較別人的質疑，勇往直前而終可證明企業存在的獨特價值。

問題討論

1. 請提供企業願景實例，分析說明那一家公司的願景最好，最能激勵你？

2. 請提供貴公司的企業願景，並討論如何建立貴公司的願景

3. 說明本章最有用的觀念或技巧

參考文獻

黃紫媚譯，Geus, Arie de 著，1998，《企業活水——西方資本主義

300年的終極省思》，台北：滾石文化。

Collins, James & Porras, I. Jerry. 1994. *Build To Last: Successful Habits of Visionary Companies.* New York: Harper Business. （真如譯，1996，《基業長青──百年企業的成功習性》，台北：智庫文化。）

Collins, Jim. 2001. *Good to Great.* New York: Harper Business. （齊若蘭譯，2002，《從A到A+》，台北：遠流出版）

Gerstner, Louis V. Jr. 2002. *Who Says Elephants Can't Dance? Inside IBM's Historic Turnaround.* New York: Harper Collins Publishers Inc. （羅耀宗譯，2003,《誰說大象不會跳舞》，台北：時報出版）

卓越領導

領導能力是天生的？或是可
藉後天有系統地訓練培養？
有所謂最佳的領導風格嗎？
如果沒有，如何因地制宜選
用合適的領導風格？

學習目標

1. 了解領導與管理的差異
2. 分析領導風格，以及不同領導風格的適用情境
3. 了解領導工作的內涵
4. 了解作為一位領導者所需的能力與特質

導論

根據二○○三年一期英國《經濟學人》的報導，企業績效的解釋
因素中，有百分之十九來自產業因素，百分之十四來自領導因
素。換言之，一個企業領導人的重要性幾乎與該企業處在什麼行
業的重要性旗鼓相當。

MBA的訓練，應該是管理知識和領導才能並重，尤其在現今環
境變動如此快速的情況下，能夠替企業掌握方向的領導才能更顯
得重要。有能力的領導者往往是在動亂之中出現的，所謂時勢造
英雄，在特定的環境下有了正確的特質，領導者往往得以應運而
生。如日本幕府時代的織田信長、德國的希特勒、中國的毛澤東
等強勢領導者，都是在特殊的環境時空下躍上歷史舞台。

自從有人類以來，領導一直是個受到重視的課題。中國人常說：
將「相本無種」，或是「英雄不怕出身低」，但究竟領導能力是從

何而來？是先天的？或是後天的？可以確定的，有些人如劉邦、織田信長、希特勒、毛澤東等的領導能力應有大部分是天生的。但如此是否意謂領導能力無法藉由有系統地訓練養成？有人認為領導是可以訓練的，但也有人認為領袖是不能訓練的，是天生的。

領導才能是可以學習的嗎？要達到受人敬重的一流領袖人物的天生領導能力或許不可能，但是一般企業的CEO之領導能力則應該是可以學習的。這就好像一個人經由好的運動教練的訓練，其運動能力一定會有所進步，但是，若是這個人沒有天分，再好的教練與努力，也不可能拿到奧運金牌。

從美國執行長的派任過程中亦不難發現，董事會所選任的執行長 (CEO, Chief Executive Officer)，為數不少是過去表現良好的營運長 (COO, Chief Operating Officer)，但事實證明這些表現良好的COO並不必然是理想的CEO人選，此正意謂著管理與領導存在著根本的差異，值得釐清。

究竟領導跟管理有什麼差別？我們可以這樣說，領導就是做對的事（do right things），比較強調效果；管理就是把事情做對（do things right），比較強調效率。領導並沒有固定模式可言，但是一個領導者的人生觀是很重要的，有正確的人生觀才能帶領企業走向正確的方向。因此，本章有關組織領導的討論，首先區別領導與管理的差異；其次，討論領導者主要的工作內涵，以及需具備的技能與特質；第三部分介紹六種不同的領導風格，以及

不同領導風格的適用情境；最後，探討領導者應有的人生觀與社會修練。

壹、領導的本質

一、領導與管理

成功地將IBM轉型的前執行長葛斯納在《誰說大象不會跳舞》說：「偉大的機構不是靠管理，而是靠領導；不是靠行政控制，而是靠人員對於勝利的熱情。」領導與管理其實不易區分，但是，現代管理理論特別要區分出領導與管理，主要是要說明領導中某些重要的特質與一般我們所學的管理確實有所不同。簡單陳述如下：

1. 領導做對的事情；管理把事情做對

台灣很多中小企業雖然內部管理制度缺失不少，但依然獲利可觀，其道理就是好的領導，為企業找到好的方向，佔到好的位置，就可獲利。但此獲利能否持續，則決定於領導者能否不斷創新，持續找到好位置；或是改善管理，提高執行效率，以讓公司持續獲利。

2. 領導是自我的實現；管理是紀律的實現

領導不是件容易的事，很辛苦，但為什麼還有這麼多的人喜歡擔任領導工作呢？因為領導與管理間一個根本的不同，是領導可以把意志加諸別人身上，要求別人實踐；但管理者則多被期許有效

地執行和落實制度或領導者的要求。從這個角度觀之，前總統李登輝先生不失為一個好的領導者但卻不是好的管理者，因為他總是可以貫徹個人的意志和方向，但卻惹出許多不易處理的紛擾。我們也可以說毛澤東是個有效的領導者，而周恩來就是一個好的管理者。

3. 領導是引領變革；管理是維持穩定

由於領導工作的本質是替企業擬定發展的方向。因此，發動組織變革，使組織持續有效地回應環境需要，是領導者責無旁貸的工作；相對地，每一個變革的順利完成，需要的是管理者戮力以赴，以使組織盡快恢復原有的作業秩序和效率。

4. 領導是外部導向；管理是內部導向

為能引領企業發展的方向，領導者通常亦是所謂的組織跨疆界者（boundary spanner），負責蒐集、解讀和編譯環境中可能的資訊，以保持對環境變化的敏感度；相對地，管理者通常為接受指令完成工作，因此會比較關心內部流程是否順暢、工作是否如期完成、薪酬制度如何規劃等組織內部的管理議題。

綜合以上，領導是講究效果的，而管理則應該強調效率。在這樣的分野下，我們可以說，領導者的責任是在變動中找出方向，而管理者的責任則是用最經濟效率的方法，穩健地執行既定政策。用軍事作為比喻，作戰的前方需要領導，後勤則需靠管理。沒有好的管理，領導不會成功；沒有好的領導，管理失去目標。

以企業實務為例，公司的董事長應該是領導者，而公司的總經理則應該是管理者。前者負責勾勒公司願景，擬定公司的新策略；而後者則應該是有效的策略執行者。換言之，在事業發展的過程中，公司董事長負責從無到有或從零到一，開創新事業的方向；至於總經理的責任就是從有到更有或從一到二、三……。雖然管理與領導有上述本質上的差異，但在現實的世界中，兩者的內涵與工作常常是交錯互動的，因為管理者若不參與公司願景和策略擬定，是無法有效地執行策略；同樣地，領導者若不知道公司執行上的侷限，所擬定的願景也很難落實。

在組織階層的關係上，我們可以說，每一個階層主管是其部屬的領導者，而低一階層的員工就是管理者。因此，董事長是領導者，總經理是管理者；但總經理是他下面幾位副總的領導者，而這些副總就是管理者。

二、領導的四大工作

根據Yukl（1994）在管理與領導工作不易區別的情況下，我們可以整理歸納領導的四大工作，分別為：

1. **決策制定**：領袖最重要的就是為企業指出發展的方向，因此，領導者責無旁貸的重要工作之一，即為制定決策；決策者制訂了決策後，應該要負起責任。杜魯門的名言：所有決策到此為止（the buck stops here！）即隱含這個意思。每一個決策都有風險，好的領導者就比較能承擔決策風險的壓力，一般領導

者就比較無法承受這個壓力。決策制定的步驟又可再細分為規劃、問題解決、諮商（協助員工做正確的決策或是促使員工接受決策）、和授權。

2. **資訊的提供與蒐尋**：領導者站在組織的最高層，最容易蒐集情報，也最能夠提供組織成員必需的資訊。換言之，資訊蒐集是領導者主要的工作之一，但領導者不一定要親自作。資訊提供的工作包括：告知（告知組織成員組織內外的情形如何）、釐清（因為環境變化，會讓從屬有不確定感，所以領導者要釐清現況給從屬瞭解）、以及監控（觀察運作成效，並適時回饋）。

3. **影響員工**：依據定義，所謂領導就需要有追隨者，組織中的追隨者就是員工。領導者為了要貫徹他的意志，自然需能影響員工，使他們能朝向領導者設定的方向前進。影響員工的途徑有三：激勵、認同、獎賞。所謂激勵即鼓舞，用願景或實質的報酬等激發員工高度的工作士氣。認同是藉使同仁肯定領導者的工作，進而起身效法跟隨。獎賞為提供實質的報酬以達到影響員工的目的。

4. **關係建立**：領導者為能使事情順利完成，重要的工作內容之一即與組織相關的利害關係人，建立關係，尋求認同。建立關係的方式包括支援、發展與照顧、團隊建立、以及人脈建立等。當正式管道已經無法解決危機時，人脈關係尤其重要。

有關係真的就沒關係嗎？

中國人常說：「有關係就沒關係，沒關係就有關係。」企業經理人也十分習於積極廣結善緣，以備不時之需，正反映上述領導者主要的工作內涵。歐美國家卻因為深恐「有關係就沒關係」此等利益輸送或衝突而危害決策品質之情事，形成十分嚴格的倫理守則，來對企業與利益關係人間的關係建立或利益來往的行為有所規範。因此，組織領導者如何建立關係以順利完成工作，又需避免可能的利益衝突，是未來台灣領導人需要思考的課題（詳細請參第十五章〈企業倫理〉的討論）。

貳、領導型態

過去有關領導的研究，著名如Fiedler的權變理論 (contingency theory)、Hersey & Blanchard的情況理論 (situational theory) 或是Blake & Mouton的領導方格理論 (the leadership grid) 等，多係以工作導向以及人際關係導向來對領導型態進行分類。但在實際的管理經驗中，不難發現領導者的風格絕非此兩類可以涵括的，以致實務工作者雖然知道最佳的領導方式需視情境而定，但究竟如何選用最適的領導風格？有那些領導風格可以選用？還相當依重管理者的直覺判斷，而讓「領導」此一重要的管理功能始終還停留在藝術的層次——只可意會不可言傳。

高曼（Goleman, 2000）對領導風格的研究對以上領導的困惑提

供相當豐富的啟示。依據高曼的研究，可以歸納領導者的領導型態有以下六種，分別說明討論如后：

1. 強制型（Coercive）——Do what I tell you.

要求組織成員悉數依照領導者的吩咐執行，不容質疑和挑戰。如鴻海精密的郭台銘。此一領導風格很容易對組織氣候造成不良的影響，包括缺乏彈性、創新、員工積極性等，且當員工追求除了金錢以外的滿足時，極可能在此一領導風格下紛紛求去。此一領導風格適用於組織面臨被購併或是進行轉型重整的危機狀況。

2. 威權型（Authoritative）——Come with Me.

以身作則或是感動員工或是樹立權威，領導人所做的要求，讓組織成員自然覺得應該要遵守。此類型的領導者或許很凶，但是因為領導人比組織成員還專業還懂，得以借用員工對領導者權威的尊重，來領導員工。如台積電之張忠謀先生等。此一領導風格因提供給員工足夠清楚的要求和激勵，對於組織氣候有極正面的影響，但也不是適用於每種情境，特別是當工作團隊都是專業成員，則領導者不易以此方式領導之。

3. 親和型（Affiliative）——People come first.

此類型的領導者在台灣似乎比較少見，領導者以員工為優先，致力於創造和諧快樂的工作氣氛，讓成員願意彼此交談、分享構想和工作經驗。同時允許員工以自己認為最有效的方法來執行自己的工作。此一領導風格有助形成員工對組織的歸屬感，但最好不

要單獨使用此一領導風格，否則極容易讓組織為求和諧而容忍不佳的績效或錯誤的行為，特別是當員工缺乏方向感和專業能力時，過度依重親和型領導往往會招致失敗的命運。

4. 民主型（Democratic）——**What do you think**？

在台灣企業幾乎沒有此類型的領導者，較常見的是大學的校長、院長。當領導者不確定如何解決當前問題時，民主型的領導風格藉由優秀員工的集思廣益、擴大決策參與，可一方面提振士氣；另一方面增進成員對組織面對情況的了解，有益共識的形成。但當員工的能力不足或資訊缺乏時，此一領導風格沒有任何意義。

5. 計畫型（Pacesetting）——**Do as I do, now.**

與強制型最大的區別，領導者的要求有時間的意涵，有計劃有步驟，且以身示範，強調凡事依照既定計劃執行，如華碩之施崇棠先生等。對於組織成員要求做得更快做得更好，且對未臻理想的績效表現會立即指出，要求改正。此種領導風格與強制型類似，稍一不慎會對組織氣候造成負面的影響。此一領導風格適用於成員是高度自我激勵和能力優異的專業組織，不需設定工作方向也不需太多協調。

6. 教導型（Coaching）——**Try this.**

前奇異公司執行長威爾許就是教導型的領導者，他親自擔任公司高階主管的教育訓練工作，並鼓勵員工嘗試創新。這種領導者類似球隊的教練，了解每位成員的優點和弱點，安排訓練和職位，以讓每位成員得以發揮優點，避免弱點的影響。此一領導風格的

領導者提供員工非常豐富的指示和回饋，並樂於授權，挑戰員工嘗試完成工作，雖然，這樣的領導方式有可能使得工作不能快速地完成。矛盾的是教導型的領導者往往關心員工個人發展，甚於任務績效；但也因此可以深獲員工的信任和接受，發揮潛能為組織效命，但當組織成員抗拒學習或不願改變，此一領導風格無法發揮作用。

不同的情境下，一個領導者呈現的可能會是不同類型的領導，但每個人依然有其特別偏好的領導風格。領導者的領導型態可對組織產生極大的影響，包括組織的彈性、員工願意承擔責任的程度、遵循標準的程度、對組織承諾投入的程度等。基本上，領導者呈現出的領導風格愈多樣，組織績效愈好。當領導者擅長的是威權型、親和型、民主型、教導型或更多的領導風格時，組織績效的表現最佳。

在企業規模日益擴大的現代經濟環境中，組織內各個部門和不同時點上的狀況均有不同，領導者需展現出多種的領導風格。可行的方式之一是建立領導團隊，納進領導風格與自己不同的成員，以分別擔任合適的角色。另一更根本的方式是，領導者應積極擴增自己可用的領導風格，然後敏感地回應當時情境，沒有痕跡地轉換不同的適用風格，以爭取最佳的結果。

新觀念——第五級領導人

在《從A到A+》一書中，知名管理大師柯林斯提出「第五級領導人的概念」。根據柯林斯的研究，卓越的企業在從優秀轉型到

卓越的過程，都有一位第五級的領導人。所謂第五級領導人具有三個特質：虛懷若谷、堅定意志、雄心為公。一般我們所知道的知名領導人可能是有效的領導人，具有魅力與高知名度，這些人通常只是第四級領導人。這個說法與中國傳統所認定的優秀領導人，不謀而合。傳統中國的優秀領導人應該 (1) 無德：以天下之德為其德 (2) 無才：以天下之才為其才 (3) 無功：以天下之功為其功，不與員工爭功，更要視員工表現為領導的關鍵績效。這些說法，主要在說明領導人最重要的工作不在彰顯自己，而在成就部屬，讓他們表現發揮。

參、如何成為卓越的領導者——領導者的修練之道

坊間討論領導的書籍可謂汗牛充棟，但從個人生存價值的觀點出發，卻非主流。從以上有關管理與領導差別的討論中，不難發現領導者追求的是一種自我實現，又以能激勵員工完成組織目標為根本任務。領導者如何能散發激勵員工的氣質於不知不覺？簡單歸納領導者所需具備的特質，分別是體力、能力、毅力以及魅力。說明如後。

一、體力

體力指的是健康的身體與精神，能夠承擔繁雜巨量的工作壓力。所以，領導者要養成良好的飲食與運動習慣，此外，領導者還需要知道養性，才能維持好的精神狀態。領導工作常常涉及許多繁

瑣的事務，領導者要養性實在不容易。

二、能力

徒有體力，充其量只是匹夫而已，領導者當然要有一定的能力。這個能力泛指能夠從紛亂混沌中掌握條理方向、訂定優先次序的管理能力。事實上，絕大部份管理的教育或訓練都集中在此，其中與領導特別相關的能力，以下簡單說明之。

1. 組織能力

組織能力指的是人與事的分配能力。但是要記住，世界上是沒有完美的組織分工存在的，只有完美的理想。因為再怎麼分工都是會有缺點存在，所以才會有組織變革等理論的出現。

組織能力也包括利用20／80原則的能力，強調領導者要把握重點，此外，穩定和變遷的平衡也是值得注意的。穩定需要靠大量的管理者來維持，變遷則得藉由領導者來達成。雖然將變遷變得穩定點是必須的，但是，領導者是喜好變動的、而且環境也是多變的，所以無法達到完全穩定的境界，而需在兩者中找其平衡點。

好父母 *vs.* 好的領導者？

從教養小孩我們也可以領悟到領導的道理。第一投入心思，若以對待自己小孩同樣的心思，來帶領員工，領導績效一定會較為理

想。第二從小孩與小孩的相處之道可以觀察出一些領導的規則，包括：(1) 賞罰或規則的一致性(consistency)，即讓小孩十分清楚知道什麼時候什麼狀況會被處罰 (2) 信任，要信守承諾，才能取得小孩的信任 (3) 公平，不容易但要盡量做到。

2. 用人

胡適曾經寫信給蔣介石，提到若是一個領導者管太多事，就不是一個好的領導者，因為事必躬親的情況下，員工的能力會漸漸消弱。領袖應該無德、無才、無功（事實上是有德、有才、有功的，但不過分顯露出來），以天下之德、才、功為其德、才、功，並且要多尊重對方、替對方著想，己所不欲、勿施於人，信任人，用人之長、避人之短。要如何去培養用人的能力呢？可以從自我反省要求、多讀歷史、傳記、古籍，培養心胸開始。以下列示用人的基本原則，以供參考。

* **說清楚、講明白**——領導者對部屬指派工作，應說清楚目標是什麼？任務是什麼？要用什麼方法去做。

* **掏心肝、聽細聲**——聆聽的能力是領導者必備的能力。

* **定標準、給支援**——提供員工達成任務必要的支援。

* **供誘因、知回饋**——誘因制度往往決定組織文化。如果只是用錢來激勵員工，未來一定走不下去，且容易衍生負作用。例如高速公路上的貨車司機屬低底薪高獎金，當然比較容易發生車

禍，當誘因制度只包括賺錢多寡，往往是一時有效，卻對長期有害。如果做一個領導者提供給部屬的只有錢，實在稱不上是高明的領導者。

* 有肩膀、肯承擔──領導者肯承擔，才能讓員工勇於嘗試、冒險和創新。

3. 溝通技巧

溝通有許多技巧可供改善溝通的效果，但最重要的還是與心態有關。領導者持有雙贏的態度，與員工共創企業前景，為良好溝通的前提。

在各種管理活動中，都會用到溝通。基本上，「瞭解」和「同意」是不同的，要人同此心、心同此理、從對方的角度去想，才能達到溝通目的。雖然現實情況中多是主管對下屬說話，不過好的領導者應該要讓下屬多對自己說話，然後再恰當地說話。訓練自己的溝通能力，可藉由多體諒別人、了解自己和他人開始。訓練自己控制情緒的能力，並要加強理性、思辯能力。

三、毅力

領導者常常要面對高度不確定的經營環境與結果，因此，領導者的策略目標是對是錯，實在很難判斷，誰有毅力地撐的比別人氣長，誰就是贏家。另一方面，領導者在帶領組織變革時，必定會遭遇許多挫折與阻力，如果毅力不夠堅定，怎麼可能有什麼成就

呢？要注意，領導者雖然對目標理想要有毅力，但對於達成目標的方法應該保持彈性，不宜固執。領導者要如何有毅力呢？領導者對自我與生命價值的了解，常常是得以堅持的根本。

1. 我是誰：個性、價值系統

領導者應思考我是誰？我為何要當領導者？此又與個人的個性和價值系統有關，只是因為好玩，就當領導者嗎？還是有什麼樣的價值需要實踐需要落實而選擇擔任企業經理人？

2. 我要做什麼：目標

要當領導者的目標是什麼？只是為了享受獲得權力強制別人以執行自我意志的快感嗎？這是一個好的領導者需要思考的。

依據Badaracco (1997) 對領導者應具備特質的討論，提出「關鍵時刻」這個概念，指出當決策的制定具有考驗、揭露和塑造領導者價值的決策時刻即為所謂的關鍵時刻。在關鍵時刻時，管理者的基本原則、基本價值是什麼？是否考慮到自己任何一個小的決定，可能會有很多人的生活受到影響？領導者的心在那裡？只是純粹從經濟利益的角度來思考？還是有多元的觀點來取得較圓滿的結果？隨著競爭的壓迫日益嚴峻，台灣的領導者將面對愈來愈多Badaracco所稱的關鍵時刻——例如致力追求效率利潤，資遣不具競爭力的員工，或是本於照顧員工工作和生活權益，而有創意地尋求效率改善之道。面對這樣的關鍵時刻，領導者所做的決策已對自己與向別人充分揭露自己的價值觀。

如何發現個人的價值觀？

或許有人經過以上的思考，依然不清楚自己要什麼或不了解自己是什麼樣的人。基本上，個人不必然需要實際的體驗，或去嘗試之後才能發現自己不適合做什麼或是適合做什麼。可行之道是多觀察，並嘗試模擬情境，應可對組織中什麼職位扮演什麼角色有所了解，並進而確定自己適合從事什麼樣的工作，不適合什麼樣的工作。例如成功的企業家十分榮耀，但往往也必需付出家庭生活、工作壓力、高度時間壓迫等代價；或是中國過去所說的忠孝難兩全。換言之，該付的代價不能省，不能什麼都要。領導者在面對價值取捨時，即以上所謂的關鍵時刻，仔細的自我觀照，應該有益發現並釐清自己所重視的價值。

四、魅力

魅力是一種吸引力，它來自一個人對自己深刻了解之後而產生的信心。換言之，有自知與自信的人就是有魅力的人，如果領導者沒有自知與自信，又有誰會相信他而接受他的領導呢？因此，好的領導者一定是有魅力的人，能服人、能吸引人、能影響人。當前受人欽佩的中外知名領導者，無論是企業領袖或政治領袖，每一位都具有十足的魅力。我們也看到不少位居要津卻毫無魅力的人物，其表現常常令人有望之不似人君的感覺。這兩者最重要的差異應該就是有無自知與自信。所以領導者應該不斷地了解與檢討自己，進而培養自信，魅力就會油然而生。除了自知與自信外，魅力的展現還可來自：

1. 視野

我們常常談到vision這個字，公司的vision是願景，個人的vision就是視野了。視野對領導者來說，是一種格局，所謂做對的事就是視野的一種。視野除了要全方位地去思考、觀察外，還要加上方向的確立。對自己公司的本質先要了解，才能下正確的決策。

要如何培養自己的視野？首先要對組織本質和客戶、大環境作通盤的理解，還要多讀書、多交友、多聽、多看、多學等。此外，領導者必須具備某一專業，別人才會信服。所以領導者多從基層做起，連比爾蓋茲到現在都還會親自寫些軟體呢。

2. 熱情

領導者要有像藝術家般的熱情、敏銳，唯有熱情才能感動人。還有，藝術性格和領導能力對一個領導者而言都是相當重要的，在美國雷根總統的演說中，即可發現這種特質。事實上，毛澤東、李登輝都有藝術家的氣質。要如何具備以上特質呢？除了領導者自我要求外，對藝術、運動、美感與人文氣質的培養是必要的條件。

從世界上令人尊敬的領導者身上，我們可以歸納讓人追隨的領袖，或許個性截然不同，或許領導風格有異，但都有著一個共同點，即用心。因為用心，所以：(1) 單純——不是天真而是專注(focus) 在要做的事情上；(2) 正直——忠實地把自己反映出來，

不是說一套做一套；(3) 熱情 (passion)——對人是有感情，對工作是充滿熱愛的。如此對工作的熱情是來自領導者的內在價值，不是因為名利或權勢。也因為熱情是來自個人價值的選擇，對工作的熱情不容易因為聽一場演講或看一本書而產生，因此非常需要領導者思考成為領導者的目的和價值，作為自我策勵的動力，而不僅僅隨市場環境的改變而隨意起舞。

肆、領導績效與領導責任

一、領導績效

不論領導者具備的風格為何，也不論領導者的特質為何，領導者被賦予種種激勵員工和管理組織運作的權力，目的都在期許領導者引領企業發展茁壯，並為組織最終的成敗負責。但領導者的績效為何？如何評估領導者的績效？以下說明之。

1. 領導要有績效

組織沒有達成令人滿意的結果，員工可以有藉口，如資源不足、環境不佳等，但對擁有最終決策權力的領導者而言，則不可以再有理由，需為組織的結果負起責任。但是，領導者的績效究竟應該如何衡量呢？這當然有很多不同的衡量指標，如果我們用最近最流行的「平衡計分卡」來看，那麼領導人最重要的績效指標應該包括組織的財務績效，組織的顧客滿意度，組織內部運作效率的提升，以及組織成員的學習成長等。

就一般企業而言，我們認為最重要的衡量指標應該有兩個，一是公司的股價是否持續比別的企業好，另一是公司是否有良好的接班計畫。因此，我們評斷一個企業領導人是否卓越，不僅要看他在任內的表現，還要看他在離職之後，是否有好的接班人。如果這位領導人在離職之後，公司還能夠至少有兩三年的優秀表現，這位領導人才可以「蓋棺論定」稱得上是卓越領導人。

2. 長期或短期

領導者的績效有長期的目標，也有短期的目標，應一併考量，以免偏廢。近來發展的「平衡計分卡」有益引導領導者關心組織長期且多構面的績效表現，值得組織的董事會參考，用來評估領導人。

好的領導人一定是「爭一時也爭千秋」，一個組織眼前的短期問題都解決不了，哪還有什麼長期可言呢？同樣的，組織若是天天窮於應付短期問題，又怎能期待它能有長期競爭力呢？

3. 製鐘人或報時器

好的領導者是創造讓員工可以盡全力工作的環境，而不是一直告訴部屬如何去做。換言之，與其讓員工等待領導者的指示或是費心揣摩領導者的意向偏好，不如建立制度，讓員工行為有所依循。

維繫制度或視情況而定？

當企業致力建立制度，又常需面對制度如何貫徹執行的問題。例

如中小企業為落實內部控管，在作業上有諸多規範，但往往組織成員即使經過教育訓練，依然不會確實遵守。特別是國內中小企業在人才不易培養和留任的困難下，假如有資深且對公司極有價值的員工違反制度時，究竟要不要堅持制度，以致失去公司的重要人才呢？三國時代諸葛亮即已遇到類似的困境而演出歷史有名的「揮淚斬馬稷」。很顯然，這就是短期或長期的衝突，如果只看短期，公司可能要犧牲制度保有員工，但是，如果看長期，當員工不遵守公司規定時，公司應貫徹「有制度就要有紀律」的原則，貫徹落實制度。同時也要檢討制度是否合理，去除不合理的規定，如此領導者才得以成為造鐘者，避免做個報時器。

何謂好制度？領導者如何制定好制度？

組織領導者與成員常是處在既合作又競爭角力的緊張狀態中，例如領導者期望作業規定能被確實遵守，但組織成員則希望保有最大的工作自主權。因此領導者如何可以堅持規定？一般而言，組織成員在就業市場愈有條件，就愈有條件犯錯和不遵守內部的規矩。換言之，領導者只有在不怕特定員工離職，才能堅持制度。但要能無懼特定員工的離職，卻更需要借重制度的設計。例如二○○二年台灣的花旗銀行總經理陳聖德率領二十多位一、二級主管投靠中信銀行，但是，花旗銀行仍能正常運作，受到的影響有限，足見花旗銀行的制度有多麼的完整可靠。

所謂好的制度就是能讓有能力出頭，但又不至於有過渡依賴個人的風險。因此，在好制度下，不管是好人、壞人、天才或笨蛋，都不致於讓組織陷入無救的危機。在同樣的制度下，不同人所能

發揮的績效的確會有所不同，好的制度能夠很快地讓大家知道哪些人有能力、有表現，那些人沒能力、沒表現。要做到這點，制度的透明性、公平性應該是重要關鍵。

二、領導責任

或許我們也可以用CEO這個字來闡釋領導者的責任。CEO是Chief Executive Officer的縮寫，通譯成執行長，是公司的最高領導者，其主要職責在承董事會的委任，擬定並執行公司的重要方針與策略。但另外四個以E開頭的英文字，正好也是一位好的CEO所應該注意的工作。這四個字分別是Earning（賺錢）、Education (教育)、Ethics（倫理）、Entertainment（娛樂），連同Executive（執行）這五個E，可說構成領導者的基本職責。

* CEO應該是 Chief Earning Officer，也就是賺錢長。一個企業的最高負責人，最重要的責任當然是讓公司能通過市場檢證，讓公司賺錢，回饋股東。要做好這一點，CEO應該要不斷地提升公司競爭力。從某個意義來看，本書的主要目的，正是協助企業提升競爭力。

* CEO應該是Chief Education Officer，也就是教育長。一個好的領導者一定也是好的教練，需要因材施教，循循誘導他的部屬。公認為本世紀最偉大的企業領袖──前美國奇異公司的執行長威爾許，就花很多時間教導員工，並曾表示好的企業不只

是學習型組織，也應該是教導型組織。在他擔任執行長任內，他每兩個星期到公司的教育訓練中心授課，十五年來從未間斷，其對教育訓練的重視，可見一斑。

* CEO應該是Chief Ethics Officer，也就是倫理長。領導者必須以身作則，同時要非常重視自己以及員工的倫理行為，公司才能維持好的形象，獲得社會肯定，永續經營才有可能。台積電的CEO張忠謀就親自擬定公司的十項信念，希望公司全體都能符合高度的倫理要求。張忠謀並常常不厭其煩地與員工仔細解釋這十項信念的意義，可以說就是在從事倫理長的工作。

* CEO應該是Chief Entertainment Officer，娛樂長。公司固然是員工藉工作以謀生的地方，同時也要是員工獲得成就與喜悅的地方。因此，CEO需要努力使部屬有成就、有喜悅，如此，部屬自然會為公司盡心盡力，公司才會卓然有成。前台灣安泰人壽的CEO潘燊昌每年在尾牙時都會「犧牲色相」扮演各式人物來取悅員工，成為企業的佳話，在潘娛樂長的領導下，無怪乎，該公司能夠迅速地超越許多根基深厚的本土公司，成為業績僅次於國泰人壽的保險公司。事實上，台灣這幾年每年的尾牙春酒等場合，高階主管犧牲色相自娛娛人已經司空見慣，正說明企業領導人的重要工作是讓員工高興快樂。

前面這五個E說明，領導者最重要的五個工作是確實執行公司政策、讓公司賺錢有競爭力、注重公司倫理文化、注重員工教育訓練、以及讓員工認同公司，喜歡公司。除了從CEO新解來尋找

領導者責任的線索外，中國傳統的智慧亦提供相當重要的啟發。領導者當謀天下之福、養天下之才、求天下之功。此處的天下指的是你領導者負責的公司或部門，公正無私，企業才可長可久。統一高清愿先生即是因為公正無私而讓統一企業持續成長並成功轉型。

企業領導應重正直與堅持，但適用於政治人物嗎？

不適用。根本的原因是政治是零和遊戲，商業可以是非零和遊戲。通常政治的餅不會變大，總統永遠只有一個，你有別人就沒有，別人有你就沒有的典型零和賽局，因此，政治就是權力分配，古今中外的政治人物，不正直者居多，與權力分配的本質有關。所以，一般我們所說的領導理論，不可以貿然適用在政治人物上。

這裡我們根據二〇〇三年《經濟學人》的一篇有關領導的調查報導歸納，新世代的領導人最需要的十個能力作為本章的總結：

1. 要有好的倫理。
2. 能夠做困難的決策。
3. 清楚與集中。
4. 企圖心。
5. 有效地溝通技巧。
6. 具有識人的能力。
7. 能夠培養人才。

8. 自信。

9. 適應力。

10. 魅力。

彙總

當環境不確定性高時，能夠指引方向、激勵追隨者的領導者愈來愈重要，也愈來愈不可缺少。「等待英雄」正凸顯領導議題的重要性。本章首先探討領導的本質，區別領導與管理的不同，包括：(1) 領導做對的事情；管理把事情做對 (2) 領導是自我的實現；管理是紀律的實現 (3) 領導是引領變革；管理是維持穩定 (4) 領導是外部導向；管理是內部導向。其次，從領導者的主要工作內容和領導者的可能型態如強制型、威權型、親和型、民主型、計畫型以及教導型等，引伸探討領導者的修練之道。我們認為好的領導者，在用人、組織、溝通技巧等管理能力固不可少，領導者自我價值與信仰的釐清與堅持更為重要。巴納德在其《高階主管的功能》(Barnard, 1938)指出伴隨領導地位而來的是道德毀滅的風險，特別是在競爭如此激烈，每個重大決策都可能攸關企業成敗的環境裡，領導者面對困難的抉擇時，絕對需要清楚的自我價值觀，來引導決策的制定，並展現有視野、大格局和熱情的領導魅力。最後，本章以領導績效和領導責任的討論，重申領導者的責任不能侷限在為股東賺錢獲利，注重公司倫理文化、提升員工素質同樣不可偏廢。因此，領導者的績效應該包括平衡計分卡所主張的：組織的財務績效，組織的顧客滿意度，組織內部運作效率的提升，以及組織成員的學習成長。高瞻遠矚企業的領

導者係造鐘者而非報時人，因此評估領導者的績效不能只看在位時的績效，更要看領導者是否為組織奠定確立可長可久的制度。

參考文獻

葉匡時，2000，〈迷人又迷惑的領導〉，明茲伯格等所著，《領導：哈佛商業評論精選04》，台北：天下。

葉匡時，2004，《總經理的面具》，台北：聯經。

Badaracco, Joseph L. 1997. *Defining Moments: When Managers Must Choose Between Right and Right.* Massachusetts: Harvard Business School Press. （徐曉慧譯，1999，《對與對的抉擇》，台北：臉譜）

Barnard, Chester I. 1938. *The Functions of the Executive.* Cambridge, Massachusetts: Harvard University Press.

Blake, Robert R. & Mouton, Jane Srygley. 1994. *The Managerial Grid.* Gulf Professional Publishing.

Collins, Jim. 2001. *Good to Great.* New York: Harper Business. （齊若蘭譯，2002，《從A到A+》，台北：遠流出版）

Drucker, Peter F. 1999. Managing Oneself. *Harvard Business Review*, Mar - Apr: 65-74.

Economist. 2003. Leadership Survey.

Fiedler, Fred Edward. 1967. *A Theory of Leadership Effectiveness.* McGraw-Hill Co.

Gerstner, Louis V. Jr. 2002. *Who Says Elephants Can't Dance? Inside IBM's Historic Turnaround.* New York: Harper Collins Publishers Inc. （羅耀宗譯，2003，《誰說大象不會跳舞？葛斯納親撰IBM成功關鍵》，台北：時報出版）

Goleman, Daniel. 2000. Leadership That Gets Results. *Harvard Business Review,* Mar - Apr: 78-90.

Hersey, Paul & Blanchard, Kenneth H. 1995. *Management of Organizational Behavior.* 6th ed. Englewood Cliffs, NJ: Prentice-Hall.

Kaplan, Robert & Norton, David P. 1996. *The Balance Scorecard - Translating Strategy into Action.* Massachusetts: The President and Fellows of Harvard College. （朱道凱譯，1999，《平衡計分卡——資訊時代的策略管理工具》，台北：臉譜）

Yukl, Gary. 1994. *Leadership in Organizations.* 5th ed. Englewood Cliffs, NJ: Prentice-Hall.

附錄——領導的教戰手冊 (ABC's of Leadership)

—From an article in Fortune by Kenneth Labich

1. Trust your subordinates.   You can't expect them to go all out for you if they think you don't believe in them.

   信任你的部屬。如果你不能信任部屬，部屬怎能對你推心置腹

2. Develop a vision. People want to follow someone she knows where he or she is going.

   發展願景。人們希望能追隨知道要往哪裡去的人。

3. Keep your cool. The best leaders show their mettle under fire.

   保持冷靜。 最好的領導者在很危急的時候依然能保持冷靜。

4. Encourage risk. Nothing demoralizes the troops like knowing that the slightest failure could jeopardize their career.

   鼓勵冒險。當小小的失敗就會危及員工的職業生涯時，員工又怎會有士氣呢？

5. Be an expert. From boardroom to mail room, everyone had better understand that you know what you're talking about.

作個專家。從董事會到收發室，每個人都明白你知道你在說什麼。

6. Invite dissent. Your people aren't giving you their best...if they are afraid to speak up.

徵求異見。如果部屬怕說真話，那他們就不會表現出最好的一面。

7. Simplify. You need to see the big picture in order to set a course, communicate it, and maintain it.

單純簡化。要在大方向的基礎下溝通並維持這個方向。

6 學習型組織

即使是非常大的企業，所面臨的經營挑戰不會少於中小企業的經營，持續學習已成爲重要的經營課題。

學習目標

1. 了解何謂學習型組織。
2. 學習如何讓組織轉型成為學習型組織。

導論

學習型組織？對很多把企業當成「賺錢機器」的人，一定覺得不可思議。因爲組織既是機器，如何能夠學習？或是換一個説法，如果機器可以學習，自主地依據環境需要的不同，做出各種不同的反應，我們還説「它」是機器嗎？

本章的主題是學習型組織，在介紹許多促進組織學習的具體做法的同時，另一個目的是要經理人明白兩個看待企業的觀點－把企業視爲生命體（企業生命觀），與把企業視爲機器（企業機器觀）的差別。

彼得・杜拉克曾指出：「二十年後，典型大企業的管理階層，不僅不到現在的一半，經理人數目也不會超過目前的三分之一。工作將由橫跨傳統部門的專業人員所組成的任務團隊完成。員工爲了組織的協調與管理，也將必須更懂得自律。」組織的這些改變除了拜資訊科技之賜，組織中人員的角色和功能也同時必須做出重大的改變，而最根本的改變就是企業生命觀和機器觀的轉變。

唯有接受企業生命觀，不做扼殺企業生命的行為，組織的學習才有可能，而學習型組織也才有出現的可能。生命體是唯一能夠學習的主體。如果企業只是由一筆一筆的財產組成，那麼企業就只是死氣沈沈的物體，根本無法學習。

隨著市場環境的持續改變，組織愈來愈需要具備有機體般的資訊回饋機制，以敏感地偵測環境的改變，並在第一時間有效發動內部資源與機制，來趨避危險或威脅，以求組織的長期生存。此正說明企業機器觀愈來愈難以生存於快速變動的環境中，而要發展倖存於競爭激烈環境中的組織，採取企業生命觀已是唯一的選擇。接下來的功課則是如何讓企業避免做出扼殺自身生機的行為，並轉型為學習型組織。

壹、企業機器觀與企業生命觀

企業是什麼？企業的目的是什麼？許多企業或商學背景的人一定不加思索地回答：企業的目的在極大化股東的財富，企業經理人要向股東負責。在這樣簡單的答覆裡相當程度已註定企業組織的命運。艾瑞德格 (de Geus) (1998) 的研究指出日本和歐洲企業的平均壽命不到12.5年，但最長企業的壽命則可長達數百年，究竟是什麼原因讓絕大部分的企業未臻成熟即劃下句點，又是什麼原因讓極少數的企業得以長存百年如故？

經過研究觀察，艾瑞德格提出「學習型組織」的概念[1]，並強調

唯有生命體才是學習的主體。一個賺錢的機器或謀利的手段，是不會思考，沒有感覺，沒有自主性，當然也沒有所謂的學習活動。究竟視企業是賺錢的機器或自主意志的生命體，彼此之間存在什麼樣的差異？為何視企業是機器根本斷絕企業學習的可能？為何只有視企業是自主的生命體，才可能開展學習，確保企業歷經環境變化於不墜？

讓我們看看視企業是賺錢機器時，我們看到什麼？建造者即企業主擁有無上的控制權，企業中的員工，就如同可任意取代的機器零件。業主唯一的義務便是支付工資以換取勞力。自動販賣機差可比擬工人的角色－投入一個銅板，得到一份產出；投入兩個銅板，得到兩份產出。即使隨著組織的規模與環境的複雜度增加，組織有分權的必要性，但對於機器的要求，依然不變，要能完全由中央控管，並且能有固定而不脫軌的產出。此外，為避免個別改進績效，反而導致組織整體效能下降，組織總是盡可能地維持中央集權制度，而機器中的所有零組件（員工、制度和例行工作等）則被期待完全服從，正確無誤地執行被指定的任何工作。

當機器出現問題時，自然傾向於機械性的解決方式，例如借重作業研究與管理科學，來處理庫存問題、生產排程的問題、產能規劃的問題、資本預算的問題等。

---

1 組織學習或學習型組織在彼得聖吉出版《第五項修鍊》後，在國內蔚為風潮，但如彼得聖吉在《企業活水》一書序言所述，其對組織學習的概念係得自艾瑞德格的啟發。

相對地，當視企業是自主的生命體時，又可以看到什麼？當企業是生命體時，就似所有生物一樣，存在的目的就是為了自身的存活與改進，能夠發揮自身的潛能，盡可能使自己成長壯大。企業的存在不僅是為了提供顧客商品，也不僅是為了回饋利潤給股東，更不只是提供給組織成員一份工作機會，而是為了存活長久且興盛繁衍。觀察生命體在大自然的行為，以及長存百年企業的習性，不難發現得以存活長久且興盛繁衍的生命體，都具有相當的基因多元性，以及對加速學習演化的能力。反映在企業的管理行為，包括成員對組織有高度的凝聚力和認同感、彼此互信、盡量平權、頻繁交流訊息、經驗分享互相學習、不過度冒險獲取非生存所需的資源等。

當生命體生病時，就如同人類受到細菌和病毒的侵略，這樣的衝擊在自身免疫系統的作用下，往往有益強化自身的生存能力。對企業而言，遭逢經營危機或競爭者威脅，可為企業帶來新的觀點和能力。即使企業再不願意，也不可能將侵略者圍堵在企業之外，可選擇擁抱入侵者，視為組織學習過程中，不可或缺的動力。

比較企業機器觀和生命觀，不難發現，企業機器觀要求企業善盡極大化股東財富的角色，要求企業中的每個成員，每項制度都以極大化當時的效率為追求的目標，無異於埋下組織在日後環境出現變化，卻無法偵測，難以調適改變的滅亡種籽。

貳、組織為何要學習

前節說明我們應該把組織視為一個生命，具體而言，組織需要學習的原因有三，分別說明如后：

1. 變革

組織學習通常和組織變革有關。通常變革的需求在先，但因環境變動太快，組織必需學習，強化適應力和對環境的偵測力，從各種角度觀察事情，以確保變革的成果。什麼時候組織需要改變？由小公司變成大企業，由單一業務公司變成多角化企業，由集權的組織變成分權的公司等，組織都有變革的需要。

如果我們視企業為一個社會系統，則可從利害關係人的觀點來理解企業的經濟功能本質。所謂利害關係人，是指任何直接受到企業作為影響的個體[2]。以利害關係人的觀點看待企業，可將企業視為利害關係人交換資源的一連串交易行為，如圖6-1所示。換言之，企業不是獨立地存活於市場環境之中，而是深受企業所在環境中各個利害關係人的影響，同時也對各個利害關係人造成影響。因此，作為社會系統中一員的企業，身負促進系統元素、系統本身與系統所隸屬更大型系統發展的角色，當利害關係人的任何改變，企業或多或少都將受其牽動，而有學習改變的必要。

---

[2] 企業利害關係人不包含競爭者，係因為企業對競爭者的影響是間接的，是透過企業對顧客、供應商與其他利害關係人的直接影響而造成的。

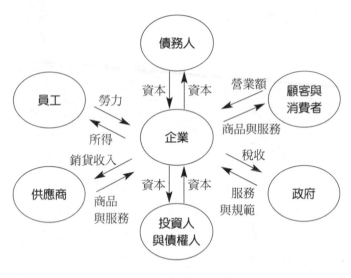

圖6－1　企業的利害關係人

2. 競爭

從工業革命到現在，由於科技進步、自由化等各因素的影響，外在競爭環境日趨劇烈，迫使每個組織都越來越需要取悅顧客和滿足顧客的需要。所有的工作者和所有的組織，包括公務員、醫師、老師……無一例外。過去公務員可以說是躺著幹，但現在是所有的人民都可能是刁民。過去的醫生高高在上受人尊敬，但現在一不小心就會挨告，醫療糾紛上身。以前老師可以打罵學生，現在不行，也難保不挨學生的告。為什麼會這樣？當然是競爭的影響下，如果沒有競爭，組織就沒有改變的必要，當然更無學習的困擾。

又例如二、三十年前台灣的百貨公司都還是貨物出門概不退換，現在則都可以退換貨了。中國大陸的商場也逐漸開始實施可以退換貨的服務了。為什麼有這樣的改變？當然是因為競爭環境改變，現在是物質商品過剩的時代，商場彼此之間的競爭劇烈，不僅是單純多了很多家百貨公司而已，還多了許多網路通路、直銷等不同通路，都造成組織改變的壓力。

或許有人會好奇，商場實施無條件退貨政策，難道不怕顧客存心佔便宜找麻煩嗎？其實，顧客買了東西之後，若是不滿意要退貨也是要時間成本的。經濟愈是發達的社會，人民的時間成本愈高，也就愈不用擔心顧客會佔商家的便宜。在經濟還不夠發達的社會，貿然實施無條件退貨的政策就可能增加許多額外的成本，未必帶來企業競爭優勢。

環境的重要還可從近來政壇與企業界有關 "位子與腦袋" 的說法，得到支持。二○○一年，台灣的宏碁集團因為業績不好，進行大幅度的組織改造，施振榮宣稱：「不換腦袋就換位子。」由於企業環境變化多端，企業經理人就算在同一個位子，其所面對的挑戰卻會日新月異，因此，企業經理人要知道學習成長，也就是要換腦袋。否則的話，企業經理人勢必無法應付新的挑戰，換位子將會成為必然的結果。看來，腦袋是可能決定位子的。

民進黨與國民黨權位異置之後，剎那間，不少政治人物對某些議題的立場馬上轉變。有國民黨重量級人士在執政時強調兩岸戒急用忍，現在卻極力主張兩岸三通。民進黨尚未執政時，基本上是

主張福利國家的政黨，執政以後，在社會福利的立場上卻顯得比國民黨保守。於是，有人批評這些政治人物沒有立場，換了位子就換了腦袋。問題是，換位子難道就不能或不應該換腦袋嗎？執政黨或反對黨站在不同的立場，具有不同的看法，應該是很正常的現象。從企業經營的角度看，公司的主管從某一部門調到另外一個部門，或升為總經理時，當然就應該換腦袋有不同的思考，難不成還用原部門主管的角度看整個公司的經營嗎？事實上，從組織管理的角度來看，組織部門分工的主要功能之一就是讓不同部門用不同的立場看問題。透過不同部門間相互的討論與交流，決策者可以更清楚地掌握經營全貌。所以說，換位子，所處的環境不一樣，自然應該跟著換腦袋[3]。

3. 能力

沿用百貨公司的例子，可以想像實施貨既出門概不退貨的百貨公司，與無條件退貨的百貨公司，其員工訓練與管理方法是完全不同的。可見，面對環境改變，如果要能繼續生存，組織必須經常更新組織的競爭力，現在很棒的能力或競爭力，可能一兩年後就不很棒或反而成為包袱累贅。

前英特爾總裁葛洛夫在所著的《十倍速時代》一書中提到，當年

---

[3] 但是，換位子就換腦袋是否就是沒有原則、沒有立場呢？關鍵在於換位子之後，應該有所變、有所不變，腦袋裡的東西有些要換，有些不應該換。個人的價值觀、理想不應該輕易地隨著位子而改變，所謂「富貴不能淫，貧賤不能移」是也。但是，經營策略與手法，則會因為位子不同，接觸到不同的資訊，而有所改變。換位子之後，若還死守著不換腦袋的貞節牌坊，恐怕非企業之福。

公司在遭遇日本企業在記憶體產品的重大威脅時，公司擬放棄原來起家的記憶體，改以微處理器為主力產品以覓生路時，最根本最迫切需要的就是學習新的能力－微處理器產品相關的技術、市場新知。那些固守原有能力，不願配合的成員，不論職位高低，只能被迫離開公司。可見員工必須不斷提升能力，因應競爭變局。

再舉例來說，在可預見的未來，所有的企業都將需要依賴網際網路從事經營活動，這就好像所有的企業都需要水電才能運作一樣。因為資訊科技和網際網路興起，對企業組織和管理造成深刻的衝擊，組織的本質和管理所需的能力也隨之改變，經理人和企業都需要持續學習，更新能力，以滿足新時代的需求。

參、如何建立學習型組織

何謂學習型組織截至目前為止，依然缺乏有共識的定義。Yeung等人（1999）認為學習型組織是一個能夠不斷產生創意、擴散創意，並產生所希望的績效的組織。我們這一章以及下一章會大量引用Yeung等人的研究。

另外依據 Garvin (2000) 的研究指出，一家公司要成為真正的學習型組織，必須符合三個條件。第一是意義，尋找到一個合情合理、容易應用的學習型組織定義；第二是管理，組織需要一個可行的和清楚的實行指導方針；第三是評估衡量方法，以了解組織

學習的速度和程度。簡言之，要成為學習型組織並無捷徑，也無法在一夜之間完成，管理的基本動作一樣也不可少。

一、意義（Meaning）

究竟何謂學習型組織？有人認為「因應環境變化做出回應」是學習型組織的必備條件。但只要是企業，基本的檢驗就是能生存，要生存自然就必須快速回應市場的需要，不然如何能活。因此能活是組織學習的結果，而非能活的組織就是學習型組織。

也有經理人認為引進新技術是學習型組織，但我們需要關心的是引進新技術的這個過程是如何發生？引進後如何確定有能力承接？就如同回應環境需要，在思考什麼是學習型組織的時候，更關鍵的是企業如何能隨市場變化不斷調整？如何知道組織需要調整？如何調整？

在歷史上每個組織能延續下來一定要有學習的能力，如基督教為何能發展兩千多年而日益興盛？以前只要有塊好地段的地，不一定需要什麼知識，可以生存得非常好。現在的前十大民營企業和二十年前的十大民營企業最大的差別是現在的前十大民營企業都與電子業有關，與擁有很多資本或很多土地的關係已不明顯。因此在資訊科技發達、知識經濟的時代，所謂「學習型組織」，是要能創造或生產知識、承接知識、和移轉知識，亦即要有效果地經由多種方法穿透多種界域來生產知識、承接知識和擴散知識。

知識（knowledge）不同於資料（data）和資訊（information），資料是沒有解釋和沒有分析的原始素材，資訊則是經過分析解釋的資料，知識則是有系統有結構的看法和想法，而學習型組織則是能夠根據知識，改變行為的組織。

二、管理（Management）

誠如以上定義，學習型組織擅長創造、取得、傳播知識，並且配合這些新知識和見解而改變行為。因此，要學習，要先有新想法，然後不論此新想法是來自組織外，或是由組織內部提出，組織要能調整工作方式，讓新想法不只創造改變的可能性，還要能真正造成改變。

大部分的公司或多或少都會有新想法出現，也總是零星地進行改變，但組織如果希望不只是靠運氣，而能掌握創造改變的可能性，以及真正造成改變，亦即，持續地學習，那就需要適當的管理，以讓有助於學習的活動、制度和流程，都能融入日常工作之中。因此，學習型組織的各樣學習活動必須是透過管理完成。

三、衡量（Measurement）

組織學習通常可分為三個重疊的階段。第一是認知，組織成員接觸新想法、增進知識，開始用不同方式思考。第二是行為方面，員工開始將新想法內化，並改變本身的行為。第三是績效改善，行為改變創造可以衡量的改善成果，如品質更好、交貨更順利、

市場佔有率提高，以及其他具體成果。在衡量組織的學習成果應包含這三個階段。

以團隊合作為例，第一員工真的了解團隊合作的意義，還是對團隊的意義仍不清楚？衡量的方式係現場員工廣泛交談，以確定成員了解此一新的概念。第二，員工在與人合作的行為改變上，除調查和問卷之外，通常需輔以現場觀察。例如神秘顧客或邀請外界顧問來訪，參加會議，以觀察員工的日常行為。第三，員工對團隊的認知和行為改變，是否真的創造出具體的成果，則需借重學習衡量工具，如半生命週期曲線（詳見第五節之討論）等，來衡量學習是否有助於達到組織的目標。

你的企業真的致力轉型為學習型組織嗎？

學習型組織不是一天造成的，但如果期望自己的組織轉型為學習型組織，可從以下具體的初期作法開始著手：(1) 高階主管明確允許員工花時間學習，而非總是催促員工快一點把工作做完，(2) 公司常利用會議、會面、專案小組等方式，跨越組織界限，促成想法流通，而非宣佈命令或決策結果 ，(3) 公司鼓勵員工接觸新知識，而非全力地執行組織例行性工作 ，(4) 積極採行各種有益學習的作法，如舉辦大型會議或座談會，讓客戶、供應商、外部專家或內部小組聚在一起，分享想法，互相學習；或是組成研究訪問團，派員工拜訪全球各地一流組織，以了解他人的績效和特殊技能 ，(5) 清除阻礙學習的障礙，如打破部門界限、願意接受新事物等。

肆、學習的來源

企業存在不同的學習方式,因為不同的產業特性、經營策略、企業文化和技術的差異等,同時,企業在不同時點擁有的資源條件、競爭限制和歷史情境,亦會影響企業選擇不同的學習方式。Yueng等人(1999),依據學習的來源(向他人學習或向自己學習)以及學習的方向(創新或改良),將組織學習分為四類型:實驗、持續改善、標竿學習、以及能力與知識取得。如圖6-2所示。

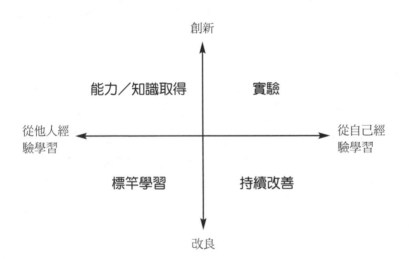

圖6-2 組織的學習模式

資源來源:Yeung et al. 1999. *Organizational Learning Capability-Generating and Generalizing Ideas with Impact.* New York: Oxford University Press.

一、實驗

實驗就是不斷嘗試，試這個方法，試那個方法，直到找到好方法。例如3M鼓勵員工不斷嘗試用實驗地方式開發新科技或發展既有科技的新用途，即為箇中代表。這個學習模式有許多困難需要克服，例如，如何讓組織既創新又有紀律；允許自由又不致失控；容忍失敗又能肯定成功？依據史丹佛大學的幾位學者的研究建議，指出鼓勵實驗以創新學習的組織，需掌握以下原則才得以持續適時地推出新產品。

1. 融合平衡機械式組織以及有機式組織的特點——成功的創新者採用機械式的作法，清楚明白地規範產品開發的優先次序以及責任歸屬。例如說，行銷經理必須對產品規格以及財務評估負責，工程經理則必須按預定時程，如期完成各階段的產品開發；同時，各部門都很清楚產品開發的優先次序，並用以分配資源。成功的創新者也會運用有機式的原則，鼓勵企業內各部門之間、各產品專案部門之間，乃至於與企業外部，都保持頻繁充分的溝通。在產品實際開發的過程中，則讓設計開發人員擁有高度的自主性，可以視狀況而對產品開發的過程，進行即興式的修正。

2. 利用多種低成本的方式去探測未來－成功的創新者，不會花很多的時間與資源從事未來的規劃，因為未來實在太難預估了。但他們也不全然是且戰且走地面對未來，而是模擬好幾種可能

的未來。基本上，他們會用測試產品、策略聯盟、趨勢專家以及策略會議這四種低成本的方式探測未來。測試產品指公司在大規模推出某項產品前，會先在某一地區進行小規模的市場評估，才決定是否要大舉進軍，公司也會與重要的客戶或相關企業進行策略聯盟，藉以取得技術以及市場資訊。公司聘有對於產業技術與趨勢極為熟悉的專家，決策階層常常與他們交換資訊、預測未來。最後，企業最高階層會定時的舉行策略會議，藉以探討產業趨勢。

3. 適時平順地連結現在與未來的產品開發專案——實驗學習係以時間為基礎，而不是以事件為基礎。成功的創新者會讓組織處在一個學習創新的節奏中，行雲流水平順進行，而不會讓市場情況來過度干擾組織學習創造的步調與旋律。因此，成功的創新者會在一個固定的時間間隔，如一年或兩年，開始新的產品專案開發。每個時間點的縱剖面，都可以觀察到組織中有的專案正在開始，有的已進行，有的接近尾聲，有的完成準備上市，組織的學習創新係保持在動態卻平穩持續進行的狀態中。

二、持續改善

企業藉由持續改良既有產品、技術、服務及流程，以達到學習的目的，日本公司是典型的表率。日本企業率先推行的品管圈、即時生產系統、精簡製造、看板管理、品質檢驗等多項管理實務，均要求員工高度參與，以客觀數據為基礎，解決內部和外部顧客提出的各類改善需求，並不斷改良現有技術產品和流程，以更滿

足顧客需求。受到日本企業的影響，台灣企業亦以持續改善製造流程而聞名全球。相對地，日本企業則將持續改善的學習模式，用於了解顧客和市場。利用快速推出新產品、蒐集顧客意見、據以修改產品、重新上市，再蒐集顧客意見……如此循環不已，讓企業對顧客的偏好愈來愈有掌握，推出的產品愈來愈能滿足市場的需要。

「有用的失敗」和「無用的成功」？

許多時候，學習不是經由仔細規劃而來，而是無意間發生的，但這並不表示學習是無法管理的。例如，很少有企業會建立一個流程，要求公司的經理人定期思考過去，並從錯誤中學習，可為說明學習是可以透過管理而更有效。從組織學習的角度觀之，組織可能出現所謂有用的失敗和無用的成功。前者係指雖然失敗，但卻從失敗的經驗中習得深入的見解和領悟，進而擴大組織知識；相對地，無用的成功係指某件事很成功，組織中卻不知道為何成功或如何成功，以致於成功經驗無法複製。當經理人習慣從組織學習的角度看事情時，必然更能容忍失敗，並從是否增加組織學習的機會，來檢視任何事件對組織的好壞或影響。

三、標竿學習

標竿學習就是拿其他企業的作法作為典範，改善自己的績效。例如製造業者可以參考業者最佳實務的產出率、用人、產品週轉率、品質等，選在一致的比較基礎下，與其它公司協議所選出的指標、時間相比較，並藉互訪來刺激新想法。換言之，採行標竿

學習模式的企業需先了解並分析別人的營運方式及最佳範例,然後,消化、改良,並應用於自己的組織,達到學習的目的。

例如南亞塑膠的合理化運動,利用提案制度、績效和專案人員,使生產效率可以持續改善,甚至超過設備原廠所設計之效率水準。又例如台北萬芳醫院在台北醫學院接收管理後,採取向五星級飯店標竿學習,用飯店的顧客接待之道,刺激醫院成員重新思考工作的角色——學習以病人為導向,並改善醫院色彩、動線流程,此外,掛號小姐改以站立的方式工作,以體會病人排隊的心情,並請美容師幫前線人員化妝,到中午時分候診的病人由醫院招待點心……等貼心的設計,以提高醫院的服務水準。

以上均是標竿學習的實例,藉由吸取他人成功經驗,並進行有系統的學習,並將學習結果規劃為課程,與其它成員快速分享等,以達到有效學習的目的。

標竿學習如何才算成功?

幾乎任何事都可以標竿學習。標竿學習如何才算成功,並沒有清楚的答案。基本上,有意採用標竿學習的企業,應該先徹底蒐集有那些組織的作法是值得參考的,具有學習價值的,然後了解自己現行的作法,接著有系統地參觀現場、訪談,並提出分析報告,擬訂建議,最後加以執行。標竿學習不一定很花錢,但卻一定很費時,才能確定值得學習的對象、學習之處,以及如何落實執行。

四、能力／知識取得

例如工研院電通所與明碁電腦合作開發第三代的手機電腦,即是向他人取得新的知識／能力,以從事創新。採行此種學習模式的企業係藉由新知能、新技術的吸納或培養,以達到學習目的,即從他人經驗,開創新機會。主要的學習策略包括招募關鍵人材、投資培訓關鍵能力及技術、借助策略聯盟獲得知識、兼併有特別技術和能力的公司、與大學及顧問公司等合作以吸取最新觀念。

過去經濟部不遺餘力地推動產(產業界)學(學術界)研(研究機構)合作,希望能向上提升台灣產業的競爭力。學術界的研究成果雖然離實際商品化還有一段距離,但作為刺激創意新知來源,卻是一不可忽視的寶藏。此從國內資訊電子產業開始在各大學設立研究基金或獎助合作,可知此一學習模式已漸獲業界重視。

創意的產生:建立制度或做戲?

以中國鋼鐵公司為例,對技術員、工程師、廠長、處長都定期評估,以切實執行公司推行的各種改善措施,如TQM, QC, ISO……等,但在被逼迫的情況下並無任何創意可言。的確品質是被逼出來的,比較有效,但往往也因為是被迫而只是在做資料、做準備以應付下一次的檢查,並沒有什麼太大的效果。不可否認,很多管理行為的象徵意義要比實質的意義還重要。當然,「企業很重視管理」,與「被認為很重視管理」是一樣重要,前者涉及企業實質面,後者涉及企業形象面,因此,一樣具有價值。但企業

不免對於很多管理技巧產生迷思，作為管理者和經營者，當然可以參考外面的專家意見或協助，但最後依然要自己做決定，瞭解這些方法對自己的意義何在，才不致於伊於胡底，盲目行事。

當然企業不會只採用上述四種學習模式的一種，一般而言，組織會同時採用一種以上的學習方式。目前最廣泛被採用的學習模式是持續改善的學習模式，至於實驗學習則最少被採用。這與台灣產業結構大有關係，台灣的企業以模仿為主，少有自己創新的商業模式或產品創新，因此，持續改善要比實驗學習常見。但展望未來新經濟的特性，企業能否鼓勵員工創造、嘗試、實驗各種創意，將是成功的關鍵。因此，企業應本於建立學習型組織的原則，以積極建立組織實驗學習的能力。

伍、如何評估學習效果

相對於競爭者，公司在各方面的表現如何？有沒有什麼樣的方法可以明確得知自己在顧客心目中的表現或地位？在努力成為學習型組織的過程中，不時地自我檢視，了解自己的表現與進展，不僅可以知所不足地刺激組織持續學習進步，亦可作為獎勵組織不斷往前的動力來源。以下介紹業界經常用以評估組織學習成果的工具和作法。

一、學習曲線

學習曲線是企業從投入生產開始到量產的過程，單位成本下降的曲線。若一公司開始量產時500萬元能製造出10,000單位，那生產100單位需要多少成本？實際上，若只生產100單位的單位成本絕對比生產10,000單位的單位成本高出許多。為何量大單位生產成本會下降？因為隨著生產數量增加，提供員工更多機會了解怎麼做比較有效，而有所謂的學習曲線。企業經理人需要關心的是單位生產成本可以有多大幅度的下降？此外，即使量沒有增加，由於重複生產，依然可以隨時間增加，而使生產效率提高。例如餐廳剛開始營業時，可能一碗牛肉麵需要十五分鐘才能出菜，隨著時間增加，熟練度提高，即使產量沒有增加，每碗牛肉麵的準備時間可以大幅下降。

從市場競爭的角度觀之，新進業者即使擁有與既有業者相同的設備、人力和生產技術，依然會因為學習曲線的關係，而處於成本劣勢。因此，如何管理學習曲線，使成本可以因經驗的累積而快速下降，已是組織學習成果的重要表現。

二、半生命週期曲線

與其他公司比較，改善速度有多快？相對學習曲線，多一個時間的評估構面，即改善50%要花多少時間，生命週期多長？有的組織開始時亂七八糟，但可以很快改變，代表半生命週期很短，是所謂的學習型組織，會學習會改善。相對地，有的組織開始跑得

快，但不代表最後獲勝，因為改善速度慢，半生命週期長。

三、價值曲線

價值曲線原被用來作為企業成長的策略定位參考（詳參本書第八章〈組織成長〉），但亦可用於評估組織學習成效的工具。以康柏電腦的伺服器為例，首先列出在伺服器產業重要的競爭構面或重要的績效指標，然後逐一就本身與業界的表現進行比較，然後，預測圖形會有什麼樣的改變？並點出企業的價值所在（詳如圖6－3所示）。有些績效指標可以改善，有些則不可以改善或沒必要改善，不能改善的部分可供策略定位參考，可以改善的部分則可選擇業界最好的標準，來進行標竿學習比較，了解自己相對於競爭對手的位置。

四、標竿法

選擇指標，以作為公司學習效法的對象和標的。例如生產製程可用的指標，包括單位生產成本、單位生產時間、單位平均人力、良率、產出率等。有一分析工具——雷達圖對於企業找出學習對象和標的，提供相當的參考，即先決定自己要與別人比什麼，然後，把要比的項目放在圖形的構面中，然後點出自己與同業在各構面的表現，並將各構面的表現點連起來。重點是線是不是在向外擴張，標竿要有測量的方式，讓組織成員很清楚知道自己在那個位置，雷達圖則提供很好的參考。

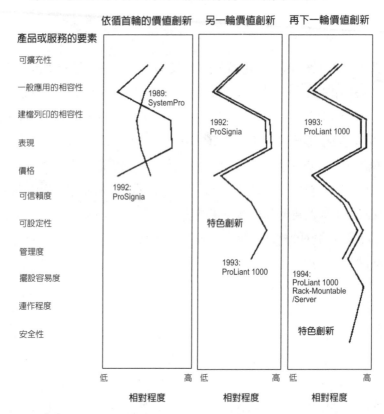

康柏電腦如何保持在伺服器業界的頂尖地位？

圖6－3　康柏電腦公司在伺服器產業的價值曲線

資料來源：Kim, W. Chan & Mauborgne, Ren'ee. 2000.〈價值創新：高成
　　　　　長的策略性創新〉，史托克等著，《成長策略：哈佛商業評論
　　　　　精選05》，台北：天下文化

以圖6－4筆記型電腦業者之雷達圖為例，假設在各重要構面競爭
對手中最佳表現以粗線所示，A公司之各項表現如虛線所示，則

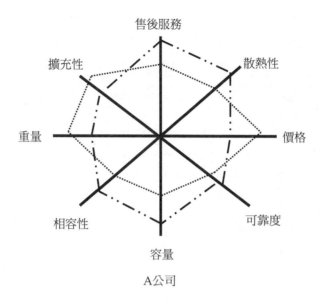

A公司

圖6-4　A公司筆記型電腦產品雷達圖——與競爭對手比較

可清楚了解A公司的產品應採取的定位，以及應著手改善的產品屬性。在經過一段時間後，尚可就A公司與主要競爭對手表現之間的差距趨勢進行比較，以了解公司在學習上的成果。

五、學習矩陣

管理者需要思考「企業要成功，要學什麼東西？」然後，以從事與這些所需能力有關活動的單位或部門或個人為縱軸，以需要學習的能力為橫軸，然後，或是由公司單位主管或單位外的評估小組，或是個人來評分，畫出一個學習矩陣（如圖6-5所示），如

此可顯示公司（或部門或個人）在該領域的長處所在，也可看出各單位能如何彼此分享經驗和知識。

要在X領域成為業界龍頭，我們必須……									
		成為X領域的關鍵因素							
		A	B	C	D	E	F	G	H
X 領 域 的 相 關 執 行 單 位	1								
	2								
	3								
	4								
	5								
	6								
	7								
	8								
	9								

圖6-5　學習矩陣

資源來源：同圖6-2.

學習矩陣可以有效地促使部門去改善重要的績效構面。雖然有些績效構面可以量化，如成本、員工抱怨頻率等方便進行比較評估，即使是不能量化，製成學習矩陣，例如比較管理者A, B, C, D, E誰最適合作為企業接班人，互相對照，依然有助於思考澄清。

或許有人會提出疑問，如果不能量化，那被評比的員工或部門一定會有爭議，反而製造組織內的衝突或間隙？當然學習矩陣可以

作為經營者自我思考評量、判斷的輔助工具，不必然要對外公開，但從學習型組織的角度，應該資訊盡量透明化。例如惠普公司每年都有最佳秘書的選拔活動，每個主管都據理力爭，你說你的秘書有多好，我說我的秘書有多好⋯⋯經過討論爭辯之後，大家可以慢慢界定出什麼是好秘書的標準，換言之，爭辯與討論有助於讓大家更清楚標準在那裡。

爭辯會破壞組織和諧？

組織爭辯處理不好，會對組織有負面的影響。台灣企業比較不會處理或面對爭辯，這樣的文化實在有改變的必要。從我們的成語就可以看出，如虛與委蛇、陽奉陰違等。許多企業浪費很多時間在開會，在沒有任何效果的事情上。常有企業發生開會時大家都沒意見，開完會後意見一大堆。如果不同意為何開會時不說？有人會說不方便說，為何會不方便說出個人的意見？當然有許多有經驗的管理者會說公司的文化就是如此，老闆就是這樣，真的不能把意見表達出來。在此提出兩個建議：第一，希望有這樣感覺的管理者在當主管時，不要再像自己的老闆一樣，讓員工活得這麼辛苦；第二，很可能是自己劃地自限，組織成員擁有的空間可能比想像的還大一點，如果覺得對，應該值得嘗試說說看看，未必真的不能說。

陸、阻礙學習的原因

組織學習如此重要，但組織學習卻是障礙重重，既防礙組織創意

的產生，又阻擾知識的擴散應用。以下根據 Yeung 等人（1999）歸納最常見阻礙組織學習的原因，以提供經理人診斷據以了解組織的問題，並尋求可能的克服之道。

1. 無知

我們的員工不愛學習？不愛學習往往是缺乏資訊刺激的結果。如果員工資訊豐富，聚會聊天的話題，自然離不開「現在有什麼公司在做什麼事……」，如果員工資訊貧乏，聚會聊天時，風花雪月就比較多。缺乏資訊刺激的結果，極可能會使人越來越無知，而學習的動機也會下降。克服之道在清楚認知現狀及潛在的危機或機會，以避免企業自滿而安逸於現狀。

2. 天真

天真係指想當然爾，不去深究，這樣做就對。例如管理者樂觀地相信每個人都有學習向上的心，因此主張公司要推動學習型組織，如此這個政策推行恐怕阻力重重，因為管理者根本沒有了解組織成員的真正想法，而假設以一個簡單的答案來解決困難的問題，忽略企業是環環相扣的複雜體制。

3. 同質性

根據對國內國立大學管理學院的師資異質性進行調查研究，發現政大的師資幾乎皆是政大MBA，背景的同質性相當高，相反地，中山大學的師資異質性最大，有益組織活力和創造力的激發。資訊的解讀方式越多，組織學習成效越大，在複雜的經營環境中尤其如此；相反地，如果組織呈現同質性的思考，以單一觀

點或資訊來解決業界複雜的問題，會是極大的學習障礙，例如中國鋼鐵公司目前最大的問題，恐怕也是高階主管的同質性，都是男性、相近年齡……，雖然中鋼的表現一直備受肯定，但要深入探討的是，現在做得很好，是與誰比較？以中鋼擁有的資源和條件，中鋼能不能比現在做得更好？這幾年，因為政治因素，中鋼先後從外部引進兩個董事長，對於同質性高的中鋼而言，未嘗不是好事。

你處在同質的環境中嗎？

物以類聚，若不刻意去創造異質的環境，我們很自然地會與我們相似的人來往互動。有的企業聘用員工時，首重員工的資質。重視員工資質是不是會造成同質性？剛好相反，由於資質好，容易向組織內部擴散而成就組織的異質性。民進黨執政的第一階段政府內閣同質性的問題就非常嚴重，如都是學法律的，台大人或台南人等。了解自己是不是處在同質的環境中，觀察一下平常來往的朋友是什麼背景就可以知道。平常來往的朋友對個人學習非常關鍵，因為對你的資訊和知識取得、以及學習能力有很大的影響。

異質會阻礙學習嗎？

同質性會阻礙學習，同樣地，異質到一個程度當然會阻礙學習，例如我說台語，聽不懂普通話語，你說普通話，聽不懂台語，當然有分享和交流的困難。因此，即使管理團隊應具異質性，但依然要有共同的語言、文化價值共識等為基礎。好的教育，如通識課程即在建構社會成員的共同基礎。例如英美的大學畢業生都唸

過聖經、莎士比亞或其他經典，大家也就擁有共同共享的故事與對話，過去中國人的共同基礎是四書五經，而現在台灣幾乎沒有，通識教育是各行其是的「各識」而非共通的「通識」，大家沒有共同對話基礎，實在非社會之福。如果台灣的大學畢業生都讀過共同的二十本經典書，則對話和互動的水平自然能提高。

4. 親密

親密有很多不同的意涵，例如關係親密，很難指揮調度；或是親密，距離太近，以致看不到問題，無從協助對方找出問題；或是互動緊密，以致「牽一髮而動全身」。對於企業或企業採行的策略亦可能因為感情太深或承諾太多而無法改變，無法學習。同時，也可能因公司各部門嚴謹控管，彼此的政策和行事過程劃一，只有一套既定的分析和回應方式，不能變通也無法適應，結果相當程度壓抑各單位因應不同環境的創意空間。

5. 殘障

學習時因為某些事情阻礙，使得學習無法發生。例如溝通管道不通。這種情況在組織中經常發生，為什麼？例如主管強勢（不需討論，照著命令執行）、本位主義（不想與別人分享）、或是認知差異，由於每個人的看法不同，高階人員認為學這個比較重要，中階人員則覺得學這個不重要。此外，公司嚴懲失敗、事不關己的冷漠文化等都會使組織有如殘障，無法行動，學習也無從產生。學習型組織既容易產生構想，而且構想容易傳播出去，但殘障的組織卻分析重於行動，只花時間想像，卻遲遲沒有任何行

動。

6. 迷信

迷信是指沒有經過科學驗證，就覺得是這樣，執著不疑，即是迷信。相反地，所謂的科學態度就是有一分證據，說一分話，實事求是，尋找驗證等。觀諸國內媒體許多事件的報導分析，基本上是十分缺乏科學態度的。以八掌溪事件為例[4]，如果有科學一點的態度，就應該認真地檢討如果直升機真的飛來，可以救出那四位被困的人嗎？又以工安維護為例，如果施工人員爬高，都需戴帽子和繫繩，否則工人、包商和監工都要當場罰款，那為何河床施工的工人沒有預防措施？預防措施該不該做？從整個八掌溪事件，國內緊急災難事件的預防和救助真的學到什麼？能不能擴散並產生效果，而能減少類似事故的發生？

或許我們會下令要全面檢查消防設備，但如果沒有透過時間的界域傳遞下去，三年後消防設備又可能荒廢。又此次檢討的重心全放在通報系統有問題，但通報系統沒問題，災難就不會發生？沒有經過驗證，就覺得只要直升機來，受困人員就得救，就是迷信的態度。如果真的要能減少類似事件發生，必需認真地去探討為何這件事會發生？什麼樣的做法可以有效地救人？迷信的態度往

---

[4] 2000 年 7 月 22 日下午，嘉義縣八掌溪仁義固床工程進行汛期時能穩固河床的混凝土灌漿作業，但在下午五點十分左右，八掌溪上游洪水突然湧至，現場八名施工人員中四人逃離、四人來不及逃出，在洪水湍急中受困於溪中。雖然嘉義縣的消防隊趕赴現場，卻因工具不足或訓練欠佳，而無法援救。最後只好聯絡空中警察大隊與國軍海鷗救援部隊，但因兩個單位未及時動員，三個小時後，四位受困八掌溪河床的工人，終因體力不繼，跌入洪流中滅頂。

往讓組織面對問題，也難以學習正確的思考模式和作事方法。

相信風水會阻礙組織學習？

很多政府高官都會在到職前，請風水師來看辦公桌的位置，真的是「不問蒼生問鬼神」。當然這是個人信仰的自由，但當社會上每個人都花很多的時間力氣在這個事情上，而忘了基本制度和結構需要做改變時，其實就已妨礙社會學習的進行。例如企業經營出問題，或是官員民意支持度下降，當事者只想到找風水師來看辦公室的位置，而沒有去思考是不是管理方式出問題。如果只是「寧可信其有，不可信其無」的敬重態度，當然無妨，但若變成決策準則就很危險，也會阻礙社會整體的進步。例如車禍意外死亡，我們都認為是命，不去深究交通法規、路面設計、交通號誌、速限規定、或夜間照明的設計，甚至緊急救護系統的效率和品質等，是不是有改善的可能，來減少車禍意外和傷亡的發生，正足以說明迷信對學習的阻礙。

7. 缺失

我們非常容易以偏概全，以致盲點重重，阻礙學習的進行，改善的方式在多看，多觀察，多做些假設。例如很多人熱衷求神通求靈異，為何可以一天只睡一小時，七日不需進食，但這都不是管理者要關心的，因為管理需要關心的是大部分的人，以科學的態度要問的問題是大部分的人為什麼是這樣？如此管理才能訂出適用大多數人身上的制度。

組織學習，已成為企業經營的重要課題。隨著環境的複雜度和不確定性提高，企業機器觀雖可極大化企業運作的效率和產出，但阻絕企業學習因應環境變化的缺點卻愈來愈難以容忍。代之而起的新觀點是企業生命觀，視企業是有生命、有意志的主體，以所有的生物為師，重新學習企業經營管理之道，以讓學習融入企業日常的工作之中。

學習型組織雖已成為炙手可熱的課題，但具體的內容和意義卻至今尚不明確。本章依據Garvin的看法，定義學習型組織是擅長創造、取得、傳播知識，並且配合這些新知識和見解而改變行為。因此本章在呈現企業機器觀和生命觀的差異後，依序介紹組織為何需要學習、如何建立學習型組織、學習的來源、如何評估學習效果，以及阻礙學習的原因。

不論是因為企業成長、環境改變或能力過時，組織都必需持續創造新想法，並落實新想法、產生具體成果。也唯有如此，企業才能在不斷變遷的環境中生存。

學習是生命體歷經世世代代物競天擇，存留在生命體中的本能，生命體不需勉強也無需刻意，就自然而然地從環境中蒐集學習的線索，並改變行為，來增加持續生存的機率。當經理人放棄企業機器觀，改以生命體的觀點來看待企業時，首先要檢視的，組織中是否存在扼殺企業學習本能的規定和要求？例如懲罰失敗、鼓

勵唯命是從、避免爭辯、樹立權威不容質疑、挑撥惡性競爭破壞信任等。其次，建議經理人積極應用本章所介紹的各種促進企業學習的方法和工具，長期持續地努力讓企業成功轉型為學習型組織。

問題討論

1. 列出2～3個對促進組織學習有用的觀念、工具。

2. 貴公司作了什麼使公司成為或阻礙公司成為學習型組織？試討論之。

參考文獻

黃佳瑜譯，Ackoff, Russell L. 著，2001，《交響樂組織》，台北：大塊文化。

黃紫媚譯，De Geus, Arie（艾瑞德格）著，1998，《企業活水——西方資本主義300年的終極省思》，台北：滾石文化。

Garvin, David A.，2000，〈建立學習型組織〉，收錄於張玉文譯，杜拉克等著，《知識管理：哈佛商業評論精選02》，台北：天下文化。

Kim, W. Chan & Mauborgne, Ren'ee. 2000.〈價值創新：高成長的策略性創新〉，收錄於史托克等著，《成長策略：哈佛商業評論精選

05》，台北：天下文化。

Yeung, Arthur K., Ulrich, David O., Nason, Stephen W. & Glinow, Mary Ann Von. 1999. *Organizational Learning Capability-Generating and Generalizing Ideas with Impact.* New York: Oxford University Press.

7 知識管理

當資訊經過整理並可以產生市場價值時，才可稱爲知識。透過管理方法，讓知識能夠有效地儲存、傳播、生產（或創新）稱之爲知識管理。

學習目標

1. 學習知識管理的內涵
2. 了解進行知識管理的具體步驟

導論

事實上，從有人類社會以來就有知識管理的議題，例如，中醫原有一套完整豐富的知識系統，但並沒有具效率的傳播與創新方式，因此，我們可以說中醫的知識管理遠不如西醫。爲什麼這十年來，知識管理會成爲這麼熱門的話題呢？這有兩個重要原因。第一個原因與資訊科技的發展息息相關。由於資訊科技的進展，資訊與知識的儲存、傳遞或交換的成本大大地降低，人們因而可以接收前所未有的豐富資訊與知識，如何有效地管理這些豐富的資訊或知識也就成爲重要的議題。第二個原因則是經濟發展趨勢的改變。傳統經濟生產要素中的土地、資本、勞力都愈來愈不重要，知識才是最重要最有價值的要素，雖然這個知識可能依附在某一個人身上，也可能可以透過資金取得，隨著資訊科技的發達與廣泛應用，擁有土地、資本或勞動力等實體資源的企業更迫切需要的是好的管理制度、好的情報系統、好的資訊解讀能力……等知識與能力，來善用實體資源發揮效用。

知識管理與學習型組織其實是密不可分的，有好的知識管理，企

業才可能成為學習型組織,反之,企業要成為學習型組織,必須做好知識管理。在前一章學習型組織的知識基礎上,本章首先說明知識作為一種生產要素的特性。然後,依序針對組織知識的分類、創造、保存和擴散的方式進行探討。

壹、知識——新興的生產要素

人類在十八世紀中葉以前,屬於「農業經濟」階段,因為在此階段最關鍵的生產要素是「土地」和「勞力」,所以當時最有權力的人是貴族、老爺、員外等擁有土地的人。自十八世紀至二十世紀末,進入「工業經濟」階段,最重要的生產要素是「資本」,所以擁有資金、機器、廠房的資本家是當時最有權力的人。接下來進入二十一世紀,人類進入「知識經濟」時代,因為知識取代土地、勞力和資本,成為經濟活動中最關鍵的生產要素。

由於關鍵生產要素的改變,企業或其它組織的管理、核心任務和作業內容也有隨之改變調整的必要。邁向知識經濟時代,對於管理的改變卻有如一次管理典範的重大革命,因為知識作為一種生產資源,與傳統的生產資源有著根本的差異。綜合歸納許士軍(2001)的看法,知識作為生產要素,具有的特性包括:

1. **知識並不會因為被利用而減少或消失,更甚者運用知識可衍生更新、更多的知識**——過去物以稀為貴,稀少創造價值,但知識卻是普及利用,再利用,才能衍生更多的價值。

2. **知識不僅表現有外顯之型態，更有以內隱型態存在**——因為內隱知識不易外顯，易被忽略，凸顯知識管理課題的重要性。

3. **知識並不只限於理性成份，且其價值往往來自其感性成份**——降低成本或改善品質是有價值的知識，而讓消費者主觀感受產品具有獨特價值，亦是有價值的知識。

4. **知識本身是十分個人化的，但亦可發展為一組織專有的知識**——雖然只有個人可以創造知識，但組織的資訊平台、制度安排、環境設計等得以引導成員進行知識創造活動，則已成為組織專有的知識。

因為知識有上述的特性，使得新時代中管理及組織的設計，必須配合知識資源的有效獲取及利用。不同於工業社會中的組織，為配合機器大量生產之需要，著手專業分工，建立例行化程序，藉重嚴密的指揮和監督程序，以獲得高效率的產出。在以知識為關鍵資源的時代裡，整個組織和管理必須改變，以支持知識學習和創新活動的需要，以自主性的任務代替分工；以團隊和網絡結構取代層級結構；以經營使命、企業文化和自我管理，取代監督、命令，來提升生產力和激發創意。

以在高雄的中國鋼鐵公司為例，研發部門有200多位研發人員，要如何有效的管理，以達到組織目的呢？也就是要如何才能快速有效地產生知識和擴散知識呢？目前中鋼的作法是外面一有新產品上市，就看產品看文獻來嘗試找出做法，如果自己不懂如何做

又買不到國外的 "know how"，才會交由技術研發部門來做。這個政策的主要原因有二：一，研發部門缺乏成本的意識又缺乏時間的概念，很難符合現場部門的要求。另一主因是中鋼研發部門人力，有1/3具有博士學位，只對研究論文有興趣，輕忽研發部門對公司生產力或獲利水準的貢獻，也不重視現場部門提出的問題。結果是現場80%～90%的問題不依賴研發部門。如何管理研發部門，既提高台灣鋼鐵研究水準又能助益公司知識的累積、創造和應用，是知識管理課題的重大挑戰[1]。

貳、知識管理的分類

一、企業定位

企業的組織管理與作業方式，會隨著工具與科技的發展而有所演進。依據前Lotus總裁傑夫‧帕伯斯 (Jeff Papows, 1999) 的看法，企業演進的過程可以用表7−1的16定位來說明，從下而上，由左而右演進。在推行知識管理之前，必需先弄清楚我們企業處在那個位置上，說明如後：

1. **強化個人的層次**——你公司採用的工具和科技目的在增進個人生產力，包括文字處理、試算表、圖形、電子郵件、連線資料

---

[1] 獎勵產業進行研發以提高產業附加價值，向為我國產業升級努力中的重要政策。但實際上的效果為何？以中鋼公司為例，研發費用100%免稅，對公司而言，不花在研發也要拿來繳稅，因此，在講求成本精確歸屬計算的中鋼公司，至今沒有人檢討研發部門。研發優惠政策是否符合政策設計之初的構想，值得評估。

表7－1　企業的16定位架構圖

4 企業向外延伸的層次	顧客交易與供應商交易	對外的行銷與溝通	顧客和供應商的生態	全方位市場導向體系
3 企業內部整合的層次	全企業資料系統與應用軟體	全企業的溝通	全企業的知識管理	企業作業程序的更新
2 強化工作群組的層次	工作群組的資料系統與應用軟體	工作群組的溝通	工作群組的合作	工作群組作業程序更新
1 強化個人的層次	資料的創造、存取與使用	資料的存取與編寫	訓練、教育與專業	工作流程的整合
	A 資料	B 資訊	C 知識	D 工作

資料來源：李振昌譯，Papows, Jeff 著，1999，《16定位》，台北：大塊文化，頁23。

庫、上網軟體等，讓個人在組織中得以收集、建立與存取資料，創造、存取與分送資訊，以及確保個人工作與工作流程的整合。

2. **強化工作團隊的層次**——在強化工作團隊層次，企業採用的工具和科技目的在建立各部門的資料庫與應用軟體、鼓勵跨功能的溝通、得以進行集體決策，以及改善工作團隊的效能。因此資訊科技的形式，包括有形成團隊的系統、電子討論系統、部門參考系統、部門行事曆或日程表系統、文件編寫系統、銷售力自動化系統、顧客服務自動化系統、內部作業系統等。

3. **企業內部整合的層次**——在前兩個層次的基礎上，企業內部整合層次的目的在把舊的結構性程序與新的資訊與知識流通系統

相結合，例如公司電子郵件使訊息和資訊可以在全公司裡交換、公司參考資料系統與跨功能行事曆可以讓工作團隊更容易運作彼此協調等。廣為大企業所採用的 Lotus Notes就是為了促進全企業內部知識整合而發展出來的、資料、資訊、知識以及協同工作的交換平台此外，在此層次公司開始進入全企業的知識管理，個人提供出所擁有的資訊，讓更多同仁取用，發揮更大價值。企業內知識管理的五大形態，包括作業方式社群系統、以知識為基礎的決策系統、競爭力發展系統、資料庫探索系統、以及知識構造系統等。

4. **企業向外延伸的層次**——隨著企業廣域網路和電子商務的普及，現階段幾乎所有的產業和企業都需盡力於外部與內部的活動能密切整合，以更有效地與顧客和供應商進行交易、對外行銷與溝通、以及建構一個完全透過網路連線來營造顧客市場經驗的系統。例如，現在企業所注重的供應鍊管理、客戶關係管理等都屬與這個層次。在此層次，知識管理的面向已不再只是對內，而需對外地納入供應商、顧客等相關的企業夥伴，形成成敗與共的生態系統。

二、知識管理的步驟

企業進行知識管理的具體步驟如下：

第一，分析了解企業目前所擁有的知識是什麼？任何企業的運作都有知識，只是這些知識的價值各有不同。例如說，同樣是賣漢

堡的麥當勞與漢堡王，他們生產漢堡的流程不盡相同，採購原料的方式不盡相同，公司管理的制度不盡相同。因此，這兩家公司雖然都生產、販賣漢堡，但所擁有的知識不盡相同。企業經營者應該分析了解企業所擁有的知識，與其他企業的異同何在。

第二，這些知識中，那些屬於企業的核心競爭力？是否具有競爭價值？了解自己所擁有的知識之後，企業經營者應該檢討這些知識的價值。是否已經充分地將知識轉化成商機或競爭優勢。舉例而言，日本在八○年代的競爭優勢在於掌握了零庫存、及時生產的知識。但到了九○年代，美國企業也掌握了這些知識，同時，更知道發揮其知識創新的能力，於是，日本企業的競爭力就逐漸喪失。又例如善於運用企業間的生產網絡關係曾經是台灣企業的重要競爭知識。但是，由於產業外移大陸的風潮，已經逐漸摧毀這項競爭知識的基礎。

第三，如何有效地儲存既有資訊與知識？由於資訊科技的發展，企業可以很有效率地將企業所產生的所有資訊儲存，然後再將資訊轉化成知識。例如，台灣惠普公司就有一套系統，把他們過去所有有關產品的服務、維修、處理結果都記錄下來。任何粗具規模的企業都應該先把企業的一些基本資料，如會議記錄、客戶資訊、員工資訊等做完善的儲存。現代資訊科技可以幫助企業更有效地儲存這些資訊，但更重要的是，企業應該要先體認到儲存這些資訊的重要。許多企業連會議記錄都做不好，更遑論會議記錄的保存，當然也更別提所謂的知識管理了。

知識分享 *vs.* 保護機密？

在強調知識管理的組織都十分重視資訊科技的應用，以借重資訊科技便利資訊的分享與交流，但也往往因此衍生出有關資訊保密與授權權限的問題。國內企業普遍的作法是把資訊或網站的作業平台，當成是打知名度，或是為了做生意，或是方便內部資訊傳遞，而不會把關鍵資訊放在網站上，因此並沒有保密的問題。至於真正落實知識管理功能的企業，保密絕對有其重要性，但又要能夠極大化知識分享的效益。一般企業內部的資料授權權限大致只分2～3層，一為產生知識層（可以增加或刪減公司之知識內容），一為修改知識層（對既有知識內容進行修改），一為使用知識層（學習或應用公司之知識內容）。

第四，如何有效地傳遞既有知識？知識儲存之後，若無法或無人將以傳遞，那就枉費知識儲存的意義了。企業需要運用很多的技巧，鼓勵員工傳遞知識，這就好像老師要鼓勵同學善用圖書館一樣。企業應該善用企業內部網路在可能的範圍下，盡量讓員工多接觸公司儲存的資訊與知識。同時，企業要創造好的互動環境，讓員工彼此間可以多討論所接觸的資訊與知識。

第五，如何增加組織學習能力，產生更多的知識？企業一定要是學習型組織才能作好知識管理。一個學習型組織會不斷地從既有資訊與知識中產生新的知識，並加以實踐。企業應該營造學習的氣氛與環境，讓員工彼此間能分享所知所學。

如何決定知識授權權限？

如前述一般企業內部的資料授權權限大致只分 2～3 層，一為產生知識層，一為修改知識層，一為使用知識層。但決定組織中什麼層級的成員授予什麼樣的權限卻不是容易的問題——因為授權權限不夠人材會流失，權限過寬又有資訊保密之虞。根本的解決之道在給予員工足夠的授權又不怕知識流失帶來的競爭壓力，如此需要組織更快速地創造和累積知識，而要能快速地創造和累積知識，又需要充分的知識分享與交流。換言之，成功落實知識管理的企業必然需要堅信企業的競爭優勢不在既有知識的保密，而在未來知識的創造與應用。

第六，如何把知識轉換成商機，接受市場的挑戰？知識管理最終的目的是要提升企業的經營績效，否則一切都是空話。美國全錄公司是個人電腦的視窗環境、滑鼠、網際網路等產品概念的發明者，但卻沒法將這些知識轉換成創造公司價值的產品，坐失市值數千億美元的個人電腦市場商機。但企業要如何把知識轉換成商機呢？高階經營者是否具有冒險創業精神應是最重要的關鍵。

三、知識管理的定位

在介紹過知識管理的一般原則和具體步驟後，不代表公司只要引進一套方法，全公司就可以一體適用。依據安達信管理顧問公司 Donoghue, Harris & Weitzman (1999) 的觀察，提醒管理當局一定要把知識管理的重點放在企業成功的關鍵能力上，也就是把重

點放在核心流程及活動上，此外，不同性質的核心流程，適合的知識管理模式也隨之不同。

以銀行為例，如果評估貸款風險的實務知識為其核心流程，則合適的知識管理作為為何？Donoghue, Harris & Weitzman指出可從兩個角度來評估員工從事的工作，第一，工作複雜度，係指完成工作需要專業判斷的程度；第二，依賴程度是指一個人可以做好，或是需要一群人來完成的程度。可將組織的知識管理模式區分為四大類型，如圖7-2所示。

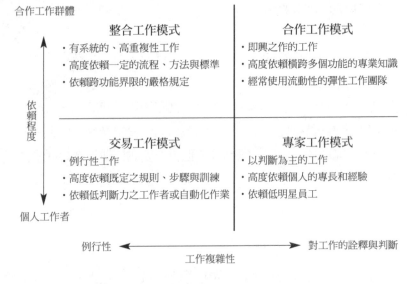

圖7－2　知識管理架構──工作模式

資料來源：李田樹譯，Donoghue, Leigh P., Harris, Jeanne G. & Weitzman, Bruce A.著，1999，〈創造價值的知識管理策略〉，EMBA世界經理文摘，157: 90-101。

1. **交易工作模式**──類似工廠之生產線，例行性工作依照一定的步驟和規律來做即可，幾乎無需運用到個人的判斷力。

2. **專家工作模式**──如醫生、會計師等要做專業判斷，且高度依賴個人專長和經驗。最近有一引人注目的爭議，即可否讓護士為病人看病開藥方？不可否認所有看診的病人中90％的個案是沒有什麼了不起的疑難雜症，但差別就在10％，好的醫生和壞的醫生的差別也在此，因為「只怕萬一」使得專業的重要性不容質疑。對消費者而言，最難的就是不知道什麼是好的醫生，什麼是壞的醫生，就像企業不知道什麼是好的管理顧問公司，什麼是壞的管理顧問公司。因此管理者充實管理知識的目的在增加判斷力，而一般消費者則需具一般的醫學常識或尋求第二獨立意見 (second opinion) 來避免專家工作模式對於顧客權益的忽視。

3. **整合式工作模式**──如供應鏈、客戶服務等需要高度整合，但工作本身並不複雜的工作，此係有系統的重複性動作，依賴一定的流程、方法和標準，使各部門功能可緊密整合。

4. **合作工作模式**──此為最難的工作模式，如大型的研發計劃，既需要群體的判斷，執行的又不是例行性的工作，因此需要來自不同功能的專業知識，及大量運用彈性工作團隊。

知識工作模式與個人在組織中的自由度？

如微軟（Microsoft）、IBM、惠普、英特爾等都有屬於專家工作模式的技術研發，因此研發環境的高度自由高度個人主義有其必要，以讓個人專業和創意得到充分的支持與尊重。但台灣到目前為止，似乎還沒有一家企業有財力，有技術能力可以從事如此水準的研發工作。台灣擅長的是製程改善，即別人做出來的東西，台灣用更便宜更有效的方法做出來。此類研發工作係屬合作模式，沒有壓力、沒有團體紀律、沒有合作是不行的。

一般而言，企業的核心流程都可以歸類為圖7－2中的四種工作模式中的一種，如圖7－3所示。例如拓展大學的國際合作關係或招生事宜，屬例行性但又涉及各系所與學校多個功能部門，應可歸類為整合工作模式；至於募款充實校務發展經費，則相當倚重個人的經驗、專業與判斷，並需解決諸多非預期的問題，而可歸類為專家工作模式。當然核心流程不會被固定歸類為某種工作模式，因為企業可依現實需要，而採用不同方式來執行特定的流程。以大學的授課為例，尊重各授課老師負責各課程的設計與進行，此為專家工作模式。同時，學校也可鼓勵授課老師與所在社區、政府機構、合作廠商密切合作，落實做中學並維持與相關利害團體互惠關係，此即為整合工作模式。重要的是，經理人必需正確了解核心流程的工作模式，因為不同的工作模式，所需面對的知識管理挑戰也隨之不同。

公司的工作如果是左下角的工作，用的卻是右上角的合作工作模

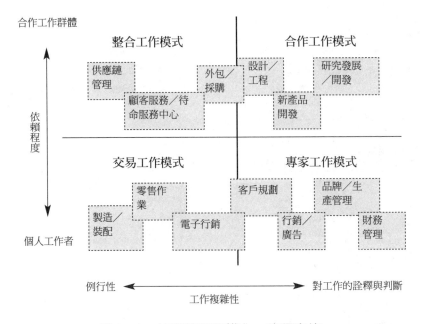

圖7-3　知識管理架構——流程定位

資料來源：同圖7-2。

式的知識管理模式，如同大砲打小鳥。台灣管理也面臨這樣的問題，坊間流行的許多管理知識都是右上角，中小企業的工作模式則是左下角，看了自然會覺得沒有用，無法用。例如經常被提及的奇異公司傑克・威爾許的管理之道，但在台灣可以用嗎？一點空間都沒有，如果威爾許來台灣管理台灣的任何一家公司，可能都沒有發揮的空間。因此，公司的定位在知識管理中是很重要的，應該要對所做的工作和產品定位要先弄清楚，再來談知識管理的方法，不要人云亦云。

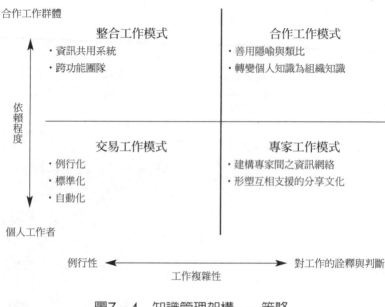

合作工作群體

整合工作模式
‧資訊共用系統
‧跨功能團隊

合作工作模式
‧善用隱喻與類比
‧轉變個人知識為組織知識

依賴程度

交易工作模式
‧例行化
‧標準化
‧自動化

專家工作模式
‧建構專家間之資訊網絡
‧形塑互相支援的分享文化

個人工作者

例行性 ◄————————► 對工作的詮釋與判斷
工作複雜性

圖7－4　知識管理架構——策略

資料來源：同圖7－2。

究竟不同工作模式的知識管理策略有何不同？如圖7－4知識管理
架構——策略所示。以交易工作模式而言，因為依賴程度低且工
作例行性高，所以知識管理的重心在訂定標準化的工作知識，盡
量將知識書面化且易於更新和取用。若是整合工作模式，需要各
個單位協調無間地行動，因此知識管理的挑戰不僅在成立跨功能
團隊，更需著重資訊共用系統的建立，促成各單位即時掌握其它
單位的需要和狀況以做出回應。若是專家工作模式，個別工作者
是成敗關鍵，因此知識管理的重點，在讓專家之間可以也習慣互
相支援，便利內隱知識的移轉分享。若是合作工作模式，成員彼

此依賴程度高且工作例行性低，例如追求突破性的創新成果，所以知識管理策略在促進知識的分享與創造，關鍵性的作為類似日本企業的新產品開發團隊（詳第參節的說明），應善用隱喻與類比，提供團隊明確的方向感、緊迫的時間的壓力、重疊的成員專長，以將個人知識變為組織知識。

> **科學越來越進步，專業分工越來越細，整合工作模式或合作工作模式會愈來愈普遍？**

的確是的，也因此凸顯整合的重要。但從過去台灣產業的表現，似乎越不需要整合，做得越好，但越需要整合各種專業，越做不好。大型工程需要整合，如捷運、高鐵，都會有相當大的問題。中央政府機關各行其是，沒有整合能力；大公司在台灣難以生存；整合性高的科技產業不易生根。因為整合需要的是完全不一樣的能力，而此不是我們文化擅長，卻是未來世紀亟需強化的能力。

參、如何產生創意和知識

知識管理不僅在於了解組織擁有多少寶貴的知識資產，更重要的在於促進新知的產生和利用。日本二次大戰後，不論是消費性家電產品、汽車或光電、精密機械等，在全球產品市場上的優異表現令人刮目相看。深究箇中原因，不難發現日本企業在知識利用和創造的作法與組織設計上，的確有值得學習模仿之處。本節依據Nonaka & Hirotaka (1997) 的研究結果，首先說明知識產生的

過程，其次，介紹知識創造的三個要件。

一、知識產生的過程——知識迴旋

知識學習和知識傳遞是知識產生的重要條件，但如果知識是隱性的 (tacit knowledge)，是不可言傳的，那該如何做？Nonaka & Hirotaka對日本企業新產品開發過程的觀察，整理發現日本組織內部存在所謂的知識迴旋，來加速知識產生和擴散的速度。

所謂內隱知識係指個人的，與特別情境有關，同時較難以文字化或語言化的方式來明確地與他人溝通。相對地，所謂外顯的知識，係指可以文字或語言傳遞的知識。為何我們知道的遠比我們能說出來的多？主要的原因在於大多數人們學習的知識係來自和外在世界互動和自我經驗的結果。有一部分是我們知道但不易表達的部分，例如心目中有喜歡的房子，卻難以與室內設計師溝通；更大的一部分是我們知道卻不特別意識到自己知道的部分，例如一手好廚藝或很會駕駛汽車或安撫小嬰兒等，在教人如何做菜或開車或照顧小孩時，往往會疏忽重要但不自知的細節，凡此都是所謂的內隱知識。

也因為知識有隱而不見的成份，才使知識的學習創造如此需要組織特別重視，設計制度、安排環境、創造機會，來讓知識的創造和傳遞成為可能。究竟知識是如何被創造出來？又組織應如何管理知識創造的過程？以下說明知識迴旋（如圖7-5所示）。

* 隱性到隱性（共同化）——例如專業技藝傳承的師徒制，徒弟跟在師父前前後後十幾年，因為耳濡目染因為模仿，點點滴滴不知不覺徒弟自然從師父身上學習到師父的能力和知識，即為隱性到隱性的知識傳遞。

* 隱性到顯性（外化）——例如寫書或演講就是一個隱性知識轉換為顯性知識的過程。因為寫書或演講會促使作者或演講者把內心的原來不可言傳的感受、體會或知識，寫出來或講出來。外化是知識創造的關鍵，因為在內隱知識變為外顯知識的過程中，常常需要依賴隱喻和類比[2]，進而有益創造出新的、明確的觀念。

* 顯性到顯性（組合）——教書就是一個顯性知識到顯性知識的知識擴散，因為老師把知道的知識講出來，而同學聽了再寫下來。例如甲公司要向乙公司學習其管理制度，僅依賴乙公司提供的制度文件等顯性知識是不足夠的，往往還有很多隱性知識必需伴隨移轉，才能順利運作。

* 顯性到隱性（內化）——如果演講者講了，讓聽者有些體會，

---

[2] 所謂隱喻是透過象徵性地想像另一事物，以感知或直覺地了解某一事物的方式。換言之，隱喻係藉由要求傾聽者將一物看成另一物，以創造經驗的全新詮釋，以及體驗真實的新方法。因此，兩件事物，經由隱喻，產生的聯想通常由直覺所主導，並不以找出兩件事物的差異性為目的。相對地，類比，係由理性思考來專注尋找兩件事物結構或功能上的相似處，同時，也連帶找出兩件事物之間的不同之處。因此，類比可以幫助我們，透過已知的事物來了解未知的事物。在Honda City 的例子中，汽車演化係一隱喻，以全新的觀點和方法來理解和想像汽車。而圓形車體則為類比。

但卻講不出來，即為一個顯性到隱性的知識傳遞。例如公司為爭取戴明獎請日本專家來教，在日本專家教的過程或公司成員學習的過程中，往往參與成員在「邊做邊學」的過程中會發展出一些體會，甚至做到後來，有一種「原來就是這樣……」即是顯性到隱性的知識傳遞。

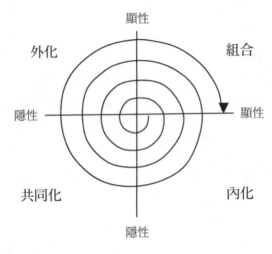

圖7－5　知識迴旋

資料來源：楊子江和王美音譯，Nonaka, Ikujiro & Takeuchi, Hirotaka 著，1997，《創新求勝──智價企業論》，台北：遠流。

就在這樣不斷的知識迴旋過程中，知識得以不斷地增長和擴散。例如統一高清愿先生與吳修齊先生學做生意，此為師父與徒弟的隱性到隱性，然後，高先生把學到的知識藉隱喻或類比，講出來或寫成書，把不可言傳的知識資料化書面化是隱性到顯性，然後，當讀者看高先生的書，並把看到的知識講出來或寫下來，就

是顯性到顯性。如果更進一步讀者把講出來或寫下來的知識付諸行動，親身體驗，則極可能內化為自己的體會、想法甚至是行為的依據，即為顯性到隱性。

了解隱性和顯性知識的特性以及知識迴旋的意義後，對實務的知識管理工作有何意涵？首先，在公司內部的知識管理，其次，在企業經營策略的選擇。分別說明如后。

1. 公司內部的知識管理

公司的知識管理可以有兩個策略選擇，一是類似日本企業偏重隱性知識的管理，對新進人員指派師父 (mentor)，讓新進人員慢慢熟悉。或是類似美國公司，強調顯性知識的管理，把公司所有的方式、作業書面化，將資料交給新進人員，導引新進人員盡快了解公司的運作狀況。

前一陣子美國大企業流行組織精簡 (downsizing)，結果發生很多的問題，因為許多中階管理者的隱性知識隨著被精簡的人員離去。即使重視顯性知識管理，但最近美國核子武器研究機構，因有尖端科學家即將退休而引發科技研發隱性知識從此流失的憂慮，顯見隱性知識的保留與傳遞有其不可輕忽的重要性，也有相當的困難度。

國內很多公司不是對顯性知識或隱性知識有所差別，而是根本輕忽知識的累積、保存與擴散，凡事看著辦，且戰且走。如果公司重視隱性知識的傳遞，那員工流動率高會給公司帶來麻煩，因為

流動高，代表不易有隱性知識的傳遞。例如客戶服務部門，雖然已將客戶可能的問題和標準答案放在網路上方便服務人員查詢，但答案是對的，口氣不對，就是不對的服務，但服務人員的聲調、語氣和待人接物的應對都需要隱性知識的學習與傳遞。

2. 企業經營策略選擇

有的公司很擅長顯性知識到顯性知識的傳遞。有的公司則專注隱性到顯性或隱性到隱性的知識轉換。例如世界上兩家非常有名的管理顧問公司，一為Accenture Consulting（原為 Andersen Consulting），一為麥肯錫 (McKinsey & Company) 兩家顧問公司的作法即十分不同 (Hansen, Nohria & Tierney, 1999)。

Accenture目前是世界營業額最大，雇用人數也最多的管理顧問公司，但每人的平均產值較麥肯錫低。Accenture非常重視世界各地顧問資訊和經驗的累積，每次提供顧問服務時，都有一個固定程序和資料項目來了解受託企業的情形，像螞蟻雄兵一般，致力於把所有的知識規格化 (coded)。Accenture總部聘雇250位專業人力負責協助全球各個顧問在既有的知識資料庫中搜尋並利用已有的知識，同時，敦促有經驗的顧問和顧問團隊寫下既有的顧問經驗和整理重要的文件資料，以讓各地的顧問在接受重覆的企業問題委託案時，可以以較高的效率、較低的成本、較專業的經驗，來協助企業解決遭遇的經營問題。

相對地，麥肯錫公司雇用的人較少，平均產值很高，每年新聘的人只是從最優秀的管理學院中找最聰明的人，這些人進入麥肯錫

之後，每兩年就被評估一次，晉升或離職，能留下的人都非常優秀，在管理顧問諮詢的知識管理策略上，不像Accenture 依重外顯知識的累積與利用，而是注重顧問對內隱知識的發展與掌握。在接受企業的顧問案時，總是由具有獨特知識經驗的顧問，親自與受託企業會談診斷，以針對受託企業特有的資源或限制，協助企業擬訂有效的策略。

因此，麥肯錫非常重視顧問之間的腦力激盪或面對面的交流互動，同時，在知識資料庫的建構上，重點不在顧問知識的內容，而是顧問本身，亦即公司知識管理的重點在建構顧問們之間的網絡，讓分佈全球各地的顧問非常容易可以不只面對面，亦可藉由電話、電子郵件、視訊會議等進行知識的分享與交流。此外，也形塑公司內互相支援的文化－當收到求教的資訊時，應予以立即和熱誠的回覆；建立專家名錄和電子資料系統，讓負責專案的顧問可以很容易知道和判斷公司內誰可以提供什麼樣的協助。

兩者採用的知識管理策略截然不同，Accenture重顯性知識的累積與再利用；麥肯錫強調企業經營和診斷內隱知識的移轉與傳遞，因此也形成自然的市場區隔，當公司需要的是高層次的策略制定問題，則找麥肯錫；但如果公司有具體的問題，例如如何導入資訊系統，則Accenture是比較好的選擇。

醫療產業也有類似的策略選擇，美國知名的Mayo Clinics專為有名的權貴看病，雇用最好的醫師，做最個人化的服務，重視的是隱性知識的傳遞。相對地，有些醫院採用電腦諮詢診斷，由電腦

協助醫師問病人問題，病人回答，盡量把醫師隱性的知識規格化書面化，以提供病人品質精準穩定一致的服務。

二、創造知識的三個要件

如何透過創造知識的三個要件，來使我們更有創意？或更容易出現創意？從Nonaka & Hirotaka (1997) 的研究中，可以發現在創造的過程中，首先必需要能把原來的隱性知識藉由比喻和類比，來加以表達；其次，個人必需能把比喻和類比後的知識與他人分享；第三，經互動隱約產生的新知識，是在模糊不清和不斷重覆的過程中產生。以下以Honda新車系開發為例說明之。

Honda在1978年希望在喜美 (Civic) 和雅歌 (Accord) 兩個已對消費者十分熟悉的車種外，開發出一款適合戰後新生代的新車系。但如何能不受既有車系的框限，又能成功開發出被新生代接受的汽車新產品？Honda召集一個由年輕工程師和設計師組成的新產品設計小組，小組成員平均年齡只有27歲。經過以下知識創造的過程，成功開發出富有特色——Honda City的城市房車的誕生[3]。

1. 隱喻和類比

不把汽車當做沒有生命的機器，思考如果汽車會演化，那在現在的城市道路環境下，什麼樣的汽車有機會生存？因此推導出「人

---

[3] 此款車因台灣代理商的策略選擇，以及消費者的偏好，在台灣並未引起熱烈迴響。

性極大化，機器極小化」的隱喻。

在「人性極大化，機器極小化」的隱喻下，從物種演進的觀點，打破既有的設計規則，過去認為要引擎馬力就得犧牲空間，如果兼顧汽車馬力和空間舒適，就得佔很多的路面，結果推論出汽車像球的類比，也就是一部車身較短而高度較高的車，這樣的車不但比傳統車輕、便宜、同時也比較舒適和堅固，提供給乘客最大的空間，但在馬路上佔據的空間則最小。

好的領導者都是會說故事的人，會比喻的人，因為這通常是最有效的溝通方式，也最能激發對方的想像力。

2. 由個人知識到組織知識

雖然知識管理談的是組織如何創造和利用知識，但組織本身是無法創造知識的，而必須藉由個人的知識成長以及團體中個人的互動來達成。知識經由團體會談、討論、經驗分享以及觀察，而可彼此交流，此間可能引發歧見和衝突，迫使每個成員質疑既有的觀點，並以新的方式詮釋自己的經驗，進而創造出新的共同觀點，進而成為團體層次的理解和看法。

專案小組的共同目標和工作環境，提供一個有益互動的共同環境，在Honda City的例子裡，專案領導人提出「汽車演化」的類比和隱喻，並與專案成員溝通分享，而得以轉換成對整個企業均有價值的組織知識，即高個子的汽車。由以上過程可以明顯觀察到，藉由有目標和有壓力的互動，有助於把個人知識轉換為十

分有價值的組織知識。

3. 模糊不清與重疊

知識係在混沌之中產生的。如果Honda在組成新產品設計小組時，就給專案小組一個清楚的規格，那就失去思考事物不同意義或尋找新的思考方式的動力。但困難的是，也不能讓專案小組沒有方向感，否則成員無法聚焦，交流和創造的效果會大打折扣。在Honda City的例子中，專案領導人提出「汽車演化」的類比，給專案小組極為明確的方向感，但新車系會長什麼樣子卻模糊不清無限可能，讓小組成員處在既明確又曖昧模糊的創造張力下。

另一個知識創造過程的重要條件是「重疊」(redundancy)，即不同部門做同性質的工作，或不同專長的成員從事相同目標的工作。如此有益鼓勵頻繁的溝通，在成員之間建立起「相同的認知背景」，從而協助每個成員將其內隱知識進行轉換，彼此分享增進相互瞭解。在Honda City的例子中，每個專案成員擁有各自不同的專業背景，即使發展出重要的觀點或見解，卻不知道如何向他人說明訊息的重要性。此種「重疊」的組成，在專案明確方向感的引領下，卻可壓迫各個成員努力把自身經驗以旁人能理解的方式表達出來，有益小組從數個不同的角度來看同一個專案，而最終能夠發展出共同認定最好的方式或設計。

肆、如何擴散創意和知識

知識不同於其它有形生產要素的一大特性，即無排他性，自己的知識不會因為別人使用而減少，更甚者，還可能因為別人應用的經驗回饋，而使自己的知識得到補充和豐富。此即所謂教學相長的道理。因此，知識管理不只要重視知識的保持、維護和累積，更需講求知識和創意的擴散，讓知識在不斷的擴散應用中，得到豐富。以下首先說明擴散的界域，即知識擴散的可能方向；其次，探討促進知識和創意擴散的作法。

一、擴散的界域

1. **時間**——許多企業在面臨困難時，會先瞭解一下過去企業在面臨類似問題時如何處理的。企業若是做好過去各種記錄的儲存，自然就容易讓企業打破時間的界域，向歷史借鏡。

2. **垂直**——從上對下或下對上，總經理到協理到經理到員工，或是員工到經理到協理到總經理即是垂直界域的擴散。許多資訊或知識每經過——個層級就被扭曲一次，下情不能上達，上意不能確實執行，又怎能談得上知識管理呢？

3. **水平**——從一個部門到另一個部門，這在政府機關或國際企業等大型組織特別重要。例如，內政部的經驗能不能傳給外交部、交通部，即為所謂的水平擴散。又比如說，我們到政府機關辦事，同樣的身份資料在不同的單位又要再重複輸入一次，可見不

同部門間的資訊或知識系統並不能相通。

4. **外部**——外部的知識能不能進來，組織的知識能不能出去，目前政府組織非常期望成為學習型組織，要求官員參觀中華汽車、台積電等即是一種向外部的學習擴散。

5. **地域**——在美國產生的知識能不能傳到歐洲，歐洲產生的知識又能不能擴散到台灣，即為地域的擴散。許多國際企業在不同的地方都設有公司，各地域之間的知識若是能相互傳遞學習，對企業的創新能力，大有幫助。

知識或創意擴散的可能方向，也代表企業學習新知或模仿創意的可能來源。企業在落實知識管理時，不可不加以注意。

二、創意擴散的方法

大致而言，在知識越來越重要的競爭環境，產生知識的能力越來越重要，擴散和更新的速度也越來越關鍵。以下探討企業如何促進知識和創意的擴散：

1. **找出並擴散公司的最佳作法**——很多醫院要求醫生安排固定的時間進行討論病例，以互相學習。醫術不全然是顯性知識，因此師徒制是醫生重要的學習模式。此處我們提幾個簡單的作法，協助公司增加並擴散公司的創意。例如：

* 研發報告發表會：大家都去參加嗎？參加都有所學習嗎？
* 下午三點為下午茶時間，大家能否放下工作互相交流訊息呢？
* 公司電腦中有員工討論園區嗎？
* 每週舉行幹部訓練會議，了解受訓幹部的需要？
* 指定領導技巧不佳的管理者負責演講或教育訓練「如何改善領導風格」，使其在演講或準備教材的過程中發現改善自己領導風格的方法。

如何讓員工願意與人分享知識？

這是企業推行知識管理最困難的工作。整理歸納實務界經常採用的克服之道，包括：(1) 半強迫的方式進行，要求中高階主管定期寫作發表，由於分享的經驗有無真材實料不難鑑定，因此中高階主管不致應付了事。(2) 配合考核制度，績效評估準則是影響員工行為最重要的制度，如果公司要求人員升遷的考核項目中必需要開幾門課，參與學員的滿意度需要到達什麼樣的水準才符合基本資格，自然可以達到知識外顯化和分享的目的。(3) 更重要的還在於觀念的建立，即創造知識的速度要比知識流失的速度快，組織成員的成功不是因為之前的知識，而是未來的知識。因此，成員不應花力氣保護既有的知識，而更需致力於新知識的學習。此外，主管應積極提供知識給部屬，部屬才會真心追隨，主管才會有魅力。 (4) 知識分享還需要氣氛的營造，團隊非常需要有1～2位甘草人物，有時是可遇不可求，一旦團隊有分享的氣氛與習慣，新進人員很容易被感染，自然讓分享成為常態。

2. **建立學習文化**──如何建立學習的文化？具體的作法有那些？

以基督教2000年來學習聖經的文化為例，包括查經班、每週聚會、見證發表等。如果每週公司成員就像基督教徒學聖經般地，能很努力地學習討論管理實務、不會有人沒有讀等，然後在過程中凝聚共識，進而形成學習新知的文化。

* 成立讀書會，要討論那本書都先行經過成員同意。
* 每一年都辦教育訓練，主管對員工，由主管規劃課程內容、課程目的，並對進行員工教育訓練。
* 學習基督教2000年來學習聖經及靈修的文化。
* 實務演練，以金寶電子為例，每季發行的公司內部刊物，每個組長都被要求看文摘內容（由高階主管撰寫以經驗分享），而且要把運用文摘中的技巧，來演練並做報告，然後，再把其中成功的個案刊登在文摘中。

建立學習文化與設計學習制度有何區別？

如果有一種評估方法，例如每讀一本書給計點，或是上述金寶電子從學習、演練應用、發表分享的作為，是屬於學習制度設計，但還未內化為組織的學習文化。文化是一種行為、心態，並反映在人的行為上。建立學習的文化需依重學習制度的建立，但同時亦可透過管理者以身作則來發揮影響力。就如同父母愛讀書，小孩自然愛讀書；父母愛看電視，小孩自然愛看電視。至於父母愛看電視，則須建立鼓勵讀書學習的制度來養成孩子讀書的習慣。但學習要變成文化，必須是組織成員打從心裡喜愛學習，而不是為了計點或其它的獎賞。再以金寶電子為例，由於當時推行此一制度的總經理林百里先生每個月至少有一篇文摘，並要求副總也

要有一篇，但在林百里離開後，高階主管很少再有文章在文摘中出現，慢慢就流於形式，悖離初始制度設計的目的。

3. **確立個人的學習能力**——如何確定組織有承接知識的能力？如何提升部屬的能力或是找到有這種能力的部屬？例如同學來上課，老師如何知道同學有多少承接的能力？如果組織已有學習文化，經過淘汰學習，可留下有學習能力的員工。

4. **提供學習誘因**——必需先界定學習的誘因，才能知道如何做。回到基督教的例子，成員不論再忙，都會團聚查經，之所以每週聚會討論的誘因是什麼？可能是人際關係的壓力、團體中的社會地位、榮譽感。那回到讀者是什麼誘因讓各位讀組織理論與管理，對讀者的意義是什麼？學了有用，包括升遷、能力增進、績效、前途、收入、樂趣、生涯規劃、幸福感、人際關係、榮譽感和社會地位等。從以上學習誘因的討論，不難發現有很多辦法來鼓勵成員學習，可以是無形的報酬，也可以是有形的獎勵（如加薪、前途、有影響力等）。基督教只給信仰者無形的報酬，還可以得到教友的奉獻。企業作為營利機構雖然不可能完全像基督教，但基督教提供給教友學習的無形誘因，卻是值得管理者思考應用的。

5. **建立學習的機制**——學習機制的具體作法，如：公司補助員工進修的學費、給公假、升等、通過考試拿到證照，才給獎勵等。企業主不斷地談論學習型組織，但更重要的是要有具體的決策與行動，亦即主管對於員工的學習活動是不是提供實質支

援，有沒有持鼓勵肯定的態度，如果沒有這樣的態度根本談不上對學習或知識管理的重視。

學做教合一的學習機制

中國鋼鐵公司在學習機制的設計上係採「學做教」合一，即受訓的成員，通常就是負責實施程序和評估的人，自然受訓的人會認真的學，也會認真的教，因為受訓回來，學到的東西，回到原單位，只有他會，一方面被要求教其他人，另一方面受訓者也會主動教其他人，以使活動的推展減少阻力。一般企業常派人去唸書，要簽契約，保證畢業後再工作多少年，從組織知識的產生與擴散的角度觀之，不是積極有效的作法，因為公司派人去學習新知，重要的是學到的東西會不會和有沒有教給組織其它成員，而不只是回到公司工作即可。

6. **發展學習／教導的領導人才**——美國奇異公司認為他們的組織是教導型的組織。一個企業，如果每個人都要學，沒有人在教是不行的。學習與教導是一體兩面。教的時候通常會產生有效的學習，因為會想到很多新的想法。企業內需要有人很會教，自然會把知識擴散出來。當然這樣的人才要花工夫來培養，因此公司內的教育訓練活動，不一定要花錢請外面的專家來上課，應視為內部講師或教導人才培訓的重要機會。

官大學問大——只有主管才是適任的教導人材？

組織常有這樣的現象，縱使再會教，如果不是管理階層，往往不

具說服力而使教導的效果大打折扣。的確是有這樣的現象，我們也希望這種官大學問大的文化會改變，千萬不要以為「人微言輕」，很多第一線員工的意見對企業是很有價值的。例如如何改善交通，建議問問計程車司機的看法，如何改善治安，建議問問基層員警的意見。因此，做一個企業領導者，要了解教導人才不是只有主管才能勝任，但這樣的人才絕對需要發掘培養。

彙總

知識經濟時代的來臨，相對於資本、土地和勞動力，知識成為愈來愈關鍵的生產要素。不同於傳統經濟學所討論的生產要素，知識具有重複使用、低邊際成本、擴散創造價值等特性，使得企業經營必需發展新的管理方式，即知識管理，來面對此一新興的生產要素——知識。

本章首先從知識經濟時代來說明知識的本質，以及面對知識應有的態度。其次，討論知識管理的分類。第三，說明知識和創意產生的來源和方法。最後，探討企業如何管理知識和創意的擴散。

知識與其它的生產要素一般，需要管理才能累積，才能產生價值。在企業經營的實務中，經理人無法容忍閒置的資金、閒置的勞動力，或是閒置的設備資產，但卻放任付出代價累積的組織知識，到處放置，任其折舊過時，或隨個人離職流失不見，殊為可惜。

有形生產要素的盤點、維護、和利用，通常有專人負責且需組織全體成員配合，才能克盡其功。知識此一生產要素的清點、保持累積、以及擴散創造更需有專人負責，也更需要全體成員配合——一方面要文字外顯化個人擁有的知識；另一方面要積極學習外在知識，消化吸收內隱為個人的經驗習慣。

隨著資訊科技和網際網路的普及，資料轉變為資訊，資訊轉變為知識，知識轉變為特定的行動方案或市場價值，速度愈來愈快，進入市場創造競爭優勢的可能性愈來愈大。組織若對資訊科技發展漠不關心，或對知識管理依然置身事外，公司長期競爭力勢必受到傷害，不可不慎。

知識管理雖是新興的管理名詞，但其實一直都是企業例行工作的一部分。隨著自動化和資訊化的普及，人力得以從例行性的工作中釋放出來。個體對組織的貢獻或附加價值所在，不再是費力地執行例行性工作，而愈來愈是動腦力地組合和運用知識，並為公司創造經濟價值。因此，推動知識管理的基本動作在意識並體認個體（或腦力）的無限價值，並設計制度創造環境，使身在其中的個體願意分享，樂於學習。

問題討論

1. 貴公司如何從事知識管理？

2. 在推行知識管理的過程中，遭遇最大的困難為何？如何克服？

3. 請說明本章最有用的觀念或技巧。

參考文獻

李田樹譯，Donoghue, Leigh P., Harris, Jeanne G. & Weitzman, Bruce A.著， 1999，〈創造價值的知識管理策略〉，《EMBA世界經理文摘》，157: 90-101。

李振昌譯，Papows, Jeff 著， 1999，《16定位》，台北：大塊文化。

許士軍，2001，《許士軍爲你讀管理好書》，台北：天下文化。

楊子江和王美音譯，Nonaka, Ikujiro & Takeuchi, Hirotaka著，1997，《創新求勝——智價企業論》，台北：遠流。

Hansen, Morten T., Nohria, Nitin., Tierney, Thomas. 1999. What's Your Strategy For Managing Knowledge ?. *Harvard Business Review,* 77 (2): 106-117.

Nonaka, Ikujiro，2000，〈知識創造的企業〉，收錄於張玉文譯，《知識管理：哈佛商業評論精選02》，台北：天下文化。

企業成長

成長是企業無法改變的經營
方向

學習目標

1. 了解企業成長的必然性。
2. 學習企業在成長的不同階段所遭遇的困難和挑戰。
3. 了解如何尋找企業成長的機會。
4. 學習如何管理企業的成長之道。

導論

為何需要討論企業成長？企業經營者面臨的最大壓力是必須不斷
地成長，因為企業經營亦如逆水行舟，不進則退。街角的牛肉麵
店是私人企業不公開發行，老闆可以決定每天賣1000碗麵，賣完
不賣。但當企業有一定規模之後，通常是上市／上櫃企業，就算
不是上市上櫃公司，應該也會有很多股東，當企業經營要對很多
股東負責時，企業就沒有不成長的選擇，因為股東會希望他的投
資能持續不斷地有好的報酬。

從股東的觀點，當然希望企業持續不斷地成長，以確保企業獲
利，同樣地，所有的政府也一樣關心經濟是不是持續不斷地成
長。假如整體經濟是成長的話，個別企業就更有成長的壓力，而
且，好的企業其成長應該比整體經濟成長更高才對。

企業持續不斷成長的壓力，對小企業如此，大企業也不例外，即

使像美國沃爾瑪這個世界最大的企業,年營業額已經達三千億美元,每1%的成長代表三十億美元的成長,但它還是必須不斷地成長。對經營者而言,企業經營的最大挑戰與成就感的來源即是企業成長。但是企業小容易成長,企業大,要持續成長,益發不易,應該往那個方向,要如何成長呢?

世界上絕大部分的企業都是從二三個人創業開始,然後逐漸變成大企業,作為企業經營者當然希望知道企業成長需要經過那些階段?過程是什麼?成長的過程中,有什麼困難需要克服?企業的成長是否與人的成長相似,由出生至死亡?但企業經營者無不希望企業能從出生至壯年,並維持不墜,其間會遭遇那些考驗?如何克服管理?

本章以下首先探討企業成長的歷程,以及不同歷程可能遭遇的困難;其次,討論企業如何尋找企業成長的機會;第三企業成長的不同層次;第四,分析企業成長層次的經營。期望讓讀者能對企業組織成長的歷程有所了解,以掌握成長過程遭遇的困難,並預做因應上的準備。

壹、組織成長的階段

企業成長會經歷那些階段?在不同的階段,組織成長遭遇的困難有什麼樣的不同?存不存在一個穩定的企業成長階段或型態,使管理者可以為組織的成長預做因應[1]。Greiner (1972) 歸納豐富的

企業診斷經驗，提出組織成長階段理論指出，企業成長一般而言可分為五個不同的階段，組織在各個階段內漸次演進 (evolution)，但卻必需在管理作為和活動進行重大變革 (revolution)，才得以順利跨越進入下一個階段，如圖8－1，詳細說明如後：

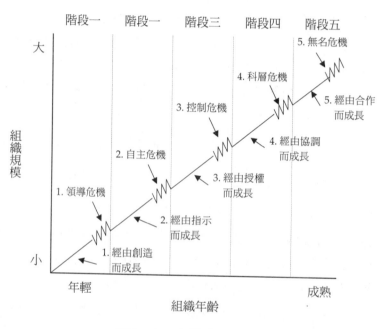

圖8－1　企業成長階段

資料來源：Greiner, Larry E. 1972. Evolution and Revolution as Organizations Grow. *Harvard Business Review,* 50 (4): 37-47.

---

[1] 在提出以上問題時，有一個十分重要的隱含假設沒有明說，這也是Greiner（1972）在論文中所強調的，即組織決策雖然深受環境變化的影響，但組織的行為更是決定於過去經驗和決策結果的影響。因此，了解和判斷組織所處的成長階段，自我診斷遭遇的困難和挑戰，對於企業存續影響深遠。

一、經由創造 (Creativity) 成長——領導危機

企業第一個階段的成長動力係來自創辦人或創辦團隊的創造力——創造新產品或新市場。絕大部分企業的初期經營都是靠老闆一個人或兩三個人的創業團隊。這樣的方式當然能快速反應市場需求，對企業成長的初期有正面意義，但當企業成長至一定規模，還是凡事由創業家一人決定就容易出現決策延遲、錯誤、員工被動等問題，而有所謂的領導危機，亦即當企業規模日益變大，還是凡事由創業家決定，反而會妨礙企業的健康正常的成長。

二、經由指示 (Direction) 成長——自主危機

企業要能夠順利克服第一階段的領導危機，必須開始雇用專業管理者來負責控制一般例行性的營運活動，並致力企業運作的制度化，通常此階段的組織採功能別組織結構，建立良好的財會系統，並導入正式的管道進行溝通，雖然企業規模變大，創業者無法事事躬親，但藉由指示 (direction) 或方向性的指導得以維持企業的運作。

雖然指示可以有效規範員工致力企業成長，但卻不適合管理日趨多樣和複雜的組織。指示原來在促進組織成長，結果反而成為限制員工發展的約束，而有越來越多追求自主和分權的要求。但對許多面對此一危機的組織而言，是十分難以因應調整的，因為高階管理者不習慣分權，而基層管理者更不習慣為自己制定決策，

結果許多組織依然集權，以致優秀幹部紛紛求去，而出現所謂的自主危機。

三、經由授權 (Delegation) 成長──控制危機

當克服自主危機後，企業藉由對每個部門或成員授權以追求成長。在此一階段的組織，通常其現場管理者擁有較大的權限並承擔較多的責任，開始採行利潤或績效中心制度，高階管理者只需針對例外事件進行管理或必要時出面協調。

但因為每個部門都自主地追求成長，且高階管理者未積極整合各部門，容易出現各自為政各立山頭情況失控的危機。解決之道是高階管理者必需重掌對組織的控制權，但因為事業範圍已趨複雜多元，不可能再以集權的方式營運，而容易出現所謂的控制危機。

四、經由協調 (Coordination) 成長──科層危機

當各部門擁有相當自主權又不致失控，此時企業的成長需透過各事業部門間進行協調來進行。如果協調要順利便需有規則，例如每週那一天要開會，那些人要與會，開會要決定什麼事情等，慢慢地，規則愈來愈多，以致流於僵固缺乏彈性而出現所謂的科層危機。直線人員痛恨幕僚人員種種規定和限制，而幕僚人員也對直線人員不合作不了解規定而抱怨連連。遵守程序和規定比達成任務或解決問題還重要，組織已經太大和太複雜，以致無法用非

正式的規定和系統來進行管理，但這也使得大型組織落入層層規範的桎梏。一般而言，規模相當的企業通常都容易發生科層危機，如台灣的政府部門、公營事業、大企業，大型的外商公司亦然，都有同樣的問題。

五、經由協作 (collaboration) 成長——無名危機

面對以上的科層危機，企業會努力建立企業成員間的默契，塑造某種文化，使各部門可以互相合作，從精神面人際面來改善組織運作的困難，即藉由各部門間的協作來追求成長，才得以克服上一階段的科層危機。這種協作的精神或方式與企業文化息息相關，很難純粹透過制度規範形塑，也不易完全藉由書面文字來宣傳表達。

換言之，社會控制和自律，取代正式的控制規則和作業程序。但這樣的改變對於那些習慣原有系統的管理者是極大的挑戰。此階段的組織通常是採行矩陣式組織、藉由團隊活動來快速地解決問題、跨功能和跨單位的團隊、總公司的幕僚人員大幅縮編、重視員工教育訓練、建置即時的資訊決策系統、獎金紅利是以團隊為考核標的而非個人為考核標的、鼓勵創新，這樣的成長階段，會遭遇什麼樣的挑戰？

由於每位員工都因激勵制度和同儕關係，高度投入工作並尋求創意方案，而可能出現身心俱疲，難以負荷的問題，由於尚不清楚應如何面對此一企業成長的危機，而暫時稱之為無名危機。已有

部分歐洲的組織嘗試推行新的工作結構，來解決所謂的無名危機，作法包括：提供員工長期休假、每週工作四天、管理者工作輪調、保障工作安全、提供上班時間的休閒和健身設施、提供工作的可交換性 (make jobs more interchangeable)、彈性工時、設置一個額外的工作團隊，以讓團隊中總是有一個團隊的成員可以接受再教育、休假等。

上述對企業成長階段的說法，對台灣的企業而言，最多只到第四個階段。甚至很多企業還停留在創造成長階段，大部分的企業則有成長第二或第三階段的危機需要克服。

管理技巧——你的組織正在順利地成長嗎？

企業成長總是會經歷各式各樣的痛苦，其中企業成長過快可能的問題是什麼呢？Flamholtz & Randle (2000) 歸納指出企業可從以下組織最經常出現的十個成長痛苦指數，經理人可自行評估瞭解自己企業的情形[2]：

(1) 組織成員覺得「一天中的時間不夠用」——採購、存貨控制、送發文、會計、資訊等支援系統，若無隨著組織成長擴充，往往會讓組織成員因為缺乏良好的支援系統，而沒有效率的忙碌，導致過度工作。

---

[2] 每個題項，依你對所在組織現況的評估，分為非常同意、很同意、同意、少許同意、一點點同意，分別給5，4，3，2，1，然後加總所有題項的分數，若總分介於10-14代表企業成長在掌控之中；15-19有些事要加以注意；20-29有些成長相關的事宜要相當留心；30-39企業成長存有相當重大的問題；40-50 企業可能因成長不當而失敗。

(2) 成員花太多的時間在「救火」——員工為了解決因為沒有長期規劃而出現的種種短期問題，導致危機處理變成組織例行性的活動。

(3) 成員不知道組織其它的成員在忙什麼——因為大家都在忙，再加上工作和角色界定不清，所以，員工只知道大家都很忙，卻不知道別人在忙什麼，要彼此支援也不容易。

(4) 成員不清楚企業發展的方向和前景——因為公司成長迅速，管理階層根本沒時間與員工溝通公司未來的前景和方向，部分員工因為如此的不確定和焦慮而選擇離開公司。

(5) 稱職的管理者嚴重不足——組織快速成長的結果，許多組織成員因為技術專業或過去的資歷而得到拔擢，並非因管理能力而擔任管理者。

(6) 員工覺得「如果要把事情做好，我必須自己動手做」，其他人都不適任。

(7) 大部分的成員覺得開會根本是在浪費時間——高階管理人員開太多會，而中基層管理人員開太少的會，除此之外，開會既無效率也不能解決問題，因為會議沒有議程也常是臨時召開，來解決危機。

(8) 即使制定計劃，卻沒有任何的計劃跟催，結果計劃的事情總

是沒有做好——公司規模還小的時候，凡事都由老闆給指示，沒有策略規劃的程序和系統。當企業規模變大，老闆雖然認為各項行動都有規劃的必要，但卻沒有追縱考核計劃的習慣，員工也不覺得根據計劃行事有多重要。

(9) 有些成員對於自己在公司內的位置感到不安全——公司成長許多事物都隨著改變，有的創業元老因故被替換，因此常引起各種聯想，雖然有些員工的確有問題，但一團亂的公司問題更多，讓員工不得不一邊上班工作，一邊還得為自己的未來打算另覓出路。

(10) 公司的營收不斷在成長，但獲利卻維持不變——銷售會帶來利潤，同時也會增加成本，如果成本控制不當，往往賣得愈多，賺得愈少。

以上係企業成長的典型「病徵」，如果一一出現，代表組織出現系統性的組織問題，組織就將被自己的成長噎死，難以為繼。因此，組織在自我評估發現組織已出現上述病徵時，代表組織必需改變管理的本質，導入專業管理的程序，往更上一層成長的方向邁進。

以上係從宏觀的角度來觀察企業的成長階段。以下回到企業微觀的角度來分析，不管本身企業是處在那個成長階段，作為企業的經營者應該如何來掌握企業面對的成長機會？又該如何克服成長可能遭遇的困難？如何妥適地管理企業成長？以下各節分別說

明。

貳、企業成長三層次

依據Baghai等人 (1996) 的研究，企業成長可分為三個層次，如圖8-2所示，分別是：一為延續及鞏固核心業務，即如何把既有的業務做得更好更有效；其次為建立新業務，可能已經獲利，也可能尚未產生利潤；第三為夢想的階段或實驗的階段，天馬行空想像可能的機會和空間。例如中鋼的業務中，有些是本業；有些是嘗試新的，如中鋼保全等；此外，還有處在實驗階段還沒開始真正營業的新事業構想。

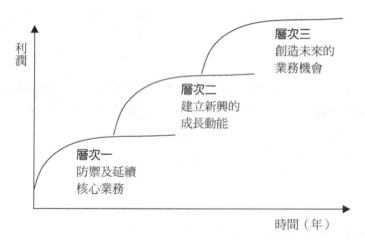

圖8-2　組織的三個成長層次

資料來源：林小慧譯，Baghai, Mehrdad, Stephen Coley & David White 著，《企業成長煉金術》，台北：時報出版。

企業不能在本業已不賺錢時，才去開發新業務，那就來不及了，應該在本業尚未顯露疲態時，即需開發新業務。大致來說，企業要順利成長，其涵括的業務應該三種層次的業務都有。有的業務很賺錢；有新興事業在賺錢，還不是很賺但期望未來很快會賺錢；同時還有其它事業在進行，並期待幾年後可為企業帶來成長的機會。即使是中小企業，經營者亦應做同樣的規劃，中小企業才有可能成為大型企業。企業要問，除了核心業務的業績理想外，有沒有開發新的業務出來？未來五年後的業務在那裡？這都是企業經營者需加以關心的。

假定企業成長有此三個層次，每個層次的表現與意義都不一樣。有的公司第一層次非常好，但沒有第二層，第三層，如此企業的前景堪憂。也有可能有的企業是第一層不好，第二層次第三層次很好，但因為沒有第一層次的支援，第二層第三層次則可能因為缺乏投資而難以實現；也有企業是第一層次第二層次很好，但沒有第三層次，則表示企業現在沒有問題，可是五年後就可能有問題出現。因此，有必要對企業進行診斷，以了解企業所處的成長層次。以下分別說明企業成長不同層次的特性和診斷技巧。

一、層次一：延續及鞏固核心業務

層次一診斷的問題在確定核心業務的管理效率。包括：

* 核心業務能否創造足夠利潤，讓我們投資在追求成長上？
* 是否具備強烈的績效導向，可在今後幾年推高利潤？

* 成本結構與同業比較，是否具競爭力？
* 營運表現穩定嗎？
* 市場佔有率在成長嗎？
* 面對可能改變遊戲規則的新競爭、技術或規定，我們是否能適度的自我保護？

二、層次二：建立新業務

第二層次的診斷重點在評估新業務是否具備足夠的潛力和價值。包括：

* 是否擁有和現有核心業務一樣，創造出同樣多經濟價值的新業務？
* 新開發出來的業務在市場上是否具有爆發力？
* 是否已有準備，願意作大量投資以加速成長？
* 投資人對這些業務的信心增加了嗎？
* 新的業務能吸引企業人才嗎？此為層次二的關鍵問題，如果的確是個具有爆發力的新業務，理論上應該可以吸引到人才，如果吸引不到人才，正反映公司對新業務的評估過於樂觀。例如同樣是在台灣，有的產業吸引不到人才，但有的產業人才不虞匱乏，關鍵即在於產業的吸引力大小。

三、層次三：創造未來的業務機會

第三層次的診斷重點在了解企業開創未來業務機會的可能性。包

括：

* 領導團隊是否有時間思考各種成長機會，以及產業界的演變？
* 是否有一套豐富的產品排列組合，將各種選擇方案都包括在內，以便更新現有業務，及開發新業務？
* 現有的各種點子，和去年的、三年前、五年前的有多大不同？有沒有修正，如果都一樣，代表企業都只是憑空想像而未付諸行動。
* 是否找出有效的方法，能將這些點子轉化成新業務？類似新產品開發，要有腦力激盪，並訂出固定時程的考核點來確保構想的落實。
* 這些構想在開始的幾個明確而可衡量的步驟中是否具體可行？

雖然企業成長有所謂三個層次，但在第一個層次又可再分為三個層次。以中鋼為例，第一個層次是鋼鐵本業，但依然可分為三個層次，如基本的鋼材開始，然後，開發鋼的新製法等，持續延伸。又例如尿布廠商第一層次是做尿布，剛開始是兒童尿布、然後老人尿布、早上的尿布、晚上尿布……即本業中依然有延伸發展的可能。簡言之，企業成長層次的概念在強調企業成長是一種組合管理 (portfolio management)，藉由涉入不同性質的業務，讓公司的成長得以持續。

再以飛機製造公司為例，有三個層次，第一個層次是飛機製造；第二層次是飛機融資租賃；第三個層次是服務。第一個層次先做民航機，再做少數的私人飛機，再做全球的包機業務。第二層次

亦可再分為三個層次，把組合管理有系統地展開。

其次，成長層次的診斷目的在了解企業在各成長層次的表現，並預做因應調整。以高雄的營建業為例，1990年左右時風光一時，短短幾年營建業的表現不可同日而語，有人認為是因為產業的大環境不好使然。但事實上沒有產業的大環境永遠是好的，因此追求永續經營的企業，絕對有必要在本業成長時，為未來的成長做準備。尤其是營建業，根據人口學、公共建設計畫等，未來的市場應該不難預估，因此，許多營建業公司失敗，應該多怪自己，少怪別人。

當然部分營建業者有努力開發新業務，但範疇不離營建本業，如在台北蓋房子，開發新業務到屏東等，但當營建本業發展受阻，受到的傷害反而更深。面對新興的電子、通訊等獲利列車，營建業者卻都趕搭不及。從成長層次的概念觀之，不難發現營建業在過去開發新業務的排列組合不夠豐富，以致未能在本業成長時期，為公司的後續成長動力奠定基礎。

參、尋找成長機會

企業成長不易，持續成長更是艱難的挑戰。但如前所述，企業成長卻是經營企業必需面對的課題。因此，如何發掘成長機會，應用上述成長三層次的概念，提早佈局，自為企業成長的根本。本節分別介紹不同學者的看法，協助經營者能更有效地更敏銳地偵

測成長機會的所在。首先，從既有產品、市場和服務提供方式著手，設法在固守本業的同時，如何提高效率，如何開發新業務，如何延伸本業，尋找成長的機會。其次，介紹經濟學者梭羅（Lester Thurow，2000）從全球經濟發展的角度，所界定的企業成長來源。最後，提出發現企業成長機會的分析工具——價值曲線，以協助經營者有系統地搜尋周遭的成長機會。

一、巴海（Baghai）等人 (1996) 的成長機會

類似安索夫（Ansoff）所提出以新產品或既有產品，以及新市場或既有市場等兩個構面，來分析企業成長的可能方向有市場滲透（以既有產品對既有顧客加強行銷，以增加既有顧客對既有產品的使用頻率或使用場所）、產品發展（發展新產品服務既有顧客）、市場發展（以既有的產品服務新顧客）和多角化（發展新產品服務新顧客）。巴海等人將尋找企業成長機會的可能構面擴大，而整理出以下問題，來幫助管理者有系統地搜尋企業可能的成長機會：

1. 如何多賣產品給同樣的顧客

同樣的東西，如何讓同樣的顧客多加消費，如可口可樂能不能讓顧客從一天一瓶，一天兩瓶三瓶，早上不要喝咖啡，喝可樂。又例如尿布，如何讓小朋友使用尿布的機會增加。傳統所強調的市場佔有率的觀念已無法顯示顧客價值被開發的可能性，而有顧客佔有率或顧客的口袋佔有率觀念的出現。例如，許多財務分析師在分析企業前景時，會用ARPU (Average Revenue Per Unit) 也

就是衡量每個消費單位的平均消費額，來評估企業的投資價值。

2. 如何將產品賣給新客戶以擴大業務

如何把產品賣給新客戶，例如不只小孩需要尿布，老人也需要。為既有的產品或服務開發新客戶是個重要的成長途徑。

3. 如何經由推出新產品及服務得到成長

企業可以賣給同樣的客戶不同的產品或服務。例如，以前每個人只要一隻錶，現在SWATCH讓消費者覺得需要依場合，依穿著配不同的手錶，使得手錶的銷售量增加。

4. 如何透過設計出對客戶較好的發貨或通路系統，以擴大銷售

同樣的產品，如何藉由後勤支援變得更有效率更好，使得顧客的滿意度更高。例如Pizza外送，三十分鐘送到與一個小時才送到差很多，這三十分鐘的差別，可以影響許多顧客的購買意願。到百貨公司看到東西就買，如果要的時候沒有，就不一定會再麻煩跑一趟買，很顯然，後勤發貨系統的良莠對銷售的影響甚鉅。

5. 如何拓展版圖？應在何處拓展？

如何把新產品賣到新的市場上，例如台灣賣得好的東西，賣到大陸去或馬來西亞，即屬地理版圖的拓展。王永慶計劃到寧波擴廠，亦是版圖拓展。在企業必需成長的前提下，從經濟的角度來看，台商到大陸投資不是單純節省勞工或土地成本的問題，更重要的是大陸的潛在市場機會，所以台商要去大陸根本是自然的結

果，絕非政治力量可以扭轉或改變的，政治力強行介入只會降低台商的競爭力與未來的發展機會。

6. 經由合併或策略聯盟改變產業結構，可以成長多少？

台灣企業比較不擅長的是經由合併或策略聯盟來改變產業結構。目前世界上最擅於購併的莫過於思科 (Cisco)。思科在過去13年已經成長200倍，成為世界上市值最高的企業。思科可以有如此快速的成長就是透過不斷的併購。思科有一套非常好的購併模式，但一般產業有70%的併購是失敗的，並無法獲致預期的併購價值。亦即，如何讓併購後的企業價值依然得到發揮至為關鍵。

台灣最近幾年開始慢慢有併購的個案，但數量依然不多，主要原因是併購涉及非常複雜的財務操作以及組織文化融合管理的能力，這是台灣廠商所缺乏的。其次，台灣絕大部分是中小企業，有人認為中小企業才需要併購，但台灣的中小企業主不會，為什麼？因為大家都在當老闆，普遍有我就是企業，企業就是我的想法，因此，台灣企業的併購不僅是企業體的合併，更是兩個人格的合併，困難度極高[3]。

7. 在本業之外有什麼其他機會

鞏固本業之外，企業還需思考企業還有什麼其它的機會。最近有

---

[3] 何懷碩曾道：好朋友是兩個人一條心，愛人是一個人一條心，感情不好的夫妻是一個人兩條心。企業併購類似夫妻關係，需要管理才易產生效益。

些管理理論強調企業要專注本業，但是，什麼是本業很難定義。明碁電腦從做監視器到做手機、液晶面板，究竟算不算專注本業呢？其實，企業經營最重要的是專注事業，而不是專注本業，否則的話，諾基亞就不可能從木材紙漿公司脫胎換骨成為世界手機第一大廠。因此，只要對企業成長有正面意義的方向，企業都不應該排除。

二、梭羅 (2000) 的企業成長來源

經濟學者梭羅從全球經濟發展的現況，指出人類歷史上龐大財富的創造與經濟快速成長係源自不均衡的情況，因為不均衡的情況會創造高報酬、高成長的機會。不均衡的情況有三：

1. 技術上的不均衡

當前的科技革命和一百年前的第二次工業革命一樣，都為當時的社會創造可觀的財富，原因係來自技術出現巨變。展望未來，生化科技的發展可以治療遺傳性疾病、製造更耐用可替換的人體器官或動物器官，進而製造出更結實、更聰明、更好的人；又例如通訊和資訊科技的持續發展，讓地理距離不再是種限制，自動控制更為普遍等，如此科技發展的無限可能，所帶來的各種改變，背後所隱含的不均衡，往往可為企業帶來豐沛的成長機會。

2. 社會不均衡

除了技術出現巨變，有時候創業家掌握社會脈動，以改變人類習慣的方式，亦具有創造出不均衡情況的可能。例如星巴克咖啡連

鎖店就改變美國人的習慣，也改變了世界上許多華人的習慣，不再到鄰近的餐廳購買一杯50美分的咖啡，而是花2.5美元在咖啡連鎖店享受一杯咖啡。又例如遊輪業者在人口結構改變以及老年人購買力大幅提升時，利用遊輪會動，遊客不必動，是老年人絕佳的渡假工具，與星巴克咖啡連鎖店一樣，讓遊輪事業不僅具備高報酬，還創造出一個快速成長的產業。但與技術上的不均衡不同的是，社會不均衡得來的財富只是財富重新分配，而不是創造新財富。例如星巴克咖啡連鎖店在大發利市之際，販賣傳統咖啡的業者和數千家家庭式餐廳少賣了幾千杯的咖啡，亦即，每杯星巴克咖啡多出的2美元是來自經濟體系中其他同業原來的營收與利得。

3. 經濟發展上的不均衡

除了技術上的不均衡和社會的不均衡，企業的成長還可源自經濟發展上的不均衡，亦即，國家所得水準差距大時，創業家把已開發國家的活動，搬到低度開發國家，就可創造相當的獲利機會和成長空間。由於經濟發展階段上的差異，部分在已開發世界已屬於低報酬、低成長的行業，到經濟正在起步的開發中國家，就可能變成是高報酬高成長的機會，例如台灣的珍珠奶茶、電子字典、手機、有線電視服務等銷售趨於平穩的產品與服務，到中國大陸後都變成炙手可熱的高成長型產品與服務。對於要利用經濟發展上不均衡以獲得企業成長動力的創業家，必需有良好的抄襲模仿能力，以及抓準開發中國家適合哪種行業的時機與眼光。

梭羅認為只有技術上的不均衡，可以創造快速成長的產業和實質

的財富，不只具有高報酬，且能不斷孕育出新的成長和創造財富的機會。至於社會的不均衡係屬所得的重分配，並未創造新的價值，而經濟發展上的不均衡很容易因為區域之間發展差異的縮小而不再出現，並非企業成長的真正動力來源。此一方面足以說明台灣企業積極向大陸發展，以利用經濟發展上的不均衡，正是創業家的行動實踐；另一方面，也可說明創新作為，開創技術的不均衡和社會的不均衡，對企業成長和產業發展的重要性。

三、Kim & Mauborgne (2000) 的價值曲線

Kim & Mauborgne 認為尋找企業的成長機會，管理人員必須忘掉腦中所有該產業現行的規定、作法與傳統，並對自己提出以下問題：

* 必須消除那些本產業視為理所當然的因素？
* 有那些因素必須降低至本產業的標準以下？
* 有那些因素必須提升至本產業的標準以上？
* 應該創造出那些產業前所未有的因素？

換言之，企業的成長機會相當程度來自洞察顧客無法被滿足的需求。但究竟如何去找出顧客因為產業現行的規定、作法與傳統而被迫妥協以致需求無法被滿足的需求？Kim & Mauborgne以1985年市場新興的廉價旅館Formule 1為例，利用價值曲線說明Formule 1如何突破產業現行的規定、作法與傳統，而推出更有

效滿足顧客需求的住房需求，而達到企業成長的目標。

法國在Formule 1推出上市之前，平價旅館業的市場上，存有兩種不同的市場區隔，其中的一個區隔是由低廉的旅館所組成，平均每個房間的收費約為60～90法朗之間。另一種區隔的旅館，因提供較佳的休憩環境，而平均收費約為200法朗。因此，對顧客而言或是多付一點錢睡一個好覺；或是少付一點錢卻必需忍受較差的房間品質和較吵雜的環境。如圖8－3中一星級和二星級旅館的價值曲線所示。

在產業現行的規定、作法與傳統下，對於新進者而言，應該選擇一星級旅館的定位或是二星級旅館的定位？答案是——都不是。Formule 1以不同的價值曲線推出上市。首先，Formule 1 刪除一些對目標顧客而言並不在乎的旅館設施標準，如餐廳和大廳。其次，簡化服務，例如接待櫃台只有登記入宿與退房的尖峰時刻才有人員值班，其餘時間顧客可利用一台自動櫃員機完成手續；此外，房間只有一張床和必需的設備，至於很少用的文具用品、書桌、裝飾品、衣櫃等都因為節省成本和方便管理維護而加以省略。第三，Formule 1把節省下來的成本，用來改善顧客最重視的措施，包括房間的隔音、床的品質和環境清潔等。Formule 1創新的價值曲線如圖8－3所示，讓Formule 1可以相當二星級旅館的品質，但收費僅略高於一星級旅館的服務來滿足市場的需求，並把以前習慣睡在車內的卡車司機或只需休息幾個小時的生意人都變成Formule 1的顧客而有效地擴張市場。

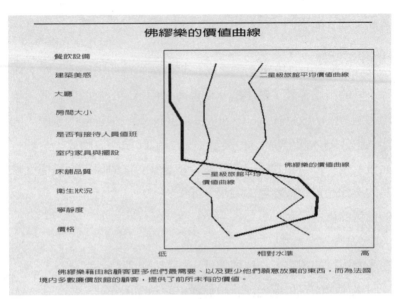

佛繆樂的價值曲線

餐飲設備
建築美感
大廳
房間大小
是否有接待人員值班
室內家具與擺設
床舖品質
衛生狀況
寧靜度
價格

二星級旅館平均價值曲線

佛繆樂的價值曲線

一星級旅館平均
價值曲線

低　　　　　　相對水準　　　　　高

佛繆樂藉由給顧客更多他們最需要、以及更少他們願意放棄的東西，而為法國境內多數廉價旅館的顧客，提供了前所未有的價值。

圖8-3　Formule 1 的價值曲線

資料來源：Kim, W. Chan & Mauborgne, Ren'ee. 2000.〈價值創新：高成長的策略性創新〉，史托克等著，《成長策略》，哈佛商業評論精選05，台北：天下。

從Formule 1的實例中，不難理解到藉由思考產業現行的規定、作法與傳統，再借助價值曲線的協助，對於有心於致力尋找企業成長機會的管理者，一定可以從中找到市場中尚未被有效滿足的需求。

環顧國內廠商的企業競爭型態，不論是航空業者或百貨公司或其它產品與服務，似乎太聚焦於價格與市場佔有率的競爭上，而忽略顧客除了價格以外各式各樣的需求，如此策略趨同的競爭，廠商既無法從中獲益，顧客更因失去多樣的選擇而只能在價格上斤

斤計較。在廠商為追求更低廉的生產成本而紛紛外移之際，沈穩的廠商利用價值曲線尋找企業成長機會應不失為企業再創高？的可行路徑。

肆、取得優勢能力

思考以上問題為企業尋求發展的機會之後，接下來的是如何為企業利用成長取得必要的優勢能力？巴海 (1996) 指出成功快速成長的企業都體認並極大化企業所擁有的能力。通常是從強化企業的營運能力開始，然後同時體認到促進企業成長能力、獨特的資產，以及特殊關係的重要性。換言之，企業成長的優勢能力包括營運技能、獨特的資產、促進成長的技能以及特殊關係等，以下分述之。

一、經營技能

管理效率特別高或製造效能特別好，都屬於營運技能。台灣企業以製造的優勢聞名世界，例如鴻海精密就是以速度、品質、價格的優勢取得世界OEM與EMS的龍頭地位。所有成功成長的企業都十分專精於他們的事業，並有優異的表現。如迪士尼公司在創造和設計卡通人物的能力，無人能比，而此能力正是迪士尼公司進入商品化卡通人物、音樂出版和主題公園的最大優勢所在。

企業成長者不僅利用營運技能為公司賺取利潤，更利用營運技能在新的事業機會中發掘經濟價值。例如統一超商的成功係奠基於通路管理的能力，統一超商不僅豐富超商中的產品項目來獲取利潤，並藉此能力在宅配、咖啡連鎖店等新的事業機會中追求成長的可能。

二、成長技能

專注企業核心能力的養成，容易侷限企業的成長空間，因此，企業不僅需專注培養自身的核心能力，尚需兼顧促進成長技能的應用。所謂促進成長的技能，包括併購的能力、融資的能力、風險管理的能力、法規管理的能力和改善資本生產力的能力等。

眾所週知，企業購併與本業不相關的事業，往往是一高風險並可能傷害基業的投資，但所有高成長的企業都善用購併作為自身成長的策略之一。購併既有的廠商，可以達到改變產業競爭結構和快速成長的目的，相對地，購併新興的事業，則在豐富企業未來成長的可能選擇。

促進成長的能力對企業的重要性，已快逼近企業的營運技能的重要性。因為企業面對的是高風險的經營環境，如何利用風險管理的能力，分擔企業承擔的經營風險；又如何利用融資的能力，讓事業發展初期可以得到充足的資金泡注；又如何利用提高資本生產力的能力，來改善專案融資的投資報酬率，擴大供應未來成長的可用產能和資源，都與企業本業營運能力一樣重要，甚至更為

重要，決定企業能否順利地成長。此項能力也是國內企業最缺乏的能力，企業應給予相當的重視，才有益突破企業成長的種種限制。

三、獨特資產

例如電信事業的營運執照，即屬獨特的資產。凡是可為企業現有事業帶來競爭優勢，同時對企業未來發展十分重要的資產，如品牌、企業網絡、基礎建設、資訊系統、智慧財產權、組織成員所擁有的技能，以及企業特有的作業程序等。

以迪士尼為例，旗下的卡通人物如米老鼠、獅子王等，不再只是卡通節目的卡通人物，還廣泛出現於音樂帶、零售產品、主題公園中，顯見企業不只要擁有智慧財產權，還需要認知到智慧財產權的價值，並應用智慧財產權來產生價值。

在強調以知識為基礎的資產，往往容易忽略實體基礎建設的重要性。以供油商為例，油管的舖設、港口儲油設備以及零售通路的建置，根本影響企業成長的可能性。

網路和資訊系統同時可以作為企業成長的基礎。既有的通路可以讓製造商以較低的成本和較快的時間得知市場對公司產品的反應，又例如良好資訊系統可以讓企業更清楚掌握顧客和市場的動態變化，都可作為企業成長的競爭優勢。

四、特殊關係

關係，如很會建立策略聯盟等，是管理者認為企業成長最重要的原因之一。因為關係有益企業取得財務融資、買進互補性能力等。建立關係不僅在新興市場十分重要，即使在先進開發的市場經濟制度中亦然。特別是在業務外包盛行的交易關係中，企業若擁有與利害關係人策略性夥伴的關係，對於爭取業務、獲取技術能力有相當的助益。此外，互補的關係網絡還可幫助企業彈性地有效地動員各種的專業人力，來執行各項工作。

以上各項優勢能力的考量，旨在說明每個企業的專長都有所不同，因此在追求成長時，要注意自己的專長，並依專長來尋找成長的機會。以中鋼為例，上述四項能力，以營運技能（中鋼成員絕大部分來自鋼鐵背景）和獨特資產為主，但最近所從事的投資卻多屬財務投資操作方面的嘗試。純粹從策略的分析，很多中鋼過去所做的投資值得檢討，既離本業甚遠，又非自身專長的發揮，如果投資失敗，是預期中的結果；反之，如果結果還不錯，可能原因是對手很弱，中鋼不致表現太差；其次可能的原因是資金非常雄厚（獨特的資產），也因為資金雄厚而可吸引到較佳的投資機會；第三個可能是產業趨勢是對的。如同二十年前的高科技電子業，不管怎麼做都不難成功。

因此成長策略的成敗不易真正找出根本的原因。歸因理論指出當不知道成功真正的原因時，個體傾向往自我肯定的方向解釋，認為個人的作為是成功的關鍵；反之，失敗時則容易歸罪環境，認

為千錯萬錯都是別人的錯或是時運不佳使然。這是企業追求成長，面對不確定性原因時，要努力克服的傾向，以找出企業真正成功的原因，並避免企業因追逐不易實現的成長機會而承擔過高的投資風險。

企業專長與新業務的選擇

以中鋼為例，假設中鋼在建廠擴廠營運的多年經驗中累積出「如何設廠、管理系統、材料工業」等方面的專長，如此延伸去發展相關新業務，應遠較從事貿易、財務投資等更符合中鋼的專長，成功的機率也應該較高。台灣太多企業是糊里糊塗成功，不知道為什麼成功，失敗時也不知道為什麼會失敗，以致忽略對自身專長的了解，並以專長作為成長方向的依循。

從上一節尋找企業成長機會和以上取得優勢能力的討論中，讀者可能會有無所適從的疑惑。企業應跳脫產業現行的作法與傳統，從各種可能尋找企業成長機會，以免成長受限；但取得優勢能力又強調企業需依自身專長來成長，以免過度冒險。前者需發散以尋找機會，後者需收斂以免過度冒險，究竟企業應如何來面對這互有衝突的作法？

從以上優勢能力的介紹與說明，讀者不難體會能力的養成需要時間，更需要企業長期的承諾與投資。了解企業取得成長所需優勢能力的種類外，除了提醒企業成長應依循自身專長，以免承擔不必要的經營風險。更重要的，還在指出企業能力係不斷累積演進的事實。

以迪士尼公司為例，從發展初期創造角色的動畫設計能力，到後來音樂、書籍發行，再到迪士尼專門店的設立，再到經營主題公園，再到動畫電影、電視頻道等，一路為突破成長的限制，開發企業成長的動力，同時，也不斷致力培養企業能力，讓企業所具有的能力，得以匹配企業所擬掌握的成長機會。

值得一提，企業能力的培養，往往不是短期一蹴可幾，而是需要長期投資培養，以韓國三星進入半導體事業為例，自1982年開始為進入半導體產業準備，首先三星在加州設立研發實驗室，以收集技術相關資訊、招募研發工程師和執行初步產品和製程發展。其次，接受夏普 (Sharp) 公司的技術移轉，並購置最新的生產設備，派送70多位工程師至設備供應商接受訓練。在1986年參加與LG和Hyundai的研發聯盟，執行半導體相關的基礎研究。終於在1994年開始大幅投資生產設施和產品發展，並與世界先進廠商同步推出256Mb的DRAM產品上市。

換言之，企業一方面必需有創意地以新觀念新技術和新眼光，去尋找企業的成長機會；同時，另一方面則必需嚴謹地規劃和培養企業所需的優勢能力，或藉購併或自行培養，讓企業得以有能力掌握新的成長機會；也因企業掌握新的成長機會，而發展出新的能力，來洞察和利用尚未被發掘的成長機會[4]。

---

[4] 根據Achi等人 (1995) 的觀察研究指出，新經濟時代存在愈來愈多正向增強的成長循環，如果一旦啟動正向增強的成長循環，則競爭者往往難望項背。易言之，為掌握成長機會，企業必需培養新能力，但也因為善用成長機會，有益企業加速能力的培養與開發，而企業強化的能力再一次有益企業掌握成長機會，企業能力和成長機會形成一正向增強的成長循環。

伍、成長層次經營

為確保企業的持續成長和永續經營，企業的事業組合中應包含不同的成長層次的事業。但如何讓不同層次的事業可以在同一部門之中得到妥適的投資和發展？以下根據企業成長的不同層次，分別討論人才管理和績效評估的不同作為，以期不同層次的事業能得到足夠的投資和順利的發展。

1. 人才管理

人才管理在企業不同的成長層次應有三種不同的制度來管。成長第一層次、第二層次和第三層次的人才管理會有什麼樣的不同？依常識來想，第一層次是固守本業，重點在如何增加經營的效率，因此需要的人才是經營的人才、重視指標管理。但第三層次的管理則沒有也無法用太明確的指標來管理，因為工作的重點在創新、開發新業務，尚無收益產生，而不能太「管理」。

依企業成長的三個層次，企業需要的人才，分別是第一層次的經營的人才；第二層次的開創新業務人才；第三層次的願景思索人才。管理方式隨之不同。第一層次的管理，短期業績決定個人的發展，對業績不佳的人進行懲罰，採取無藉口的管理。第二層次需要的是新業務的開創人才，自主性高、行動力要強，因此報酬需有配發股票，如此可提高誘因。相對地，第一層次人才則是提供紅利（bonus）而非配股，至於第三層次的人才，則心理層面的報酬很重要，當然財務的誘因不可少。如果公司同時在從事三個層次的事業，則需要同時存在三種不同的管理制度來配合人才

管理的需要。

2. 績效評估

成長第一層次的績效評估焦點在短期盈虧和現金流量，評估的指標包括：利潤、資本回收率、效率、生產力等。第二層次的績效評估焦點是總體成長和資本的生產力，評估的指標包括：市場佔有率、客源佔有率、資本投資效率等。第三層次的績效評估焦點是回收的程度和成功的可能性，評估的指標包括：以個案為基準的里程碑、從構想轉為新業務的可能性（有多高比例）等。

讀者可以容易清楚地看出，如果企業有此三種層次的業務，如同每個人的專長都有不同，有的部門擅長第一層次的事，有的部門專精於第二層次的事，有的部門則是很會第三層次的事。三個層次的人才管理和績效評估要同時兼顧很困難，這也是台灣中小企業的困難所在。在第五章對領導的討論中，即提到董事長和總經理的差別，開發新業務是從0到1的工作，應該是董事長的事，即第二和第三層次的事，但固守既有的業務從1變成2變成3變成4則應該是總經理的事，即第一層次的事。類似企業的董事長和總經理應由不同的成員擔任，不同成長層次的事業採行不同的人才管理和績效評估有其必要性，雖然困難，但卻是企業保持良好成長層次事業組合必需面對的經營挑戰。

組織如何維持組合管理的平衡？

思科雖然不斷在併購，但事實上併購後都盡量維持其獨力運作，併購的對象係思科的潛在競爭者 (potential competitor)，都是產

品研發出來，尚未有收益和獲利，思科即加以併購。然後，讓其繼續研發，因此，相當程度思科是藉由併購在買技術，同時也把潛在競爭對手排除。基本上，不同成長層次的部門是不適合放在相同的廠區或適用相同的管理制度，如中鋼轉投資電子業或投資業務，不適合採用與中鋼相同的制度，否則組織活潑性會有困難，因此制度上應讓其獨立發展。

彙總

企業有不成長的選擇或自由嗎？隨著企業規模變大，這樣的選擇或自由基本上是不存在的。如逆水行舟不進則退，企業必需持續成長，小企業如此，大企業更是如此。

但事實顯示，得以持續快速成長的企業少之又少。大部分的企業在快速成長數年後，即因管理不善慘遭市場淘汰，或在生存的邊緣掙扎。企業有沒有可能持續成長？還是企業短期成長之後註定要面對業績下滑營收停滯的困頓？綜合多位學者的研究，本章首先說明企業成長的階段和歷程，讓企業經營者從時間的縱斷面來觀照自己企業所處的階段，預知可能遭遇的困難，以預做因應。同時，本章亦介紹企業成長受阻徵候群的診斷分析，讓管理者可以藉著所列的問題，來自行評估自己所在的企業是否處在順利成長的狀態裡。

其次，本章說明企業成長的三層次，以強調企業成長需要管理的觀念。企業應致力於維持事業成長層次組合的平衡性，兼顧三個

不同層次的事業，如此才能確保企業的持續成長。

此外，企業應從何處尋找成長機會？除了創造技術上的不均衡、社會的不均衡，還可以善用經濟發展上的不均衡，為企業帶來高報酬高成長的機會。同時，企業可以善用價值曲線此一分析工具，跳脫現行產業的作法、規定和傳統，重新思考顧客未被滿足，被迫妥協的需求，來創造企業成長的空間。

掌握或洞悉企業的成長機會後，接下來企業經營者需關心的是，企業既有能力與為利用成長機會所需能力的差距，並設法自行培養或外部購得。從諸多成功持續成長的企業經驗，不難發現企業的能力是逐步演進的過程——為利用成長機會，培養新能力，因為有新能力，讓企業更有利於洞悉新的成長機會。一路走來，既讓企業得以持續不斷地開疆闢土成長獲利；又讓企業避開進入陌生領域，承擔過高經營風險的陷阱。這是國內企業追求成長需特別加以重視的議題——洞悉成長機會和培養企業的優勢能力，如此才可免去台灣企業為尋找廉價的生產條件，不斷移動遷移的命運。

成長是企業經營無可迴避的挑戰，也的確是個困難的課題。本章最後提示企業的經營者既需照顧現行業務的穩定獲利，又需有創意地尋找成長機會，培養新事業獲利的可能性。兩者的管理重點，以及所需的人才特質皆有不同，而需輔以不同的人才管理和績效評估制度，以讓不同成長層次的事業得以在同一企業中獲得妥適的發展和支援。

問題討論

1. 試分享你所在企業尋找成長機會的作法？優點為何？缺點為何？

2. 試應用價值曲線來構思你所在企業可以追求的成長機會。

3. 請依你的經驗，你所在的企業正在順利地成長？或已遭遇瓶頸和危機？你從那些徵兆來進行診斷？

4. 請問你所在企業有無針對企業成長進行管理？如果沒有，為何沒有？如果有，請分享你所在企業管理成長的作法。

5. 請說明本章最有用的觀念或技巧。

參考文獻

林小慧譯，Baghai, Mehrdad, Stephen Coley & David White著，《企業成長煉金術》，台北：時報。

齊思賢譯，Thurow, Lester C. 著，2000，《知識經濟時代》，台北：時報。

Achi, Zafer., Doman, Andrew., Sibony, Olivier., Sinha, Jayant., & Witt, Stephan. 1995. The Paradox of Fast Growth Tigers. *The McKinsey Quarterly,* 1995 (3): 4-17.

Adizes, Ichak. 1999. *Managing Corporate Life Cycles.* New York: Prentice Hall Press. （徐聯恩譯，1996，《企業生命週期》，台北：長河）

Flamholtz, Eric G. & Randle, Yvonne. 1987. How to Avoid Choking on Growth. *Management Review,* 76 (5): 25-29.

Flamholtz, Eric G. & Randle, Yvonne. 2000. *Growing Pains - Transitioning from an Entrepreneurship to a Professionally Managed Firm.* New York: Jossey-bass.

Gabarro, John J. 1992. *Managing People and Organization.* New York: Harveard Business School.

Greiner, Larry E. 1972. Evolution and Revolution as Organizations Grow. *Harvard Business Review,* 50 (4): 37-47.

Kim, W. Chan & Mauborgne, Ren'ee. 2000. 〈價值創新：高成長的策略性創新〉，史托克等著，《成長策略：哈佛商業評論精選05》，台北：天下文化。

組織變革

組織變革是一個不斷發生的
歷程。

學習目標

1. 了解組織變革的原因,以及企業環境變化的主要趨勢。
2. 學習組織變革的不同觀點,以及組織變革的重要管理議題。
3. 了解組織變革的不同層次、變革的過程,以及組織變革的管理策略。

導論

組織成長就是變革的過程,變革是一個不斷發生的歷程。最近對組織變革此一課題的重視,即反映時代的快速改變,迫使企業需就本身的管理方式或策略模式進行調整,以持續生存和成長於變化的環境之中。

本書在第四章企業願景強調有所變有所不變之外,「唯一不變的就是變」依然是企業經營的主流思維。產品變、市場變、管理方式變、組織結構變、經營策略變,變是無所不在的。為回應環境的挑戰,組織片刻不歇息地進行改造、調整,以求不被市場淘汰,繼續存活於市場環境中。但因為種種的可能原因,組織變革卻是困難重重,難臻其功。因此,本章對組織變革的討論,依序從為什麼改變、要改變什麼,以及如何改變 ,進行討論。首先分析為什麼組織需要變革;其次,探討組織變革的不同觀點。然後,進行組織變革管理課題的分析,包括組織變革的議題和組織變革的層次。最後是組織變革的進行步驟與方式,包括評估組織

的變革能力、誰來從事變革、組織變革的阻力、克服之道，以及組織變革的八步驟。

壹、爲什麼組織要變革？

組織致力於追求穩定的生產協調關係，並爲實現效率而發展建立各式各樣的組織慣例，作爲成員面對各種不同需求情況之行爲依據。但因爲環境持續發生改變，組織變革也隨之不斷發生，組織變革已成爲企業經營的必要課題，無法迴避。影響組織變革的環境改變，本章分別從市場的範圍、企業價值的來源，以及企業經營的基本假設，分別說明之。

一、市場的範圍——全球化

雖說網路企業的B2B（Business to Business，企業對企業）與B2C（Business to Consumers，企業對消費者）已經成爲過去，但是Back to Basics （回歸基本面）與Back to Customers （回歸顧客面）的B2B與B2C是永遠不變的商業原則，特別是在全球化的市場競爭環境裡。

幾千年人類商業活動發展，已經有一套成熟的商業邏輯，無論科技、環境怎麼發展，都必須遵守這些基本商業邏輯。最主要的商業邏輯就是企業必須獲利才能延續生命，而利潤的產生脫離不了市場供需定律。爲了維持長期的生存，除了獲利之外，企業也必

須謹守一定的管理程序。人們就算可以在短期之內脫離這些商業邏輯的規範，但長期是不可能的。所有成功企業的成就都不是偶然的，一定經歷過非常艱辛的奮鬥過程。所謂回歸基本面（B2B）就是要我們謹守這些商業邏輯，不要妄想其成。在前幾年的網路瘋狂期，許多網路企業所在意的是上網人數、燒錢的速度等指標，而毫不在意企業的獲利可能，網路企業的經營者常常是毫無商業經驗的年輕小夥子，網路企業暴起暴落也是必然的結果。

在農業時代，農民通常只會依據往年的經驗，自顧自地種植他們所熟悉的作物，收成時拿到市場去賣，從不考慮顧客在哪裡以及顧客需求的問題。但在商業時代，任何企業都必須靠顧客才有營收，顧客可說是企業的衣食父母。任何的企業策略討論，一定先談企業的市場定位，事實上就是顧客分析。企業的商業模式或經營模式，所說的無非就是企業如何從顧客中獲取營收，這些營收是否能夠擠出足夠的利潤。因此，回歸顧客面（B2C）是企業發展第一步驟，也是第一要務。

OEM讓台灣的廠商遠離顧客？

台灣是以製造起家，作為OEM廠商，顧客是下訂單的廠商，缺乏對最終消費者需求的體會。雖然每個廠商都有自己的顧客，但以耐吉（NIKE）為例，自己沒有鞋廠，卻是世界最大的鞋公司，掌握的能力主要就是行銷的能力。台灣的廠商掌握製造能力，雖然也有顧客，卻是下游的少數採購大廠。但相對而言，類似耐吉的公司必需花更多的心思，必需更有能力去面對和處理顧客，因為其面對顧客需求的多樣性和變化速度都遠高於製造廠

商。台灣企業作為製造廠商，對買家市場是沒有這樣的思考習慣
的。亦即，作為製造廠商關心的是如何把產品做出來，做出來自
然會有人買，如果賣不出去，只是價格的問題。如此思維讓專業
製造廠商離顧客的需求愈來愈遠。企業如何從顧客需求出發，勢
必成為組織變革的重大驅動力。

商業經營必需回歸基本面，回歸顧客面，更根本的原因在於競爭
環境的全球化。隨著各國貿易、投資、經濟制度以及地理距離的
障礙一一去除，過去可以關起門來做生意，現在則沒有這樣的可
能。以銀行為例，過去獲利可觀是因為市場寡佔，但開放新設銀
行十多家，競爭加劇後，獲利受到重大衝擊，2001年加入WTO
（世界貿易組織）對國內銀行業的衝擊更大，這幾年金控成為金
融業的主要話題，與全球化的衝擊有關。此外，各國自由化和法
規鬆綁的政策走向，亦對市場全球化有相當的貢獻。以經濟自由
化的時程來看，國內自解除報禁、黨禁以來，推動公營事業民營
化、解除產業管制已成為我國重大的既定政策。陸續開放的產業
包括：銀行設立、民航運輸、廣播電台、菸酒開放進口、有線電
視、高等教育、石油與電等能源相關產業，以及電信通訊產業
等。每個自由化政策或任一法規約束的解除，都對既有廠商或是
有意新進廠商無疑都是重大的環境改變，而有組織進行調整轉變
的必要。

二、企業價值的來源

在傳統農業社會，土地是最重要的生財資源，又有其稀少性，所

以是「有土斯有財」。中外許多國家，在經濟發展的過程中，由於土地分配不均所造成的貧富差距問題，足以說明土地資源的重要性。但進入工業社會之後，最重要的生財工具不再是土地，而是機器設備；資本家因為掌握資金這項重要資源，成為社會最重要的生產者與分配者。因此，工業社會是「有財斯有財」，一個人若沒有先人庇蔭，就得先累積資本，才有致富的可能。

隨著資訊社會的到臨，企業與經濟的發展奠基在資訊以及知識，生財最重要的工具當然也隨之移轉到資訊與知識了。這裡所謂的資訊或知識可以是科技知識，可以是股市行情判斷能力，更可以是經營才華。在台灣新竹科學園區或美國矽谷無數的年少富翁，以及許多在股市致富的新貴，所憑藉的不是土地，不是先人庇蔭，而是個人的知識與本事，因此，現在與未來的經濟是「有士斯有財」。

上述企業價值來源的改變，反映企業經營管理重點上的調整。面對知識經濟時代，如何設計環境可以使優秀的人出頭？有所表現？已成為愈來愈重要的經營課題。

問題與回應──知識經濟的特性？

難道農業時代不需要知識，如把農作物種好不需要知識嗎？在工業時代不需要知識，如把汽車做好或改善汽車的生產效率不需要知識嗎？如果農業時代、工業時代都需要知識，那知識經濟時代的知識與以前時代的知識有什麼樣不同？簡單來說，在知識經濟時代的知識與過去時代最大的不同，在透過知識可以創造財富的

比例大增。亦即，雖然農作物的耕種需要知識，但沒有土地不能；同樣地，製造汽車需要知識，但不能沒有資本、機器、廠房。過去中東的產油國很有錢，但現在幾乎所有的原物料的價格都在下跌，包括鑽石、黃金等，拜科技之賜，替代品不斷出現，真正創造產品價值的來源不再是實體的材料，因此知識經濟的特性在產品實體材料佔總產品價值的比例不斷下降，而知識對價值創造的貢獻愈來愈不可或缺。換言之，知識可以獲取的利潤遠高於實體材料可以創造的利潤。

三、企業經營的基本假設

經營環境的改變，企業經營的基本假設亦有隨之改變的必要。整理主要的企業經營基本假設的改變如後所示：

1. 從知道如何（Know how）到知道為什麼（Know why）

知道如何是解決問題的能力；知道為什麼是提出問題的能力。基本上，當一個人真的了解問題的核心所在，就一定知道應該怎麼問問題。但一個會解答問題的人，卻未必真正的了解問題。不幸的是，通常一般企業只知道獎勵或重視擅長解決問題的人，而對於那些長於提問題的人，不但不給予鼓勵，反而會予以打擊。以此觀之，台灣產業的委託代工其實就是一種善於回答問題的能力（會know-how）而不是善於問問題的能力（不知know-why）的生產方式。因為，每當我國廠商接到國外訂單後，就按照訂單規格製造，就像是在「回答」國外下單廠商所提出的「問題」。答對了，就算過關。展望未來，產業界若擬提升產業技術能力或

自創品牌，以競爭生存於市場之中，加強「善問」的能力，掌握知道為什麼，才有可能達到所希望的效果。

知道如何的能力是一種自然科學的工程能力，知道為什麼卻是一種社會科學的市場能力。台灣過去的教育過於重視理工自然科學，但對社會科學如經濟學、政治學、社會學、心理學等的教育不足。未來我們要在國際市場上建立品牌，經理人對於社會科學的素養必須加強。

2. 從壟斷到共享

過去物以稀為貴，傳統經濟學亦強調利潤來自壟斷。但現在越來越難依靠壟斷來獲利，而需要依靠知識。但知識要能創造價值必須不斷地進步，而知識進步則需不斷討論、互相激盪和共享。

從壟斷到共享的改變，由另一經濟觀點亦可得到相同的理解。過去在規模報酬遞減的時代中，建立進入障礙，藉由壟斷獲取報酬，為企業經營的基本思維。但在網路經濟和知識經濟的時代中，當規模報酬遞增，例如當愈多人使用英語作為溝通的語言時，學習英語愈具價值。同樣的道理企業的利潤來自共享而非獨佔，即當企業生產的產品或技術因分享被愈多人使用時，帶給每個使用者的效益愈大，為企業創造的利潤愈可觀。

3. 從控制到信任

在物質資源稀少珍貴的時候，控制資源是企業獲利的重要的手段。同樣地，在工業時代，企業十分重視控制和員工紀律，以維

持生產的效率和順暢。但在知識經濟時代，因為知識在成員的腦袋中根本無法控制，企業必須學會信任員工，重視與成員間信任關係的建立，以提供員工發揮潛能的機會。當然，信任不是放任，企業要配合良好的機制，信任才不會成為放任。許多企業一直脫離不了人治的色彩，主要原因是企業沒有良好的機制，所以，也難以讓企業主輕易信任外人。

4. 從找答案到找問題

以前的企業經營偏重找答案，例如如何降低成本、如何改善品質、如何縮短生產流程等，1980年代日本企業即在這方面的優異表現，而可在全球市場有所斬獲。但現在則偏重找問題，如什麼樣的需求未被實現、誰的需求未被實現等。過去是努力做出顧客需要的產品或服務，但當顧客明顯可見的需求被充分滿足後，現在則需問為什麼顧客需要這個，道理在那裡。亦即，在尋求問題的答案之前，更需要澄清和思考的是，這個問題需要解決嗎？解決這個問題可以滿足顧客真正的需要嗎？從努力不懈地找答案，轉變為有創造力地重新界定問題。

5. 從生產產品到提供解決方案

企業在過去重視的是有形產品的製造或服務提供，現則強調從根本問題思考，重視問題解決方案的設計與創造。例如以前的電腦製造商就是努力做電腦，賣電腦；電視製造商就是努力做電視，賣電視，此即為「產品」式的思考。當電視製造商問自己顧客有看電視的需求嗎？會發現顧客不只是看電視的需求，而是有娛樂消遣的需求，這樣的思維就是找「方案（solution）」式的思

考。亦即,在未來的競爭中,廠商提供給顧客的不能再僅僅只是產品,而是解決方案,以擴大顧客佔有率,否則很難成功。前IBM總裁葛斯納(Gerstner)對IBM最大的貢獻之一,就是把IBM從一個做電腦的產品公司轉型成一個提供企業資訊服務方案的公司。

6. 從泰勒式的分工到跨部門流程分工

在資訊科技不發達時,企業多採泰勒式的分工以提高整體組織的生產效率,但在資訊科技發達之後,還用傳統的分工觀念是有礙企業生存競爭的。例如保險公司賣保單,過去的方式是分別有人負責業務、承保、收款、稽核、核保等不同部門來處理同一保單。但在時下資訊科技的協助下,業務人員對保戶的服務可以立即藉由資訊系統跨部門提供保險服務。又例如停車收費,過去由收費員開單放在車上,由收費員收款,或是由駕駛人至收費亭繳費。然後,收款後的點收、入帳、核算該期間之收益等,涉及非常多的單位和勾稽作業。但現在駕駛人可到便利商店繳款,沒有現金的流動,藉由資訊的傳送,所有收費、核算、入帳和控管的工作即時完成全面簡化。伴隨如此作業方式的改變,組織自然有改變調整的必要。這個改變其實正是前幾年流行組織再造 (re-engineering)最重要的論點:現代組織的分工,應該從顧客的角度,以工作流程的角度分工,而不是以傳統功能的角度分工。

7. 從集權或分權到既集權又分權

被公認為史上最偉大的執行長,前美國通用汽車公司的執行長史隆(Alfred Sloan),之所以能夠帶領通用汽車超越福特汽車,

最重要的原因就是在組織策略上採取了各事業部分權的設計但又維持總公司的基本策略與控制，而福特卻堅持集權的策略。史隆可以說開啟了大型企業應該集權或分權的爭論。

在過去組織必需選擇集權或分權，但資訊科技發達的情形下，企業可以變成既集權又分權。上述保險公司經紀人員銷售保單的例子，可以看出保險公司非常分權，由經紀人員帶著筆記型電腦在現場獨立作業，就可完成保單的銷售；但同時又非常集權，因為銷售系統的設計規劃係由總公司全權統籌辦理，經紀人員只能照著執行，沒有太多的權限或彈性可以改變。世界最大的家居生活改善賣場家居貨棧（Home Depot）本來以各賣場極度分權而聞名，但在二○○二年，來自奇異公司的納德利（Robert Nardelli）擔任執行長之後，公司開始變得比較集權。其實，這正是現代科技下的弔詭。透過良好的資訊系統，家居貨棧總部可以隨時知道全球各地每家賣場的銷售與庫存情形，並做必要的調整，可以說是非常的集權。但是，各賣場的經理仍然有很大的權力視銷售情形與當地風情做很大幅度的改變，可以說是非常的分權。

因此，在資訊科技發達的情況下，每個區域的組織成員被賦予相當的權責依據當時當地的情況判斷回應，同時，總公司隨時可以查核每個區域每個時點做什麼樣的回應做什麼樣的決策，若要干預區域的決策可以隨時進行。拜資訊科技發達之賜，組織總部得以集權（由總部規劃設計制度），又能分權（因為區域的成員可藉資訊科技之助，進行重大的決策），而形成組織既集權又分權的走勢。

8. 從依序到同步

我們完成一項複雜的工作方式有二：同步或依序。依序是按部就班，一步完成再開始進行下一步，而同步是指一項工作的各個細項工作可以同時展開進行。在過去做事的邏輯或變化速度很慢的時期，工作的進行均採依序的作法，按部就班，做完一件再做另一件。例如過去新產品的開發，係依序進行，先試產，再量產，再行銷，再顧客滿意度調查。但在變化速度很快的時代，研發、製造和行銷的人在一起研發新產品，此即同步的進行方式。

又例如寫論文，先寫第一章，再寫第二章，再寫第三章……此為依序方式。但可以是第一章寫不下去，就寫第五章；想寫第三章就先寫第三章，同步進行，最後再來整理次序。過去常以價值鏈來描述企業價值活動間的關係，但在網路的時代，同步的概念下，企業價值的描述不應是價值鏈，而是價值網，亦即，各個企業價值活動的聯結不是透過鏈的關係而是透過網的關係。

不論是市場全球化、知識成為主要的企業價值來源，或是以上所述企業經營基本假設的改變，都明白顯示企業經營的環境不再穩定，不再容易預測，不再靜態，而需要企業嚴肅待之，了解環境的改變，並做好組織變革的準備。

貳、組織變革的不同觀點

我們要如何看待組織變革？不同的觀點有不同的管理重點。Van de Ven & Poole (1995) 提出一個分類組織變革模式的架構，舉出了四個理想型 (ideal-type) 的發展理論，分別為生命週期理論、目的論、辯證論、演化論。

這個理論架構認為大部分的組織發展和變革比理想型要複雜，並非單一模式可以解釋的，任何組織改變都可歸納為這四種理想型的排列組合。而隨著時間和空間的改變，任何一個變革驅力可能會激發另一個變革模式的興起，導致組織的發展和改變變得模糊而難以描述。

Van de Ven & Poole認為每一種理論的過程都有不同的改變循環，有不同的「驅力 (motor)」或產生的機制，運作於不同的分析單元，表現出不同的改變模式：

一、生命週期論 (Life-Cycle Theory)

生命週期理論視組織的發展與改變就如一個有機體的成長，可分為出生、成長、成熟、衰退等階段。整個發展的過程受到既有潛在的形式和邏輯所支配；同時，這種發展會朝向預先設定的順序發展，雖然外在環境會影響其表現方式，但仍不脫離既定的內在邏輯與規則，如大部分的企業發展皆從小公司到大公司。易言之，生命週期觀點主張組織如同生物成長，變革的順序和方向早

已內建於基因之中，會循著一定的節奏發展，例如要先會走才會跑，且每個階段的成果會影響下一個階段的表現，如，藥物發展需能通過動物實驗，才能進入人體臨床實驗。亦即，組織變革有其生命般的規律和節奏，既與環境變化沒有太大的關係，也不大受組織意圖的左右。

二、目的論 (Teleological Theory)

目的論的組織變革，並沒有事先預設的規則與邏輯，目的和目標是指導變革的最終原因。大部分的策略學者、組織學習或變革學者都採此一觀點，主張組織是有目的的，會採取行動改變適應環境，朝向一個預定的目標前進。雖然組織總是努力獲取所需的資源，達成目標，但組織依然不可避免地會受到所在環境的限制，不必然可以達成目的，即使達成目標，並不表示組織已處在永久均衡狀態，因為目標會社會性地被重新建構，而將組織推向另一個新的發展。例如公司上市即可視為公司決策階層為達成某些特定目標而進行的變革活動。

三、辯證論 (Dialectical Theory)

辯證論起始於黑格爾的假設：組織存在於充滿衝突事件、力量與價值對立的多元世界中，為了取得權勢與控制而相互競爭。組織的穩定或變革係決定於衝突雙方勢力的平衡與否。當反面的價值、主張或見解得到足夠的權力來對抗既有的價值、主張或見解，組織變革於焉產生。組織變革的辯證論觀點，既不像生命週

期論有一定的變革順序與方向，也不如目的論保證組織向特定的目的邁進，組織是否產生變革，或是變革的結果是否有益組織生存，完全決定於組織正反意見交互影響對立抗衡的結果。

四、演化論 (Evolutionary Theory)

當把組織變革放在長視野的大格局來觀察時，學者主張組織變革如同生態系的演化——物競天擇，適者生存，由不得個別組織自主決定。演化論的觀點主張組織發展和改變，是一種組織型式（類比生物的基因）變異、選擇、維持的連續循環過程。變異是隨機產生，選擇則透由競爭稀少資源，由最適合環境的組織型式勝出。然後，因為組織慣性（或生物的基因）使被環境選出的組織型式得以保留或維持。雖然從演化論的觀點無法預測那一個組織會成功或失敗，但卻可從組織生存環境中的組織數目、規模、歷史等預測組織族群的出生和死亡的情形。例如台灣傳統產業的變遷、外移、或自動化等。由於只有最適合環境的組織型式才得以繼續生存，環境中的組織型式會逐步趨同，或是因為彼此學習模仿，或是因為淘汰保留的結果。

在這個架構中，每一種理想型的變革的驅力都不同，並利用改變的單元和模式這兩個構面來作為分類的依據。就改變的單元而言，改變所涉及的實體可分為單一及多個，這個實體可能是個人工作、工作群體、組織策略、方案、產品、或是整個組織。生命週期論依據實體內在的邏輯進行改變；目的論依據目標採取有計劃的改變，都屬於單一實體。演化論的基本精神是生存競爭，並

透過環境選擇而達成變革；辯證論指出改變驅力是衝突和對立，因此兩者都必須藉由多個實體才能表現出變革發生的原因。

就改變的模式而言，描述性 (prescribed) 的變革屬於被動的，其過程是自然發生的；建構性 (constructive) 的變革是屬於主動的，其過程是理性思考的產物。前者的改變是依循潛在預設的架構發展，過程是連續而可預測的，並產生與原本相似的實體。生命週期論依據內在邏輯，而演化論透過環境選擇，均循預定的規則改變，屬於描述性的變革；後者打破過去的基本假設或架構，無歷史特徵可以依循，因此是不連續且不可預測的，並且產生與先前不同的實體。目的論依據目標行動，而辯證論由權力平衡決定方向，變革既不連續也不可預測，屬於建構性的變革。

Van de Ven & Poole認為大部分組織變革比理想型要來得複雜的原因有兩個：第一，時間和空間的因素：不同的驅力可能同時發生在組織中不同的部分，同時，隨著時間的經過，也有一些機會讓不同的驅力影響組織的發展和改變。因此，不同驅力的交互作用，在不同的時間及空間之下，造成複雜的發展順序。第二，任何單一驅力都有天生的不完全性。例如，演化模式的選擇過程可以視為生命週期模式的終了；目的循環可以激發生命週期的開始；辯證論中衝突的結果可能是演化循環中變異的起源，使得實際的組織變革要來得複雜許多。

綜合以上討論，組織變革出現的驅力可能來自組織成長的必然性、組織追求特定目標的積極反應、組織內部權力衝突失衡的結

果，甚至可以來自組織族群長期演化的事實。無論為何，經理人可能更關心的是如何引導變革順利的進行。但有言大處著眼，小處著手，在進入第三和第四節對於變革管理提供具體建議之前，經理人若能藉由熟悉上述組織變革的不同觀點，了解自身所處組織推行變革的驅力所在，應當對於自身處境以及該採什麼樣的立場有更深刻的體會和掌握。

參、組織變革的管理課題

組織進行變革時，應如何考量以決定組織變革的內容。本節首先介紹組織變革的層次；其次，探討變革決策時的幾個議題，最後，說明變革的過程。

一、組織變革的層次

Keidel (1995) 提出三個組織變革的觀點，分別是組織重整 (restructuring)、組織再造工程 (reengineering)、以及組織再思 (rethinking)。對於主張組織變革之經理人，極富參考價值。

1. 組織重整是部門的調整

組織重整指的是重新設計調整組織的結構，如部門的調整、合併或裁撤等，目前所流行的組織減肥、組織扁平化、組織合理化可說都是屬於組織重整的層次。組織重整所針對的對象通常是公司的各部門或各階層，在這個觀點下，組織的主要受益者是股東，

在手段上則偏向控制，並以效率為組織績效評估的指標。換言之，組織重整即是組織部門的調整或增減，例如把人力資源部門自管理部門下的人事行政獨立出來，或是工程部與技術部門合併為工程技術部。組織成員做的事並沒有太大的改變，只是部門的調整或功能的調整。

2. 組織再造工程要以工作流程重新考慮組織的運作

組織再造工程要求組織揚棄過去以功能為主的設計心態，改從顧客的角度，以工作流程來考慮組織的設計與運作。在這個想法下，組織的工作流程管理、工作流程創新與設計成為組織設計者所關心的焦點。由於組織再造是從顧客的角度思考組織設計，因此，組織的主要受益者，除了股東之外，還多了顧客。在管理的手段上，除了強調控制之外，也強調員工的自主，以增加顧客的滿意度。

易言之，拜資訊科技之賜，組織得以從流程的角度重新思考工作的方法，打破過去以功能來分類部門，進行流程調整。例如銀行服務櫃台從過去的單一功能制（各個窗口有特定負責的業務，如活期儲蓄存款、繳費、定存、外匯等），轉換為目前的單一窗口制（全能櫃員），即是組織再造。在沒有資訊科技的協助時，過去單一功能制的設計有其道理，但資訊系統發達後，辦理不同的業務只是作業視窗的切換，因此，從顧客的角度來思考，自然沒有再讓顧客在各個窗口轉換排隊的道理，而有進行工作流程再設計，組織再造的需要。

3. 組織再思要重新思考組織的定位與特性

組織再思則強調組織應該認真思考組織的定位與特性。公司所有的成員都應該重新思考建立學習的心態與技能，時下流行的「第五項修練」、「核心競爭能力」可說都是屬於組織再思的觀點。組織再思的管理手段不僅包括控制與自主，同時也強調員工或組織之間的合作。由於組織再思所努力的方向是改變員工的思考方式與心態，因此，成功的組織再思不僅使股東與顧客受益，也使員工得到發展而受益。在管理的手段上，組織再思則主張要同時維持控制、員工自主、組織合作這三方面的平衡。換言之，所謂組織再思，係組織重新思考組織需不需要此項工作、功能或部門。

以戶籍謄本為例，原來戶政事務所有10個人經辦此項業務，經過流程改善精簡為2個人承辦，此為組織重組，對顧客而言要去辦戶籍謄本沒有改變，而只是組織內部效率的改善。

組織再造是原來申請戶籍謄本的流程發生改變，因為資訊科技的關係，過去申請戶籍謄本是件麻煩痛苦的事，因為填申請表後，需要五個工作天才能拿，後來改進成需三個工作天，再後來可以做到上午申請下午可取，現在是立即申請繳費立即可取。從流程改善來說已有相當幅度的改善，但從顧客的角度而言，還是一樣需要申請戶籍謄本，還是得跑一趟戶政事務所。

組織再思是思考為什麼我們需要戶籍謄本？美國這麼大的國家沒

有戶籍謄本一樣運作順暢，為什麼我們需要？如果重新檢討為何需要戶籍謄本，是不是可以減少對戶籍謄本的需要？此為組織再思。

又例如台灣中央部會中需不需要文化部？要不要裁撤青輔會？都是組織重組的層次。但政府思考如何便民，電子化政府，即為組織再造。但政府現在最需要最迫切的工作是思考政府要扮演什麼樣的角色，否則努力愈多，錯事也愈多，這就是組織再思。

在概念與手段上，組織再思包括組織再造，而組織再造則包括組織重整。但是，這並不表示任何一個組織的變革都應該做到組織再思的程度。有時候，組織面臨立即的生存危機，必須憑藉組織重整來迅速有效的克服危機。組織再思因為要改變組織的思考模式與員工的心智模型，可能需要比較多的時間才能奏效。但是，任何的變革要持久有效的維持，則一定要做到組織再思的程度。

二、組織變革的議題

在實際組織變革推動的過程，有的是計劃性的，有的是非計劃性的；有的是自上而下，有的則是由下而上，組織變革的各種可能議題，列示如下：

1. 計劃性或非計劃性

從管理的角度當然期望組織變革是計劃性的，但真實的情況是組

織變革或調整的進行往往是被迫而為非計劃性的。

2. 緩變或急變

緩變可收循序漸近，逐步完成的效果，讓組織不致因變革而有太大的變動。但根據Tushman; Newman & Nadler (1988) 對重大組織變革的實地觀察，發現成功變革係在一個相對短的時間內完成變革所需的工作（約幾個月至二年）。組織變革是一個變動的過程，應讓這個過程愈短愈好，以使組織盡快重新進入新的工作秩序，此外，組織變革的時間如果拉長，有利抗拒變革勢力的重組、興起，而使組織變革的困難更大。亞都飯店總經理嚴長壽入主圓山飯店，進行緩變式的組織變革未獲成功，如果他當年更快速的進行變革，說不定反而有機會。

3. 由上而下或由下而上

大部分企業的變革是由上而下地強力推動，但是，變革的發動若是都必須由執行長發動，執行長也未免太辛苦了些。此外，身處高位的執行長未必真正清楚公司基層的問題，也未必清楚外在經營環境的最新趨勢。因此，有些組織變革的發動來自中層主管。以IBM為例，從製造大型主機 (main frame) 到成為世界最大的電子商務服務公司 (e-commerce service company)，從硬體製造廠商轉型為軟體服務公司的轉型開始，最重要的動力來自一些中層經理對網際網路的體認，大力遊說公司高階主管進行策略變革，終於使IBM轉型成資訊服務商。

4. 部分或整體

改革是全面的或是部分的，有些時候很難控制。例如有時只是想做部分的改變，但牽一髮而動全身，被迫做全面的變動；也有可能計劃進行整體的改變，但需從局部著手。例如說，公司推行某個績效評估制度時，可以先在某一事業單位進行，等有一定成效之後再推動到其他部門。

5. 技術或結構

在技術上進行改變，還是改變結構，重點是不一樣的。引進一套新的資訊管理系統是所謂技術層面的改變。但組織採用如ERP等資訊管理系統，卻往往需要調整工作流程和組織結構來予以配合，而使技術和結構需一併進行改變。

電子商務對台灣產業是機會或威脅？

因為電子商務的興起，新興事業不再受到地理位置、實體資本或規模的限制，中國大陸或台灣在此趨勢中有超英趕美的可能？雖然電子商務是一種資訊技術的應用，但其實施與普及卻與結構息息相關。在美國連玻璃窗都有一定的規格，若玻璃窗壞了，只要照規格到賣場買一片玻璃，可以自己動手做 (DIY)，但在台灣沒有標準規格，玻璃破了，一定要找店家量身定做的割一塊。衣服或其它產品或服務也一樣，在此現況下，要進行電子商務就十分困難，因為產品與服務流程的標準化或規格化對電子商務而言，十分重要。標準化不只產品還包括作業的流程，例如各個銀行印出來的支票大小、規格、支票號碼的位置等都不一樣，如何做標

準化、自動化、電子化。如果要電子商務，所有產品都需有統一的條碼才有可能。這就是所謂的結構，所謂的基礎建設。目前政府不斷強調知識經濟，真正需要政府投入從事的工作是改善結構的事，而不是輔導創業等廠商原本擅長做的事。

6. 由內而外或由外而內

由內而外或由外而內的變革有組織層次的不同。若是因環境改變壓迫組織改變，即為由外而內；若是由組織引導環境改變，則為由內而外。作為部門主管，若是由部門主管發動改變而影響其它部門，為由內而外；相對地，若是由其它部門先行改變，以致牽引本身部門改變，為由外而內。此為另一組織變革時需加以考量的議題。

三、組織變革的過程

組織變革的過程在概念上，可區分為三個階段，分別為解凍，變革，再凍。例如於一九九六到一九九八年間只擔任二十個月教育部長的吳京對台灣的教育改革而言，不知功過如何，但從組織變革的角度來看，吳京至少對教育體系變革的第一步——解凍做出顯著的貢獻。

在變革的過程有三個E可以遵循：Energizing（動起來），Envisioning（朝願景方向移動），Enabling（賦予能力）。在組織進行變革之際，需要讓組織成員有活力，體會有改變的需要，

此為解凍。然後，指出組織要往那個方向改變，進行變革。之後為能確保組織變革的成果，進行再凍，並應思考如何讓成員有能力來面對未來可能的轉型與改變。許多企業主管讀一本書即據以宣傳管理理念，如此就像小孩拿槌子找釘子是一樣的道理，忽略變革必需經歷的過程，以致變革作用有限，變革的戰果難以維持。

肆、如何進行組織變革？

討論過組織為何變革，以及變革的標的，接下來本節要討論的主題是組織如何進行變革。本節分別從評估組織的變革能力、從事變革的成員、如何克服變革的阻力、組織變革的常見錯誤、以及推行變革的八大步驟，來進行說明，以提供經理人參考。

一、 評估組織的變革能力

經營者應該不打沒把握的仗，沒打沒有輸贏，但打敗仗卻是代價慘重。組織變革不應輕易發動，除非經理人有勝算的把握。所謂一鼓作氣，再而衰，三而竭，組織變革的道理完全相同，如果變革不能一次奏捷，往往只是給抗拒的力量有凝結強化的機會，反而會讓變革愈來愈難以順利推展。因此，在推行變革之前，經理人應就組織的變革能力進行評估，了解激化改變的可能性。評估的項目包括：

1. 權力：員工相信他們有能力嗎？

究竟員工被尊重被授權的程度有多少？員工可以視現場情況做出認為最適當的回應嗎？還是要聽命行事，多做多錯少做少錯？依據英特爾前執行長葛洛夫的看法，因為利益糾結、成功經驗和遠離市場，通常最慢知覺到組織需要變革，且抗拒最力的往往是高階主管們，因此，優秀的組織得以持續不墜的關鍵在於員工相信他們有能力，並視需要逐步改變組織資源的配置，來回應環境的需求。在英特爾於1990年代決定放棄記憶體市場進軍微處理器時，做出重大決定的葛洛夫才赫然發現公司的生產線早已在現場主管的判斷下做好進軍微處理器市場的調整。

2. 認同：員工認同他的部門、專業或整體組織？

認同是一種感情的歸屬，如果我們對我們的組織認同，我們當然見不得這個組織有不好的地方，會積極主動地改善我們認同的組織。專業人士如果認同他們的專業，就會致力提高他們專業的社會地位。同樣地，如果員工認同所屬的部門、專業或整體組織，自然會主動「多管閒事」尋找組織有問題的地方，並設法改善。

3. 衝突：組織如何面對衝突？

組織有改變，就有權力的重分配，自然伴隨衝突的發生。組織面對衝突的態度如何？中國自古只有革命成功，變法（或變革）都失敗。革命是你死我活，變革則有妥協的空間。我們的文化顯然不習慣衝突對立，所以意見不同的雙方沒辦法平和的就事論事，找出妥協或最佳方案，最後就只有靠流血革命了。相對地，西方

自蘇格拉底以來即對思辯予以重視，而習慣並接受衝突對立的方式，探討問題尋求方案。

4. 學習：組織如何學習、如何處理新想法？

組織對於新想法或不同意見是包容鼓勵的？或是壓抑懲罰的？如果是前者，組織容易知覺偵測外在環境的改變，也較可能自發地逐步改變，以回應環境的要求，結果自然是組織持續的演進，取代一次大幅的變革，因此改變的幅度和阻力都會來得有限。理想的組織變革當然是一個有學習能力的組織，能夠以演化的方式進行平順的變革，而不是不得不然的革命式變革。

二、從事變革的成員

組織變革是一個持續的過程，在過程中有的負責規劃，有的負責推動執行，而大部分的成員則只能接受組織的改變，而無力影響。因此，後現代理論的觀點甚至主張組織變革是一種強者要改變弱者的一種工具。無論為何，組織中從事變革的成員，依其角色可分為以下三類：

1. **變革策略者**──變革策略者往往是組織的未來思考者，關注的不僅是組織的過去現在，更能跳離現有的框架，思考組織未來的方向，引導組織變革的時點、步驟與方向。

2. **變革的執行者**──類似組織分工，由董事長負責新業務或市場

領域的開發規劃，然後由總經理執行之。變革的推行需要有變革策略者，更需要變革執行者來溝通願景、來安撫抗拒、以及來推行變革方案。

3. **變革的接受者**——在過去層級機械式的結構中，每位成員被視為執行標準作業程序的行動者，不希望摻有個人感情，更不需要個人經驗或能力的判斷，因此大部分的成員都是所謂的變革接受者——受到變革影響卻無法影響變革的個人或團體。但人終究不同於機器，有情緒，更有自主的意志，在講求組織彈性回應環境要求的環境中，純粹的變革接受者已愈來愈少見，組織要成功地推行變革，努力的重點即在讓變革的接受者轉變為變革的參與者，提供每位成員貢獻智慧才能於組織變革的機會。

變革接受者可能變成變革的參與者嗎？

雖然讓變革的接受者變成參與者有益減緩變革的阻力，並可集思廣益強化變革的效益，但把變革的接受者放在決策考量之中卻不是件自然而然或必然發生的事。最簡單例子如道路命名，即使是職業駕駛人都有到台北信義計劃區不知如何找路的痛苦經驗，如果台北信義計劃區的路名，東西向稱為松甲路、松乙路……，南北向，命名為松一路、松二路……。應可較現有的路名來得友善好用。為何大家想得到，取路名的政府機關卻想不到？很大的原因是主事者沒有誘因或不覺得有必要。改善之道在於制度和結構需重新設計，例如取路名，或是學校教室要改裝潢，應舉辦公聽會，讓行人、用路人、學生、老師等相關使用者有表達意見的空

間和機會。組織推行變革，開放參與的機制亦同樣不可缺少。

三、如何克服變革的阻力

推行變革的主事者往往認為大家都與他一樣，認為變革是必要的，無可迴避的，而輕忽變革的重重阻力。事實上，組織不僅是成員工作的舞台，更是社會生活的場域，任何涉及個人、團隊或部門利益或習慣的改變，往往都會引起或大或小的不適或痛苦，也因此抗拒改變的阻力總是與推行改變的力量相伴而生如影隨形。

變革的阻力粗略可區分為組織層次的阻力和個人層次的阻力。在組織層次方面，如團體惰性、專家知識受到威脅[1]以及權力與資源分配糾紛等。在個人層次方面，如習慣、不確定與安全感、經濟因素、怕丟臉怕無能或無知無所適從等。因此，變革成敗相當程度決定於組織變革阻力的排除與否。以下列示克服變革阻力的建議：

1. 訓練、參與、溝通

開放成員參與變革的機會，參與的目的在讓反對變革的人來擔任變革委員，以引導抗拒變革的力量為推動變革的力量。透過教育訓練來代替一般的溝通是個非常有效的作法，組織在變革時應該

---

[1] 例如報紙的排版老工人，因其獨特的技術和經驗而極具組織的重要性，但引進新技術，實施電腦排版打字後，其專家知識受到嚴重威脅。

多舉辦相關的教育訓練。

2. 動之以情

組織遭遇的經營困難或變革壓力，需讓所有成員充分了解，以能激發成員對變革的認同和支援。所謂共體時艱，既是團結的表現，更是凝聚共識和強化認同的手段。研究顯示，組織內的成員常常各自形成其小團體，也就是所謂的非正式組織。組織變革的過程，應該要請這些非正式組織的領袖出面影響其他成員，那麼變革的阻力就會降低。

3. 說之以理

變革的步驟或方向，存有各種的可能性。究竟那一個方向或步驟是最佳的？最適合組織各個部門？需要相當開放的討論與意見表達，同時嘗試結合部門和個人績效與變革成果的關聯性，以促使成員面對和接受變革方案。當然，大家都知道，人如果真的都那麼理性就天下太平了。組織變革之所以困難就是因為許多人不是那麼理性，所以，要透過說之以理的方式說服員工接受組織變革，並不是件容易的工作。

4. 脅之以力

當以上三種方式都難以化解成員對變革的阻力時，脅之以力是必要採行，也往往是不可避免的作法。如英特爾在1990年初期不計成敗的進行變革以走出死亡之谷──放棄記憶體，轉戰微處理器市場，留任的高階主管只佔一半，其餘則因理念不同，或被迫或

自願地離開英特爾。從企業轉型的立場看，有擋路的大石頭就必須移開，不如此做，變革往往無以為繼。

四、組織變革的常見錯誤

一項針對美國1,000家進行組織變革企業的實證調查，發現組織變革的目的，包括有降低費用、改善生產力、增加股東投資報酬、加快決策速度、提高顧客滿意度、更具創新性等，但平均低於25%的廠商如願達到期望的目標。事實上，1,000家的企業中僅有二成不到的企業藉由組織變革達到提升競爭力的目的(Tomasko, 1992)。雖然組織變革是組織持續生存的重要挑戰，但真實的情況是組織經常變革失敗。根據科特（Kotter, 1988) 組織在推動變革過程中經常犯的錯誤共有八點，有心變革者應謹慎避免，以確保變革的成果。

1. 沒有足夠的危機意識

例如國營事業民營化政策對於經濟部所屬國營事業無異是重大的環境變化，而有組織變革的必要，但因為民營化的時程一拖再拖，反而未能在國營事業中建立起足夠的危機意識，以致削弱推行組織變革的決心和妨礙組織變革的成果。

2. 沒有有力的指導團隊

組織變革不只需要決心，更需要策略和方法。變革不只需要一時的努力，更需要長期持續的投入。如果只有變革的決心，卻沒有

有力的指導團隊，很難期望變革可以持續地推行。

3. 缺乏願景

大部分的組織因為不知道怎麼變而無法即時推行變革。究竟面對千變萬化的環境，組織該何去何從——維持現狀或進行改變？若決定要進行改變，應朝那個方向改變？如果企業缺失願景的指引，恐怕變革的提議只是陷組織於互相內耗的爭執和衝突中。

4. 願景溝通不足

擁有願景卻溝通不足——未給予足夠的重視或未投入足夠的精力、未選用合適的溝通管道、未適當包裝溝通的內容、未針對關鍵成員進行溝通等，結果組織雖有願景，卻無法讓成員有所理解，並作為行動或決策的指導，如此願景的作用依然有限。

5. 沒有除去實現變革的障礙

類似戴明所堅持的品質原則——品質不佳不是依賴口號或標語可以改善的，除非管理者排除達成品質目標的障礙，同理組織變革要成功，不是只靠管理者宣示變革決心或溝通願景即可實現，根本務實的工作還在於是否徹底除去實現變革的障礙。

6. 沒有系統的規劃及創造短贏

變革是持續的努力，需要有不斷的獎賞和肯定，來激勵員工不懈地投入，因此，有系統地創造短贏，可以一方面肯定變革的決心，展現變革的成果，以消除觀望者的疑慮；另一方面更在鼓舞士氣，強化變革的新氣象。

7. 太快宣稱勝利

「為山九仞，功虧一簣」，變革最怕太快宣稱勝利，沒有讓變革的成果停駐在公司文化上，結果只是一時的改變，就像颱風掃過，強風過境，雨過天青，恢復原狀。如此不僅浪費變革的所有努力，更讓日後組織要啟動變革更加困難。

五、組織變革的八步驟

科特（Kotter，1998）根據組織變革容易發生的八項錯誤，提出提高變革成功的八大步驟，以供實務管理者參考應用。

1. **建立危機意識**——組織應不時檢視市場及競爭實況，確認及討論危機、潛在危機或主要機會。例如，一九九八年，台塑在未經環保單位核准下委託外包廠商將汞污泥以水泥塊名義運送到柬埔寨處理，造成對台塑形象打擊甚大的汞污泥事件。台塑公司若能對此事件進行省思檢視，強化台塑公司的危機意識，對於台塑公司未來在工安、職災以及環保議題上都會有積極改善的效果。羅益強先生在擔任台灣飛利浦公司總裁時，飛利浦的辦公室處處掛著書法名家董陽孜所寫的「危機」兩字。羅益強就是要員工建立危機意識，才能如願完成他後來在台灣飛利浦推動的各項變革，以及品質運動，進而使得台灣飛利浦成為第一家非日本公司獲得日本戴明品質獎。

2. **形成有力指導團隊**——變革成果不明朗前，成員總是觀望多於

實際行動，因此推動變革必需籌組一群有力的人來領導改革，鼓勵團隊合作。這個團隊必須獲得最高單位的強力支持，所有的變革相關行動不能被輕易的打折或推翻。

3. **創造願景**——變革總是充滿不確定性和極大的壓力，因此需要創造願景來幫助改革，讓成員相信克服困難後，等待大家的是美好的前景與未來。

4. **溝通願景**——企業的措施可以不講，但不能騙人，此一溝通的基本原則務必遵守。因此在進行願景的溝通時，應誠實透明化。上位者需以身作則，輔以設計良好的溝通工具，才能收到溝通願景的效果。前面說過，透過教育訓練是最有效的溝通，員工若不清楚公司變革的願景，就該讓他參加相關的培訓。

5. **授權實現願景**——如果組織要鼓勵成員承擔風險，並改以非傳統的思考和行為，組織必需授權基層，由成員來排除改革障礙和改變阻礙願景的系統或結構。

6. **計劃及創造短贏**——變革是個持續不斷的過程。為激勵員工持續不懈，組織需創造進步歷程和計劃可見的績效改進，以獎賞參與改革的員工。因此，組織進行變革時應有一些推動進程的里程碑或時點（milestones），每達到一個時點，組織就可以自我鼓勵一番。

7. **堅實持續地執行變革**——要能長期確保組織變革的成果，組織必須雇用、陞遷、開發可實行願景的員工，並且以新的計劃、

主題、和改變動因等方式，不斷活化改革過程。最重要的關鍵還是在組織最高單位的承諾，一定要堅定地推動組織變革。

8. **體制化新的文化**——組織人才的來源要改變，否則很難落實根本的改變。例如我國教育系統的人才過去幾乎全部來自師範系統，若有教育改革的必要，則在人才的選任制度，不能侷限在師範系統，亦即人才來源必需有所改變，才有落實教育體系改革的可能。因此，要體制化新的文化，組織必需不斷強化成就習慣和建立學習文化。另一方面，強化新組織文化的各項相關設計也須持續推動。本書會在第十三章〈組織文化〉時，再討論如何強化組織文化。

彙總

因為環境的改變，組織必須進行變革以持續回應環境的挑戰。但對於身在其中的企業經理人，究竟企業是不是需要改變？要變成什麼樣子？要如何改變？卻往往不是如此明顯可見。即使確定組織有改變的必要，但要改變什麼，如何改變，由於有各種的可能性和途徑，稍有不慎，往往只是陷企業於內部不斷的爭執和衝突之中。

本章組織變革首先從市場範圍全球化、知識成為企業價值的主要來源，以及企業經營基本假設的改變，提示企業經營的環境不再穩定、可以預測、可以控制，而需要企業謹慎地偵測環境的可能改變，並隨時做好組織變革的準備。

大部分的企業都承認組織改變有其必要性和重要性，因此，本章接著探討企業變革的管理議題，區別組織變革有組織重組、組織再造和組織再思三個不同的層次，並提示組織變革的過程包括有解凍、變革、再凍的三個階段。

最後，討論組織如何進行變革。歸納既有企業變革成功和失敗的經驗，本章分別從評估組織的變革能力、從事變革的成員、如何克服變革的阻力、組織變革的常見錯誤、以及推行變革的八大步驟，一一提示經理人推行組織變革時之注意事項。

基本上，變革的抗拒無可避免，且總是困難重重。為避免因為變革失敗，導致企業慘遭淘汰，根本之道在讓組織習慣變革、接受變革、甚至喜歡變革，亦即，徹底改變組織的本質，讓組織變成有生命的有機體，自主的、主動的、喜愛學習的、會適應調整的。此正是本書在組織變革，也在學習型組織、知識管理、企業願景等各章中不斷提出的主張與想法。

問題討論

1. 貴公司有從事組織變革的經驗嗎？變革的層次為何？變革的過程為何？變革的結果如何？試檢討分享之。

2. 試舉實例說明組織變革的困難。從變革的困難中，試歸納可能的克服之道。

3. 請說明本章最有用的觀念或技巧。

參考文獻

邱美如譯，Kotter, John P. 著，1998，《企業成功轉型8 Steps》，台北：天下文化。

楊幼蘭譯，Hammer, Michael & Champy, James著，1994，《改造企業——再生策略的藍本》，台北：牛頓。

Keidel, Robert W. 1995. *Seeing Organizational Patterns.* San Francisco: Berrett-Koehler Publishers.

Tomasko, Robert M., 1992, Resstructuring: Getting It Right, *Management Review,* 81 (4): 10-15.

Tushman, Michael L., Newman, William H. & Nadler, David A., 1988, Executive Leadership and Organizational Evolution: Managing Incremental and Discontinuous Change, in Ralph H. Kilmann; Teresa Joyce Covin & Associates eds., *Corporate Transformation.* London: Jossey-Bass Publishers.

Van de·Ven, Andrew H. & Poole, Marshall Scott. 1995. Explaining Development and Change in Organizations. *Academy of Management Review,* 20 (3): 510-540.

團隊運作

何謂團隊？爲何建立團隊以及有效地運用團隊已成爲企業經營的重要課題？

學習目標

1. 了解團隊在知識經濟時代的重要性
2. 了解團隊運作的方式和影響團隊效能的因素
3. 學習創造和管理團隊的步驟與注意事項

導論

什麼是團隊 (team)？什麼是群體 (group)？在討論團隊的管理和運作之前，有必要先對相關的名詞內涵作一澄清。所謂群體依定義係指3～5人或10多人，成員間彼此有一定的熟悉程度，如一起搬東西或拔河，善用「團結力量大」的群體優勢；相對地，所謂團隊，依定義亦是由一群人所組成，但成員間可能彼此熟悉也可能不熟悉，與群體主要的區別，在於團隊成員間有一定的分工，且有一需要共同合作才能完成的目標或任務，由於團隊成員各有所長，彼此互補，成員之間屬平權關係，輪流擔任領導者的角色。

爲何「團隊」開始變得重要？現代管理之所以不再強調領袖個人而開始重視團隊，原因有二：一是企業管理的工作越來越複雜，越來越難由個人獨力完成；其次，傳統的分工方式，因爲環境的快速變化，已越來越難即時有效地因應達成任務。亦即，隨著專業化程度的深化，組織越來越需要團隊，以眾志成城，即時彈性

地執行工作。

壹、團隊的類型

籃球隊、足球隊或棒球隊都是團隊，但其組成方式以及每個成員的分工卻非常不同。同樣的道理，企業裡的團隊也有很多形式種類，各有其組成與運作邏輯。企業常見的團隊，包括有品管圈、跨功能團隊和高階管理團隊，以下分別說明各團隊的特徵。

1. 品管圈

係由組織中工作性質類似的成員所組成，藉由定期聚會，討論擬定工作範圍內可資改善的目標，並分工由成員分別擔任訂定改善時程、界定問題、促使發言、提供資訊等工作，以期達到預定的成效和目標。

2. 跨功能團隊

例如組織中的新產品設計團隊，即屬於所謂的跨功能團隊。成員來自不同部門，期能發揮集思廣益，刺激創意的目的。以新產品設計團隊為例，過去成員只有研發工程師，現在則會在產品構想階段，即納入設計、製造、行銷、財務等各方面的專業人力，使新產品的設計不僅考量到技術方面的突破性，亦考慮到製造的可行性、市場的接受性和財務投資的成本效益等，以順利快速地完成設計新產品的任務。

3. 高階管理團隊

高階管理團隊，Top Management Team (TMT)，係由企業的高階主管所組成的決策團隊。依美國企業的慣例，企業高階管理團隊成員職稱大致分配如表10－1所示。

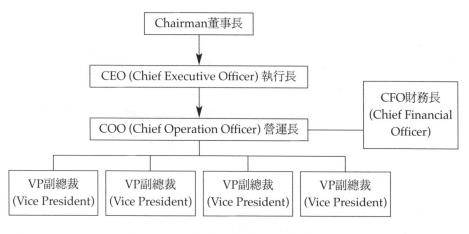

圖10－1　企業的高階管理團隊成員

企業係因股東出資而設立，因此由代表股東權益的董事長 (chairman／chairwoman) 來監督企業的營運是否符合股東的權益。其次是負責企業營運的最高決策者－執行長 (CEO／Chief Executive Officer)。第三位是輔助執行者而專責企業內部管理的管理者——營運長 (COO／Chief Operation Officer) [1]。一般而言，與COO平行的還有所謂的財務長 (CFO／ Chief financial

---

[1] 原CEO係對外負責企業的長期策略，如購併 (M&A) 以及向董事會報告。對內則由COO來負責，但由於不易區分，已有合而為一的趨勢。

Officer)。然後在營運長之下則視企業的規模和需要，設置各級的副總裁 (VP)，包括有集團VP (Group VP)，資深VP (Senior VP)，執行VP (Executive VP)。概念上，美國企業的高階管理團隊 (TMT) 即包括VP以上（不含董事長）所有的高階管理者。

企業的TMT成員雖然定義上不包括董事長，但美國企業通常董事長 (Chairman) 和執行長 (CEO) 係由同一人擔任，即董事長兼執行長。英國企業則普遍分開由不同的人擔任。企業是否應由不同的人分別擔任董事長和總經理（或是總裁），是個爭議性話題，到目前為止，並沒有學術性的解答[2]。沃爾瑪、微軟、英特爾現在都是董事長與執行長分離的制度，但是奇異公司、IBM、寶鹼的董事長與執行長是同一人擔任。這些公司的績效都很好，可見是否同一人擔任董事長與執行長可能不是關鍵，而是這兩個位置的角色與職權定位。

從高階管理團隊成員的職稱與所負責的工作內容，往往可以反映出企業經營的挑戰所在。如近年因為經營環境的改變，伴隨許多新高階主管職務的出現，例如知識長 (CKO/ Chief Knowledge Officer)、學習長 (CLO/ Chief Learning Officer)、和競爭長 (CCO/ Chief Competition Officer) 等，正足以反映企業重視課題的改變，需要相當職級和專業的管理者來專責推動。

---

[2] 雖然台灣上市上櫃公司多數董事長和總經理係由不同的人員擔任，但彼此的地位並不平等。或者是董事長有絕對的權力，總經理只是執行命令；或者是總經理有絕對的權力，董事長只是人頭，因此出現的問題，不會比一個人身兼董事長和總經理來得少，是另一個值得深入討論的議題。

貳、有效的團隊

依據 Ancona et al. (1996) 影響團隊運作效能的因素，可分別從團隊所處的情境、團隊的運作以及團隊的效果來進行討論，如圖10－2所示。

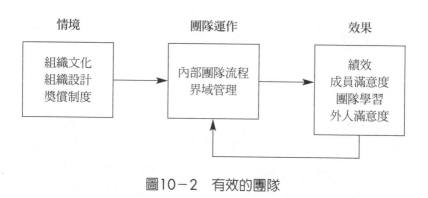

圖10－2　有效的團隊

資料來源：Ancona, Deborah et. al. 1996. *Managing for the Future: Organizational Behavior and Processes.* Cincinnati. OH: South-Western College Publishing.

一、情境

團隊運作的成效深受團隊所在的情境所影響。本章分別從組織文化、組織設計和獎賞制度來討論。

1. 組織文化

例如美國企業的個人主義文化，相對於日本企業的團隊合作文化，日本企業的團隊運作的確比較容易有效。本書另有專章討論組織文化（第十三章），在此要強調的是組織文化的特性會對團隊運作的難易程度造成影響。例如在大學求學的學生雖然都知道團結力量大，三個臭皮匠勝過一個諸葛亮，但實際的團隊運作卻是問題層出不窮，此與國內向來重競爭輕合作的「學習文化」不無關係。

2. 組織設計

以跨功能團隊為例，包括製造、行銷、財務等各專業領域的人，這樣的團隊會如何運作，應如何運作？例如年終考績是由誰來打，原部門主管或是專案經理人，這屬於組織設計的一環，即會深刻影響團隊運作的效能。又例如經常被討論的組織再造，組織分工不是依地理別或產品別或事業部別，而是依據顧客的需要，設置企業主要營運流程的負責人，來協調流程的順利進行以有效地滿足顧客的需要，亦是藉組織設計以改變成員互動的例證[3]。

3. 獎懲制度

獎懲制度不合宜是許多組織都有的問題。例如，政策或主管指示要達成A目標，但獎懲制度卻鼓勵成員從事B活動。例如公司的績效考核是依個人表現為準則，那如何能鼓勵團隊合作的行為？以最經常被討論的年終獎金分配為例，若從鼓勵團隊運作的角度

---

[3] 本書另有專章討論組織設計，詳參第三章。

觀之，在分配的準則中一定要有全體共同分配的比例、部門分配的比例，來補充依個人表現分配的比例。

以國內奇美企業為例，獎金發放的原則：(1) 組織階級最高和最低，薪資的差距只有2.2倍 (2) 在獎金的部分，係保留公司獲利的一定比例分配給員工 (3) 假設公司垂直分工有四層，員工之間的分配是X%由全體員工平均分配，(1〜X) %則由前三層的員工分配 (4) 然後前三層員工的獎金分配，相同地有X%由該三層全體員工平均分配，(1〜X) %則由前二層的員工分配，一直持續，直至分配到第一層為止。如此讓人除了力求個人的表現外，有誘因在團隊中與人合作，並致力團隊績效的改善。

獎金分配的公平 *VS. 效率？個人VS. 團隊？*

以上奇美的獎金分配原則，藉由獎金拉大各階層間同仁所得的差距，但同一階層的員工則沒有差異，如此如何激勵同一階層同仁要努力表現不摸魚？人員流動率是關鍵，不高的話，就自然會有同儕壓力來促使大家全力投入。若人員流動率高，則可能需就同一層管理者進行互相評核，再由高一層主管來評核，以決定同一層各個管理者（或成員）可分配的獎金。但獎賞制度設計的重要原則，一是分配制度中務必有一個比例的獲利是每個人都可參與分配的；其次，制度不可太複雜，以讓每個人都可以清楚知道自己行為會如何影響自己的報酬。

二、團隊運作

除了團隊所在情境會影響團隊的效能外，團隊本身的運作更是關鍵。本節分為兩個部分來討論，一是內部團隊流程；一是界域管理，以下說明之：

1. 內部團隊流程

影響內部團隊成員互動，首先團隊的領導者很重要，要會分配工作，鼓勵各個成員扮演好各自被賦予的角色。其次，團隊成員扮演的角色要平衡，例如團隊中要有工作分配者、鼓勵成員發言投入者，還要有規範執行者等，避免團隊成員虛應故事而能全力投入。亦即，團隊中有不同的角色，然後不同的角色有沒有扮演好，深刻影響團隊的運作效能。最後，團隊的凝聚力，互動頻率、是否有共同的目標以及個人對其它團隊成員的偏好程度等都會影響團隊的凝聚力。此外，團隊成員或領導者必需能把團隊的向心力和內聚力，引導至完成團隊的目標上，否則團隊的凝聚力與團隊的生產力不必然有正面影響，例如團隊成員很有共識地一起愉快生活，不互相批評，保持表面和諧，那團隊生產力大概不會有什麼特別顯著的改善。最後，團隊要有解決內部衝突的機制。衝突會降低決策的速度，但是，衝突也常是創意與重要資訊的來源，因此，不要迴避衝突，而是要善用衝突。當企業面對重要決策時，經營階層若能取得共識最好；若無法取得共識，則應以與該決策關係最密切的主管態度為主。例如，如果是與市場行銷有關的決策，應以行銷主管的意見為主，輔之以其他部門的參考意見，來確保團隊內部的衝突有獲得解決的機制。

2. 界域管理

團隊的順利運作，需要善用外部資訊，爭取外部資源，來有效推動工作。以政府的內閣團隊為例，界域管理的範圍包括爭取民眾的支持、政黨的支持，以及總統的支持等。換言之，團隊達成的決策能不能順利推動落實，相當程度決定於團隊與周遭部門或環境的互動。

如何看待團隊成員間的衝突？

衝突發生的原因包括：資源匱乏、標準模糊、溝通不良、個人偏好、權力差距、目標差異等。對於性喜和諧的文化或社會而言，衝突是不被歡迎，甚至是努力避免的狀態。但從團隊運作效能的觀點，適度的衝突有益於激發團隊成員潛力、呈現團隊成員多樣的觀點，而得以改善決策品質、鼓勵成員追求更高的績效表現等，因此管理者可藉由創造團隊間的競爭壓力，來製造有正面價值的團隊衝突。實務的作法是將同仁分成幾個團隊，各團隊規模約 5 至 20 人，涵括執行任務所需的各種專業。團隊成員擁有選擇參與團隊和成員的自由，同時，各個團隊擁有自行決定工作時程、解決問題、費用開支、監督成果和規劃未來的職權，並由成員輪流擔任領導者。藉由對各個團隊的賦能授權，以及各個團隊間的競爭壓力，自可有效地激勵團隊成員對目標的全力投入。

三、效果

管理最關鍵就是要能獲致預期的效果[4]。好的團隊或不好的團隊

如何評估？可從四個構面來進行了解：

1. **具體績效**——被賦予的任務是否已完成。例如在時限和預算內完成新產品開發、解決企業危機、開發新事業等。

2. **成員滿意度**——團隊參與成員的滿意度如何。

3. **團隊學習**——是否有學習有成長，團隊的運作是漸入佳境或停滯不前。

4. **外人滿意度**——團隊以外的客戶或利益關係人是否對團隊感到滿意。

如果我們以行政院內閣團隊為例，評估團隊的效果依據以上構面，可分別從：(1) 政策達成率如何，如降低政府財政赤字、改善失業率等；(2) 閣員滿意度；(3) 內閣團隊運作越來越順利越有樣子，還是沒有改變一片混亂；(4) 民眾對內閣的滿意度，如此應可對團隊績效有較完整的掌握，不致以偏概全。

參、團隊五問

團隊既非群體也非烏合之眾，而是由各有專長的成員以完成特定

---

4 此一論點，詳參本書第一章〈管理十要〉的討論。

目標的組合。但各有專長的成員是否真能集思廣益、全力投入、互補長短地完成特定的目標？以下問題是團隊效能自我檢驗很好的思考線索。

一、我們是誰？

在高科技產業或國際企業的新產品開發團隊，經常是跨國各單位的新產品開發成員所組成，過去從來不認識也沒見過面。研究顯示，這些素昧平生的團隊成員如果可以透過電子郵件或企業內部網路聊聊天，對後來的研發工作是有幫助的。即使團隊成員散佈全球，如果有面對面的聯誼或熟識，會有很大的幫助的。雖然企業員工們應該公事公辦，就事論事，但成員若能互相認識，互相了解，有益增加團隊的認同和內聚力。人都有基本的社會需求——基本的相處和互動需求，因此，有效團隊運作的第一課在促進團隊成員間的認識和彼此認同。

二、我們要達成什麼？

建立團隊的目的是什麼？是學習團隊運作之道？集思廣益分享資訊？作為公司鼓勵決策參與的象徵儀式？或是結合各方專長，有效完成指派工作？團隊成員對於團隊的目的是否了解？是否有共識？清楚團隊的目的，成員才能有明確的行動依據。

團隊的目的是單一的嗎？

團隊的目的不是單一的也不是固定的。除了利用團隊成員各有專

長有效完成指派任務外，形成團隊還具有相當豐富的可能目的，例如促進成員互相了解、建立團隊成員積極正向的態度、創造團隊學習的可能性、提高成員的滿意度等。就建立積極正向的態度而言，讓員工覺得公司是好公司，好的態度自然會被誘發出來，學習意願和成效也會被大大地強化。又從團隊學習的觀點，形成團隊有激發團隊學習的可能，藉以觀察團隊運作是否越來越順，如果沒有，可進行檢討了解原因是缺少熱心人士或不同角色的扮演等，並著手改善。

三、我們要如何組成？

團隊成員的組成，既要考量完成任務所需的專長，又需考慮團隊順利運作所需的各項角色。因此，團隊的組成，首重團隊的專業分工，是否適才適所。其次，團隊不同角色的扮演。團隊要能順利運作要有工作分派者、互動的觸媒者 (facilitator)、規範的執行者等，才能讓團隊順利運作。換言之，團隊既要完成工作，還希望能愉快地完成工作，因此，團隊中非常需要有成員互動的觸媒者 (facilitator)，讓組織成員黏在一起，有向心力有認同感，對於團隊運作有極關鍵的影響。最後，團隊中還要有跨界管理（boundary management）的角色，以利團隊從外界獲得資源，並獲取資訊以與外界進行良性溝通。

互動觸媒者「巧婦難為無米之炊」？

對於來自四面八方各有專長又素昧平生的團隊成員，如何使其互動、彼此認識欣賞、提高對團隊的向心力，即為團隊中互動觸媒

者要著力之處。但互動觸媒者能否發揮作用，又常與團隊所在的空間和時間有極密切的關係。以中山大學的EMBA為例，EMBA每週六日上課，若能安排週六晚住在同一家飯店，對於團隊學習和互動都有很大增進作用，此時觸媒者也才有發揮的舞台[5]。

四、我們要如何運作？

團隊有沒有可資遵循的規範 (norms)？例如遲到早退是不被允許的，或是不發言會有壓力，或是搭便車者 (free riders) 會受到處罰等？就團隊運作的需要，團隊需要發展可資遵循的規範，來促進團隊的順利運作。

如何發展團隊運作可資遵循的規範？

發展或建立團隊規範是需要時間的，就如同要形成一個組織或團隊的傳統一般，最明顯是來自團隊領導者的公開宣示或聲明，其次，是團隊發展歷程中所發生的重大事件，而成為故事以傳承團隊重視的規範，此外，所謂典範在夙昔，開創者所立下的行為或模範亦可是團隊的規範來源。這個部分的討論詳細可參閱十三章〈組織文化〉和十五章〈企業倫理〉。

五、我們要如何保持學習與改善？

團隊的互動方法？小組的溝通氣氛如何？團隊成員保持喜歡學習

---

[5] 有關實體環境的安排如何影響成員的行為和互動，可詳參本書第十一章的討論。

的心？都深刻影響團隊運作的方式與潛力。

如何影響別人？人總是希望別人照自己的想法來做，每個人都認為自己是對的。有權力的人可以規定別人照自己的意思做，沒有權力的人，則可以藉影響別人來達到同樣的目的。特別是在團隊中的成員多為各有專長互不隸屬，在各種議題取得一致決策的依據不再是命令而是說服，不再是依靠組織層級而來的權力而是源自個人魅力的影響力。換言之，當組織愈扁平，愈依賴團隊運作完成組織的重要工作，團隊成員個別的影響力愈顯重要。

肆、團隊決策的制定

一、團隊決策的方式

國人經常對團隊決策提出「議而不決，決而不行」的譏諷。這種現象在公家機構尤其嚴重。民間企業受到市場競爭影響，不可能不決不行；加上企業主通常又都是胸有定見，決策行為常常是與議而不決正好相反的「決而不議」。許多人認為議而不決沒有行動力，決而不議過於獨裁；其實，不論是「決而不議」、「議而不決」、「議而後決」或「決而後議」，並非全無是處，而是各有適用的管理情境。

一般而言，形成團隊的功能有二：解決問題與蒐集和分享資訊；前者的重點在決，後者的重點在議。但形成團隊還有第三個重要

但常被忽略的功能——即作為一種象徵或儀式行為，據以表達解決問題或蒐集資訊的企圖與誠意。至於是否能夠真正完成這個企圖，則是另一個層次的問題了。換言之，形成團隊可能是用來顯現鼓勵或重視員工共同參與決策的象徵，在這時候，組織中存在團隊的形式意義遠比團隊的實質功能還重要。以下分別說明團隊決策的方式和適用情境如後。

1. 議而不決

即討論但不做決定的情形。適合議而不決的情境有三種，第一，資訊不充足、事緩則圓，企圖用時間來解決糾紛，不急著做決定。第二，形成團隊的目的在交換或蒐集資訊。許多企業主為了要有效地控制手下幹部，故意藉形成跨功能團隊，製造部門或幹部間的衝突，憑藉著部門間在會議中的爭論，以獲得寶貴的訊息。這些會議自然會流於議而不決。第三，當事者想解決問題，但是不知道該如何解決，所以用不斷的開會或組織專案小組來宣示其誠意，如國內治安不好時就召開全國治安會議等，讓人覺得政府是很認真地在解決問題，比是否真的在解決問題重要時，常有議而不決的情況出現。或是無法解決的問題又沒人要負責任時，亦會議而不決。

2. 決而不議

即做決定卻無充分討論的情形。適合決而不議的情境有三種：第一，企業必須迅速反應，沒有時間開會討論。第二，不至於影響到其他人的決策。有些決策只與個人或某一特定部門相關，自然就沒有必要勞師動眾地會議一番了。第三，決策成本不敷決策利

益。此即授權的根本依據，在授權愈高的企業，愈有可能發生員工自作主張，決而不議。簡言之，在有時間壓力或不重要的問題或決策不至於有太大的影響時，即常有決而不議的情形；相反地，當決策會影響別人則應避免未經討論即做成決議。

3. 議而後決

當面對重要的問題，影響者眾則需決策周嚴，則議而後決是應被採用的團隊決策制定的方式。基本上，議而後決不僅可收到集思廣益，決策參與的好處，且可對問題的本質多所掌握和了解，否則不了解問題卻著手解決問題，其成效堪慮。此外，議而後決此一決策方式的成本不貲，應慎用之，例如在教授治校的大學裡，常常發生一兩百位教授在校務會議裡為了一些雞毛蒜皮的小事或者發生機率幾近於零的問題爭論不休。在這時候，無論是用抽籤或用領導者裁定的方法來決而不議，可能都更有效率。企業界也常見到一些應該決而不議的事情，卻議而後決，造成效率不彰浪費成本。

4. 決而後議

面對重要卻時限急迫的決策，則會有決而後議的情形出現。所謂先斬後奏即點出決策時點的重要性。雖然迫於形勢必需盡速做出決策回應，但問題又具相當重要性或受影響者眾，則有再做商議討論的必要，以建立日後的決策規則和依據，減少此種決而後議的情形。對於制度未臻完整或正在快速成長的企業，特別容易出現此種決策方式，而可藉由決而後議來亡羊補牢，讓團隊決策日臻完善。此外，雖然有時候決而不議是最有效的決策方式，但

是，愈來愈多的現代人需要有「知」的權利。就算員工不在意決策的結果，卻仍可能在意被告知的尊重，而有決而後議的必要，以顯現對員工的尊重。當今政壇的許多紛爭，不多是決而不議的後遺症嗎？許多公司的重大政策可能是董事長早有定見，董事會或股東會的討論，只是個形式，也可以算是決而後議吧。

決策的考量或依據是什麼？

依據史丹佛大學的組織理論大師James G. March的看法指出，當我們做決策時，通常有兩個重要的考慮，一個是考慮可能的後果，另一個則是考慮決策者在當時的情況下，做這樣的決策是否得體。前者為「後果的邏輯」，後者為「得體的邏輯」（March, 1994）。舉例來說，一個有夫之婦在面對外遇的可能時，她馬上直接所考慮的問題是：「我身為人婦，不應該做這種事。」而能克制自己拒絕外遇，此係基於「得體的邏輯」的決策。但是，她也可能想：「我若是有外遇，會不會被老公逮到，逮到的後果是什麼？」，經過算計之後，她認為被老公發現的機率很高且後果堪憂，因而未發生外遇，此係「後果的邏輯」的思考。如果由「後果的邏輯」的觀點出發，決策者應該了解自己的目標，收集資訊，尋找各種行動方案，並計算各方案的可能後果，然後根據自己的偏好，做出「理性」的決定。若從「得體的邏輯」的觀點，決策者的決定是否合乎他的身份地位，是否符合社會文化的規約，則是決策者最重要的考慮。

二、克服團隊決策盲點

人，尤其是東方人，大和民族的日本人更是如此，基本上不喜歡衝突，不喜歡與人意見不同，喜歡討好人家順從別人的看法，因此，需要設計機制使成員願意表達意見，不懼與他人看法不一，腦力激盪法就是因此目的設計出來的作法——要求大家發言，且不可批評人家，如此可讓組織成員願意講跟別人不一樣的意見。基於以上，要制定好的團隊決策，十分不容易，需要克服團隊決策的盲點。克服團隊決策盲點的方式，說明如下：

1. 增加歧異性

除了社會壓力或人的需求關係，組織成員不傾向表達與別人不同的意見，更甚者，組織成員之間相處久了亦會益發相像，如學者有學者的味道，商人有商人的地位，或是所謂的夫妻臉，而容易出現決策上的盲點。因此，改善之道，如組織增加雇用不同專業背景的人，邀請學者或專業顧問參與企業內部會議，提供組織另類的分析與觀點等，都可增加歧異性來避免團隊決策的盲點。

2. 增加平等性

所謂增加組織的平等性，即讓員工不擔心與主管意見不一致。改善的方式如在團體討論時，由官小的先發表意見，官大後發言，因為官階高的成員比較不怕與別人意見不同。或是討論時，各成員以名字稱呼而不用職稱，以改變氣氛。或是利用角色扮演，由總經理演科員，科員演總經理，以創造互相體諒的文化。

3. 增加客觀性

如何讓團體思維時有客觀性？改善的方式是採用所謂的魔鬼代言人（Devils Advocate）方式，係指派一個成員，其被指定的工作就是在開會時唱反調，如此，因為職責所在而唱反調，被質疑的成員比較可以不以為忤，負責批評的人也不會有太大的壓力，當然唱反調人要由各個成員輪流擔任。即使組織已達成決策共識，主持人亦可以要求每一個參與者要唱反調，提一個反對的理由和看法，以增加組織決策的客觀性。

4. 增加選擇性

有一實驗的內容是這樣的，先由實驗主持者在白板上寫一個數字，但對此一數字未做任何解釋，然後，問實驗者不知道答案的問題，如世界上有多少種類的昆蟲等，此時參與者有意無意會受到白板上所寫數字的牽引，而給的答案會或多或少接近主持者在白板上所寫的數字，此為所謂定向（Anchoring）。

團隊討論時亦有類似的現象，有人在一開始提一個意見，然後參與者就會受其牽引，討論相關的議題。因此改善的方式在制定任何決策時，要有3～5個選擇方案並陳。例如買房子，不是決定買或不買一個特定房子，如此容易受到牽引，忽略該注意的缺點或優點而導致決策偏誤，而應有3～5個房子作比較評估，買房子該注意的事項可以在這樣的比較評估過程中被凸顯出來，而有益做出周嚴周詳的決定。

伍、團隊管理的教戰手冊

綜合本章以上的討論，彙總團隊管理的指導原則，包括了解什麼是好的團隊、如何建立團隊運作機制、如何改善團隊的效能，以及轉化團隊的短期戰鬥力為組織長期競爭優勢之道。根據海勒（Robert Heller，1998）的架構可以列出團隊建立的步驟如後：

1. **什麼是好的團隊**——為能落實成立團隊的目的，好團隊的條件包括：每個成員都有其價值、仔細並認真對待團隊的目標、成員間相互支持、將長期目標化做許多短期專案，以及每個短期專案都要有清楚的時限。亦即，為能配合團隊任務的達成，團隊必需儘早決定適當的團隊形式與風格、設法使團隊成員之間有良好的關係。所有的成員都是團隊參與者且有不同的思考方式，為能有效協調整合所有成員的努力，團隊目標要可以測量，才不會使團隊失去焦點，且需善加運用友誼強化團隊的力量。除此之外，平衡團隊內成員的技能是十分關鍵的，因此，在招募團隊成員時，應注意其成長潛力，以及是否具有良好的人際能力，而在發現團隊中有成員不適任時，應即予以淘汰。

如何制定具有激勵作用的團隊目標？

團隊目標要具激勵性的前提，需把長期目標轉化成許多個短期的專案來執行。例如EMBA同學畢業後的長期目標是事業生涯更上層樓，如此，就需將此長期目標轉化成許多個三個月或其它期限的專案來執行，以保證長期目標的達成。

2. **建立團隊**——建立團隊的首要之務是設立目標，為成員設定在工作時限內實際又有挑戰性的目標。目標確定後，團隊需進行外部管理，爭取支援，讓團隊的支持者了解團隊的進度與狀況。有目標有支援後，則需致力建立成員間的信任，不要授權別人做不必要的工作。同時，為極大化團隊績效，應認同、鼓舞和慶祝所有的團隊成就，找到能展示團隊進步的方法，鼓勵成員在團隊內尋找工作夥伴。更重要的在於創造能自我管理的團隊。

> **好的團隊必須是能自我管理的團隊，如何培養團隊的自我管理能力？**

把使用者放在決策考量之中不是件自然而然的事。同樣地，團隊是否組成後就具備自我管理的能力也不無疑問。確保決策時把顧客的需求放在考量之中，端賴制度和結構的重新設計，例如取路名，或是學校教室要改裝潢，應舉辦公聽會，讓行人、用路人、學生、老師等相關使用者有表達意見的空間和機會。同樣地，要讓團隊具備自我管理的能力，給予成員自行制定決策並負擔成敗的學習機會是絕對必要的。

3. **改善團隊效率**——團隊有了目標、基本的運作機制後，緊接著的是持續不斷改善團隊效率的努力。首先分析團隊動力，協助團隊成員改變被動的習慣，讓帶給你問題的人，提出解決問題的方法；其次，有效地溝通，讓成員有親密的接觸機會，減少溝通障礙，並有成員聚會討論的空間，鼓勵成員間無拘無束地溝通[6]。在開會時應由大家輪流做會議主持人。除團隊內的互

動，亦應重視與團隊外成員分享資訊，與組織其他部門建立社會關係，特別是與團隊支持者間的互動與分享。第三，鼓勵創意思考。最後要能公平地對待每位成員，在沒有確切證據時，不要先認定成員是故意搗蛋，不論如何，都應尊重每個人。

你尊重別人嗎？尊重需要學習嗎？

尊重是需要學習的。但不幸地從國內日常生活環境的規劃建置，讓我們經常忽略不同人的存在和需要。例如行人路權被剝削，導盲磚胡亂鋪設，讓盲人走得危險重重……。如此明顯的弱勢族群在台灣都得不到起碼的尊重，更遑論興趣偏好的差異、價值觀的不同、審美觀的多元等，往往都只能從眾或壓抑。不論是從眾或壓抑都會讓團隊集思廣益的效益不復存在。因此，改善團隊效率，要鼓勵創意，要資訊分享，最根本的前提即在尊重團隊中的每個成員。就如同企業經營需重視顧客的需要，其實既是企業獲利的手段，亦是企業尊重顧客的具體表現。

4. **為未來努力**——團隊的運作應有未來性，讓好不容易建立的團隊運作有延續的可能。因此，首先應讓每位成員知道考評的方式與標準，避免掉入忽視壞消息的陷阱；其次，持續團隊訓練，期待每次聚會團隊都有進展；第三，獎勵績效，盡量讓員工參與獎勵辦法的制定，並應避免採用等級表，以免打擊後段成員的士氣。第四，適應變革，團隊應有專人監督市場的相關變化，並尋找能夠推動變革的人，來克服成員對變革的抗拒。

---

6 鼓勵溝通的政策之一有所謂的開門政策（open-door policy），係 指任何時間都可以寄電子郵件或找主管，不需經秘書安排，即使是經秘書安排，秘書不會斷然拒絕。

最後，建立未來的目標，定時評鑑每個人的職業生涯進展，記住並鼓勵曾幫助團隊的每個人，即使團隊結束後，仍應與團隊成員保持連絡，以備未來之需。

彙總

由於專業分工和市場激烈競爭，企業運作愈來愈難依賴個人的聰明才智或是僵固的組織層級，來面對快速即時和專業回應的經營挑戰。團隊，作為決策和執行的作戰單位，具有集思廣益、彈性多樣、截長補短的優點，在講求速度和專業的市場時空裡，益發顯得不可或缺。

但團隊如何運作？如何發揮團隊的優點，減低團隊運作的缺點？則是隨之而來的企業經營課題。本章首先區別團隊和群體的差別，並說明團隊運作在企業經營的重要性。其次，介紹不同的團隊類型，並探討影響團隊運作效能的構面，包括團隊所在的情境、團隊的內部流程以及團隊的績效。其中本章還針對團隊內部流程，整理出團隊五問，以作為團隊健康查核表，讓團隊成員得以自我檢視團隊運作是否順利。

此外，團隊如何制定決策？基本上團隊制定決策的類型包括：決而不議、議而不決、決而後議以及議而後決，各個決策類型沒有絕對的好壞，而是決定於團隊的目的和所處的管理情境。同時，為改善團隊決策品質，組織必需有效克服團隊決策的盲點，可行的作法包括增加歧異性、增加平等性、增加客觀性和增加選擇性

等。

最後，本章彙總團隊管理的教戰手冊，從團隊的形成開始到團隊的未來發展，分別從 (1) 什麼是好團隊、(2) 建立團隊、(3) 改善團隊效率、(4) 為未來努力，提供實務工作者清楚具體的指導原則，以有效從事團隊的經營與運作。

問題討論

1. 何謂團隊？你認為如何讓團隊有效地運作？

2. 如何改善你的團隊管理方式？請回顧你的經驗，以實際例子說明值得分享的心得，或是待解決的團隊難題。

參考文獻

葉匡時，1996，《總經理的新衣——打破管理的迷思》，台北：聯經。

葉匡時，1999，《總經理的內衣——透視管理的本質》，台北：聯經。

葉匡時，2004，《總經理的面具》，台北：聯經。

Ancona, Deborah., Kochan, Thomas., Scully, Maurenn., Van Mannnen, John., & Westney, D. Eleanor. 1996. *Managing for the*

Future: Organizational Behavior and Processes. Cincinnati. OH: South-Western College Publishing.

Heller, Robert. 1998. *Managing Team.* London: Dorling Kindersley.

March, James G. 1994. *A Primer on Decision Making: How Decisions Happen.* New York: Free Press.

辦公室設計

人與實體空間是有對話的，
有互動的。

學習目標

1. 了解實體環境對組織成員行為影響的重要程度
2. 學習辦公室設計的演變與考量因素

導論

很多人或許會覺得建築物是冰冷的，固定不變的，沒有感覺的，
無法與人互動的。但以下的例子說明實體空間如建築物或辦公室
內的佈置等是會與人對話的，對人的行為有重大影響的。去過美
國迪士尼樂園的人都會覺得迪士尼樂園很大，很乾淨，因此身在
其中很自然不會隨便丟垃圾；但在台灣的都市裡，隨手丟垃圾好
像是件很自然的事。又例如在高爾夫球場隨地吐痰，會覺得有失
身分；在教堂的建築給人宏偉、莊嚴的感覺，自然令人覺得自身
渺小，行為不敢放肆等，都是環境會影響人的行為的明確例子。

最早提示實體空間可以傳達社會意義的研究，當屬三十年代梅友
（Elton Mayo）所主持的霍桑實驗，此一實驗發現不僅開啟管理
行為學派的研究，同時，也強調藉由實體空間改變，向員工傳達
不同的社會意涵，是一不可忽視的管理工具。

顯然，實體環境的設計與佈置，除了必需考量實質的功能外，如
照明、排水、通風、採光、功能外，還需考量實體環境所蘊含的

社會意義，以使辦公室的設計更能符合組織的定位、企業形象和達到鼓勵員工達成組織目標的功能。以下本章首先說明實體空間的功能與意義；其次，討論辦公室設計的演變；第三，分析實體空間設計的考量因素；最後，討論資訊科技持續進展，對於實體空間設計的可能影響。

壹、實體空間的功能與意義

哪些是組織的實體結構呢？舉凡公司地理位置、辦公室設計、廠房佈置等等都算是組織的實體設計之一。人與空間的互動對話是很有趣的，比如辦公室通常會設計成可以讓員工努力工作的樣子，而教室呢？就應擺設成有如聖壇般，讓學生能以謹慎恭敬的心來學習。正因為人受到建築物設計的影響非常大，所以我們一定要重視建築設計。

很多建築物都有一個被人們認為合適的樣子和形狀，例如寺廟、教堂、法院、國會、博物館、靈骨塔等，以傳遞特定的訊息和印象。辦公室設計也是相同的道理，要有一定的佈置和外觀設計，讓員工身在其中自然會努力去執行組織要完成的工作。可見，實體結構無形中具備資訊傳達的功能，企業可以藉此表達出想要對外顯露展現的企業形象，對內所要強化的組織文化和價值。

例如台灣的總統府是日治時代的總督府，其外型就顯現出權力、尊嚴的感覺。不過，因為解嚴以及民主的變遷，現在總統府前的

馬路開放機車亦可行駛，給人的感受就完全不同，漸漸趨向民主的英、美等國首府給人的感覺，如白宮給人的感覺是尊嚴但也帶有溫暖的感覺，而英國首相的住所則如一般民宅公寓般的平易近人。

基本上實體空間的功能與意義，可從三個不同的層次來分析，分別是企業的地理位置、企業的建築物和辦公室的整體設計。

一、企業的地理位置

當企業要考量總部設立位置時，往往先想到人才在哪裡？哪裡人才多，總部就設在那裡。今日大企業多將總部設在台北而不是高雄，就是這樣的考量，但是這卻造成了一個惡性循環：因為高雄人才少，所以將總部設在台北，結果高雄人就往台北跑，然後人才就更少了，高雄也因此就業機會更少！像中山大學教授的妻子，雖然大多是擁有高學歷，不過她們往往是在家帶小孩而沒有出外工作，然而台北的大學教授卻多是雙薪家庭，之中的差別，就是因為高學歷的教授妻子在高雄很難找到適當的工作所造成的分別。

再來的考量則是對外交通的便利性。便於對外溝通的地點是最佳的企業總部設立地，因為台北經濟好，是台灣對外的窗口，所以企業總部多設在此。台北市對台灣來說是非常特別的城市，政治、經濟、文化都集中在此，因為對外溝通方便的優勢，造成北高兩市差距越來越大，就像經濟成長後貧富差距會越來越大一

樣。這種情形常會出現在高經濟成長的發展中國家,且經濟成長越多,差距越嚴重。

即使高雄有這麼好的條件:有山、有水、高雄港腹地大,但缺乏如台北對人才的聚力、拉力,即使地價相對台北便宜許多,因為沒有吸引人才的產業存在,很難吸引企業將總部設在高雄。此一現象不獨獨發生在台灣,現代已開發國家已出現單城市化國家的趨勢,例如談到台灣就想到台北,法國就想到巴黎,日本就想到東京(大阪則類似台灣的高雄),中國大陸就想到經濟的上海、政治的北京。

美國矽谷就是因為地理因素而成為許多高科技產業的發源地,包括在西雅圖起家並設立總部的微軟公司也在矽谷成立研發中心。柏克萊加州大學教授薩克瑟尼安(Anna Lee Saxenian)在其《區域優勢》一書中曾經比較以美國波士頓128公路為主的早期電腦公司,以及以矽谷為核心的高科技公司。結果發現矽谷因為生活機能、人際網路互動條件等因素而後來居上,成為新興高科技公司的發源地與集中地。可見,辦公室地理位置的重要。台灣許多公司,就算不是很高科技,也千方百計要擠進新竹科學園區,或是台北內湖重劃區,也是要圖個地理位置的優勢。

二、企業建築物的外觀與周遭環境

古有孟母三遷,即在說明周遭環境對個體行為影響的重要性。企業選擇總部設立的地點後,接下來要考量的是地點所在的周遭環

境，不可不慎。如果企業總部地點的周遭環境是傳統菜市場等人聲鼎沸的嘈雜場所，很難讓人將公司與卓越、現代、科技或精準的企業形象聯想在一起；同樣地，如果周遭環境盡是機關法人或政府部會，也很難讓人覺得位在其中的企業是歡樂的、時髦的、輕鬆的和休閒的。因此，企業所選擇地點的周遭環境沒有絕對的好壞，但應該重視周遭環境予人的感覺和印象是否與企業所要傳達的印象是一致的。

此外，企業總部的建築外觀也有相同的重要性。過去限於經濟發展的程度以及國民對建築美感的評鑑能力，台灣建築物幾乎沒有特色可言，全是清一色的長方立體形。但隨著容積率的實施，建築物的外觀已可有相當的變化和設計的可能性。建築物的外觀和周邊的設施，很明顯地展現出建築物對觀賞者的意涵。例如常見的麥當勞，分佈全省200多家分店的建築外觀，包括色彩、照明、佈置、招牌、麥當勞叔叔落地窗式的設計等，都清楚準確地向它的目標顧客傳達迅速、清潔、歡樂的訊息。同樣地，簡單觀察台灣各銀行的外觀選擇與設計，不難發現，在本地銀行還停留在換招牌字體和顏色的同時，花旗銀行是其中少數注重整體建築外觀和周邊設施的銀行，以更具體地向顧客傳達專業、值得信賴、現代科技的金融服務。

企業總部的成本效益分析

台灣的企業集團，尤其是在台北信義計畫區裡的新光、中國信託等等，他們的大樓都蓋得很高，一方面反映地價高昂的成本，另一方面更是作為企業形象的具體表徵。有些企業主更以擁有五星

級大飯店，來經營政商關係。但稍有不慎，不計代價的構築企業總部卻可能為企業經營帶來危機。以高雄長谷建設公司為例，興建台灣第一棟超高層大樓，的確對集團形象提升做出貢獻，但因為大樓地點不對、賣像不好，再加上人才流失，興建企業總部所花費的金錢難以回收，而只能利用此大樓進行公益活動、辦演講和展覽，以及方便和政府官員接觸交流的場所，如此代價不可謂之不大。長谷建設的負責人雖然為人正派，經營也非常努力，公司後來還是落得下市的下場，與該公司建設這五十層大樓的決策不無關係。

三、辦公室的整體設計

實體設計與產業性質需求有關，不同公司設計自然就應有所不同。例如英特爾致力創造平等的企業文化，總裁並沒有專屬自己的密閉辦公室，只是有個靠窗戶的辦公位置。然而，雖說人生而平等，但由於企業內有一定的分工，自然就會有階級，權力關係也會自然出現或改變，就像公司若只有一個掛衣架，大家掛著掛著，到最後就只有總裁掛而已。亦即，組織成員的不同風格，會漸漸改變實體布置的；同樣地，實體佈置也會對員工的行為產生深刻不知覺的影響。辦公室的整體設計可分以下幾個構面說明：

1. 裝飾與色調

不管是企業辨識系統或辦公室裝飾與色調，都可以改變辦公室形象，因此端視組織要表達的內容而擺設。過去醫生是專業的、威嚴的、讓人敬畏的，所以診所和醫院的內部空間多限於單調的裝

飾和色調，來讓病人信任醫師的專業。但慢慢地，醫師除了取得病患的信任外，還被期望是親切的、熱誠的、平易近人的，因此可以觀察到診所或醫院所採用的裝飾或色調已開始趨向豐富和多變化。

2. 動線設計

員工活動行進的動線是辦公室設計時特別值得重視的議題。例如廁所應該要放在哪裡之類的問題。由於廁所可說是辦公室員工最容易碰面的地方，如果分層設男女廁，一樓是男廁的話，二樓就是女廁，讓員工多爬樓梯，增進互動。又例如企業擺設其咖啡廳的位置時，應該要設在方便員工進出、可以讓他們聊天的地方；而研究單位的研究室設計也是很重要，要讓其研究員活動時多經過其他人的研究室，讓他們互動、激發靈感。像寶鹼在辛辛那提的總部大樓就設置了手扶梯，取代原來的升降電梯，讓員工見面的機會增加，並以加輪子可以活動的中央檔案系統櫃讓員工使用，設計較寬的走廊讓這些檔案櫃可以移來移去，使人員增加接觸。

簡言之，辦公室成員最經常去的兩個地方——廁所和茶水間，位置和動線設計會關鍵影響組織成員間的互動。如果辦公室設計時，思考到如何創造成員間互動機會的話，就要用心設計廁所和茶水間的位置，來讓成員有多的互動。

3. 空間大小

像是華碩的施崇棠，他的辦公室不但很小，且椅子也不怎麼奢華，這就給外界一種華碩很儉廉的感覺。相反的，台灣官員們的辦公室都很大，但使用率很低，實是一種浪費。像教育部在中部、南部都設有一個部長辦公室，部長卻難得到中南部辦公，有這麼兩間辦公室的意義除了增加氣派階級之外，又有什麼意義呢？辦公場所有時還真是個很弔詭的地方，通常地位最高的人有最大的辦公室，但是，偏偏他又常常是最少來辦公室的人。按理說，講求效率的企業不應該會有這種不一致的現象，但辦公室具有權力地位的象徵，有時候，效率的重要性還是不如彰顯權力地位來的重要。

4. 空間分配

辦公室整體的設計除了考量空間大小，公共空間和私有空間的比例應該要多少？如何擺置公共空間（指走廊、中庭、餐廳、咖啡廳等的設置）？亦十分重要。假如公司希望員工互動多一點，那麼在辦公室設計時，就應該要多一些公共空間，像台北市政府的廣場就是為了讓市民互動而設計的，市政府內部的公共空間也很大。

辦公室的空間為何總是不夠？

如同很多人對道路需求量的預測一般，認為道路會刺激更多人成為用車人，而終難達到舒緩交通的目的。當企業成長，原有的辦公空間不敷使用而移遷他處，但不需幾年光景，辦公空間又不夠

用。究竟辦公室是不是真的不夠用？買或租更大的辦公空間是否可以解決空間不足的窘境？此與成員對「領域」的觀念密切相關。所謂領域觀念，會導致原先開放的疆界進行劃分，進一步形成群體辨識。例如在辦公室裡某些地方或角落總是固定被某些人使用，而漸漸導致領域形成。以中山大學管理學院為例，當空間不足時校方的回應方式，是把一些原屬公用空間隔間作為新老師的辦公室，犧牲公共空間，而未檢討為什麼要那麼多系所辦公室、各種研究室呢？為何不合併私用空間，保留公用空間？台灣的政府機關也是一樣，大家一直想要更多的私人空間，例如高雄的公務員訓練中心一蓋好，馬上就出現空間不夠用的問題，即是因每個人都要多一點空間造成的。因此，根本的解決方法是大家的觀念要先改變，約束個人無限制地分隔公用空間，如此才不會老是有空間不夠用的問題。同時，政府也應該用一些控制方法來抑制這種貪而無饜的心態，否則小而美的政府是永遠達不到的，即使不斷地精省或精鄉鎮都沒用。

因為每個人都想要擴大自己的空間，這就像高速公路再拓寬也沒用一樣，因為路拓寬的速度永遠也趕不上汽車數量成長的速度。同是華人為主體的新加坡、香港即使像台灣般地狹人稠，仍擁有相當寬裕的公用空間，主要原因即在領域觀念的差異。

貳、辦公室設計的演變

一、辦公室是展現權力的工具

1950至60年代期間，美國流行蓋摩天大樓，把大樓視為權力的象徵，力量的彰顯。許多大公司在早期強調階級嚴明的組織中，通常職位愈高的經理人，辦公室的樓層也愈高。通常頂樓是只有副總以上的經理人才能用餐的餐廳。高階管理者地下室有專用停車位，然後搭乘專用電梯，進入專用辦公室，用餐是在專用餐廳，高階管理者可以在不與任何員工接觸的情況下，制定組織重要的決策。

同樣地，台灣許多企業的董事長和總經理總認為辛苦一輩子只有在專屬的辦公室，才可以顯示出自己的權力與地位，因此往往位置最佳、視野最好、空間最大的辦公室就是董事長和總經理的辦公室。但由於職務關係，這個最好最大的辦公室，也往往是最少被使用的辦公室，實不可不說是資源浪費。

從辦公室看組織的領導哲學

台灣企業辦公室的擺設傳統是官小的在前面，官大的在後面。但反觀香港李嘉誠的兒子李澤鉅主張：「領導者最重要的工作，是取悅員工」，所以自己的辦公室沒有窗戶，有窗戶有視野的辦公室都給員工。換言之，辦公室設計的關鍵，究竟是作為權力地位分配的展示，還是促進辦公室成員的互動，提高生產力。若為前者，權力高者自然佔最好的辦公室；若為後者，則可看出辦公室

物理環境的設計，十分注重創造成員互動的動線規劃。

其實，台灣許多新興企業對辦公總部的觀念已經在轉變，視野最好空間可能會保留給員工休憩中心、會議室乃至於咖啡吧台等。設在中壢的彩色濾光片製造廠展茂光電就把視野最好的辦公大樓頂樓，留給員工當餐廳；視野次佳的十樓則設有員工俱樂部包括3間KTV、2間高爾夫揮桿練習室、以及男女各一間的蒸汽室。

二、辦公室是激勵成員生產力和創意的場所

目前許多國際公司的辦公室設計已不再以辦公室作為身份職位的象徵。以美國微軟在西雅圖的辦公空間為例，整個公司的辦公環境像是大學的校園，每棟樓都只有一層或二層，每個樓層由使用單位自行設計，沒有專用停車位，早到的人就停在離辦公室比較近的停車位，晚到的就停在比較遠的地方。辦公空間設計的想法在強調互動、網絡和平等的關係。

另以筆者畢業的美國卡內基梅隆大學為例，過去該學院已先後有五位經濟學諾貝爾得主曾經在該校管理學院任教過，另亦創造出很多嶄新的學術研究領域，此一令人稱羨的學術成就，與其促進互動的實體環境設計或不無關係。在卡內基梅隆管理學院，原則上每四位老師配置一位秘書協助老師們處理教學、研究各方面的工作。學校的作法通常會刻意地將同一位秘書分配給不同領域如經濟、社會、政治等的四位老師，從各個老師與秘書的互動，創造出不同領域教授間的互動機會，進而創造出很多創新的看法。

例如，組織理論著名的卡內基學派主要人物Richard Cyert, James G. March, 以及賽蒙（Herbert Simon），Cyert 是經濟學家出身，March是政治學家出身，賽蒙則算是心理學家兼行政學家出身。

再以全世界最大的家庭用品寶鹼(P&G) 公司為例，最近亦從傳統總部式、升降梯式的辦公室設計，進行改變為鼓勵員工改搭手扶梯，增加大家見面和交談的機會；同時，餐廳也不再有職位層級的區別，期望利用辦公室的設計來創造不同部門間的互動，如此組織的創意和和諧都會增加。

更進一步，實務界已出現所謂的走動式辦公室。以國內的生產力中心、IBM公司和惠普公司均已採用走動式的辦公室，即組織成員沒有固定的辦公位置，於進入辦公室時，再利用電腦來分派可使用的辦公空間，電話亦會隨之轉到所指定的位置上。此外，還設置非常舒適的討論空間 (lounge)，其中有非常好的沙發，非常好的咖啡和非常好的抬燈。以生產力中心為例，設置的辦公空間僅佔全部專業人力的三分之一。如此不只達到辦公室空間的充分利用，更積極的意涵在有效增進組織成員間的互動、彼此了解和進行合作的可能。

同時，業界亦開始採用另類的辦公室設計，例如，代理Aveda的肯夢公司辦公室的中心點是一個大廚房，內有大餐桌、大冰箱和僅能烹調西式食物的簡單爐具，讓員工可在餐桌旁開會，生活和工作的界域不再如此清楚劃分而趨於模糊。至於私密的電話，公

司則闢有一隔音的玻璃室，方便員工使用。

實體空間設計的診斷

以國立中山大學管理學院的設計為例，中山大學管理學院係採天庭式設計，天庭式設計的好處為可促進天庭四周辦公室成員間的互動，而天庭四周的辦公室也應該是對組織而言最重要的辦公室。因此，從學術教育機構的目的而言，理想的辦公室配置方式應是，將二至四樓天庭周圍的空間留給老師當研究室，如此可有益促進老師間的互動，同時，老師研究室之間則可設置小型的討論室或研究生的研究室，一方面有益同儕壓力的形成，另一方面可激勵老師經常出現於研究室。至於負責行政工作的各系所辦公室，由於各系所辦公室較無互動的需要，可設於一樓的長廊，以方便同學及各相關人員接洽公務。至於教室因為僅供上課使用，不同教室內的學生互動需求有限，隨長廊排列即可。但中山大學管理學院現行的設計卻相反行之，老師之研究室係設於長廊，系所辦公室設於天庭周圍，如此實未充分利用天庭式建築可為組織帶來互動交流、激發創意的優點。

綜合以上討論，不難體會辦公室設計已出現重要的思維改變，傳統為如何藉辦公室的位置、大小和裝潢來展現個人的權力、地位和重要性，目前主流的思維則是如何讓辦公室的員工可以打破彼此的界域，增加互動，激發創意。

國內企業最經常觀察到的現象是最大的辦公室往往是最不常使用的辦公室，如此是很不符合經濟效益的。換言之，花太多力氣把

辦公室當作是權力的象徵，而忽略思考什麼樣的辦公室的實體位置與配置，有益增進組織成員的互動。這個部分在台灣還是個完全被忽視的領域，值得更多的注意和了解應用。

基本上，好企業更是應該對其辦公室設計仔細考量。以往企業的總部，外型都是以高樓大廈的形式，呈現出一種莊嚴氣勢，大樓的最頂端也往往是董事會的會議廳，或是資深總裁的辦公室，門廊也會掛一些名畫以彰顯氣質，作為一種地位、權力的表徵。

現在新興的企業組織，如美國的微軟或是台灣的工研院，多以校園網路型的建築物來設計，表示一個無權力階級、可以平等學習的組織，徹底地運用建築物的象徵意義。

雖然台灣因為土地有限、價格昂貴，新興組織的設計概念很難全面採用。以宏碁位於桃園縣的渴望園區為例，雖然整體規劃良好的生活環境，但因為目標顧客多在台北工作，生活機能並不理想，而致需求不高。相對地，在美國因為都市鄉村化、鄉村都市化已緊密連結，所以在城市內建築一個校園式的住宅，不但可符合組織成員生活機能的需求，更可展現企業重視平等學習，創新創造的意義和價值。

二〇〇〇年以來，許多金融公司在信義計畫區蓋企業總部，也有不少高科技產業在內湖或新竹蓋總部大樓，如中信金控、國泰金控、台積電、光寶等。這些總部大樓在外觀、內部設計都開始呈現出與傳統企業極不相同的味道，顯然他們已經體認到辦公大樓

設計的重要性。

參、實體空間設計的考量因素

當經理人開始體認到企業實體環境對成員的行為具有顯著影響力時,企業應該如何來考量實體空間的設計?以下因素已獲得實證研究的支持,可以顯著地左右員工的行為表現 (Robbins, 2001)。

一、空間大小

係指每位員工所擁有的空間大小。過去影響員工可用空間大小的關鍵因素是職位高低,職位愈高,可擁有的空間愈大。然而,在追求平權的趨勢下,職權高低已不再是分配空間大小的重要依據,且減少分配給特定個人可使用的空間,增加提供給群體或團隊活動所需的公共空間。

據估計在過去數十年,組織管理階層可支配的空間減少約25～30%,此部分係因節省經費的考量,刪減空間以節省成本;另一部分則來自流程改造以及組織扁平化的影響。由於工作被重新設計,傳統的結構層級被團隊的運作方式所取代,也因此大型個人辦公室的需求大幅銳減。以台灣惠普為例,走動式辦公室的設計的確讓公司可以多增加約三分之一的人員編制。

在過去，如IBM和通用汽車等大型企業，係以每個組織層級來劃分所需要的辦公空間。例如資深執行長擁有800平方呎的辦公空間以及400平方呎的秘書辦公室。事業部主管則可以有400平方呎，單位經理人120平方呎，領班或基層主管則只能有80平方呎的辦公空間。但今天愈來愈多的組織係以開放式的隔間取代過去完全可以密閉的辦公室，且每個隔間都一樣大小，不再因管理職位的高低有所差別。

若有任何額外的空間可以運用時，現在的組織不再是分配特定的個人，而多會作為組織成員可以討論或團隊可以工作的場合。這樣的「公共空間」可用作同事見面閒聊增進感情知識分享、小群體討論或團隊成員一起工作以解決問題的地方。

一流的機構從實體環境做起？

台灣一般政府行政機關的辦公室，或是國內企業的辦公室，經常給人的感覺是凌亂、不明亮、沈悶和廁所不乾淨。作為一個受尊敬的企業、學術機構或組織，基本的展現就在辦公室予人的感受。其中又以清潔整齊是最基本的要求。如果組織連實體環境維持清潔整齊的要求都做不到，實在很難讓人相信組織擁有成為一流或領導機構的企圖和能力。

二、空間安排

空間大小係指每位員工所擁有的空間；空間佈置係指成員和設施之間的距離遠近。如同我們之前所討論的，實體空間的安排對於

成員之間互動有相當重要的影響。許多的研究都肯定指出，實體距離愈接近，彼此互動的可能性愈高。因此，成員的工作地點會決定這位成員是組織的「局內人」或「局外人」。例如你是否位在公司社會資訊交流的網絡上，相當程度係決定於你在組織中的實體位置。

在台灣向來被業界看重的辦公室風水，近年同樣在美國企業引起重視。不如工廠動線或機器安置有嚴格的規則要遵守，辦公室內要擺設那些傢俱，如何擺設相當程度係由經理人自行決定，因此其擺設的方式可作為經理人對來訪者的一種訊息傳遞。例如，僅僅是桌子的擺設方式，若桌子被放置在來訪者與被訪者中間，通常會讓來訪者覺得談話的內容必需是正式的、嚴肅的、下對上的；相對地，若可以毗鄰而坐，那談話的內容即會比較傾向自然的和非正式的關係。

小細節大學問——辦公室隔間高度應該要多高？

台灣一般辦公室的隔層偏高，如此即使互為鄰居的組織成員，也不容易有互動。當然如果當初設計的目的就是成員專心工作，不要有互動，那另當別論，否則小小的隔層高度卻失去成員互動可以衍生出的組織信任、創意和和諧，殊為可惜。

三、個人隱私

保障隱私是個人可擁有空間大小和空間安排的部分功能。隱私能否受到維護尊重還受到隔間、隔音和其它具體隔離的影響。近年

最廣被辦公空間設計所採行的作法是以開放式的隔間取代傳統有門有牆的封閉性空間。後者維護隱私而前者則促進溝通互動。據估計約有四千萬的美國人，接近60%的美國白領階級是在開放空間中工作。

為增進彈性和組織成員合作的可能性，組織致力排除各種可能的實體障礙，如門、牆和封閉性的空間。即使組織愈來愈傾向開放空間的設計，但依然必需為需高度集中心力工作的成員設計不受干擾的工作空間，例如微軟、蘋果電腦和Adobe System都持續提供軟體程式設計師專屬個人的工作空間。雖然軟體程式設計師偶而需與他人合作，但基本上依然是份需高度專心的工作。最好的工作空間依然是隔離式的封閉空間，來阻絕其它成員隨意的干擾。

此外，前述走動式辦公室雖然在使用彈性和增進成員互動合作有相當顯著的效益，但在隱私的維護上則遭到員工不少的抱怨和質疑。雖然今天創意和互動已成為辦公室設計的主要關懷，但因此對隱私顧及不週的地方，究竟會對員工生產力造成什麼樣的影響？則還有待更進一步的研究。

綜合以上的討論，以下以國內中小企業實例，說明辦公室設計的新典範。

肯夢公司 (Aveda) 是一家代理Aveda精油以及個人保養產品的公司。肯夢辦公室的設計非常獨特，值得參考。

傳統的辦公室布置多以群組排列，四五個人將其辦公桌湊在一起工作。但肯夢則採用一個不同的理念——以互相依賴為基礎來設計辦公室的空間。為能將員工的工作和生活加以調和，辦公室中除了原來辦公桌、會議室等基本設施外，還安置了廚房、儲藏室、健身房、透明玻璃屋（做休息、思考用），每個佈置都有其獨特的任務考量。

此外，肯夢的所有檔案是擺在一起共用，藉由開放共享來增進組織成員間的信任感，並有一個空間讓大家擺放想與同事分享的私人小物品。垃圾桶不但外型美觀，且可分類回收；廚房的設置則帶來家的感覺，整個辦公室是一個完全開放的空間，廁所內有電話，可保護個人通話隱私等。

以上種種辦公室空間佈置的細節，都向員工持續傳遞組織重視成員互動、創意、開放、共享的組織文化和價值，可說是相當成功的辦公室設計。台灣企業以往多不重視辦公室設計，現在則已有慢慢改善的趨勢出現。

大學圍牆是維護安全或是戕害校園自由？辦公室隔間是確保專心工作或是阻斷交流產生創意？

哈佛大學雖貴為美國的最高學府，但校園沒有圍牆；相對地，台灣大學校總區的圍牆很長，這幾年台大的圍牆已經改成半開放式，牆外人可以很容易地看到牆內，也算是個改善。以往新生南路與羅斯福路交會的大門沒有圍牆，前面花園是個廣場，在七○年代，很多人士會在台大校門前的廣場舉辦集會，交換民主的意

見，但當年校方藉蓋花園來斷絕黨外人士的集會，可知建築（如此例中的花園）反倒違反原先強調校園自由的設計理念。

肆、資訊科技對實體空間設計的影響

觀念澄清——辦公室凌亂是成員習慣不佳，難以改善？

1997年，世界手機第一大廠諾基亞在芬蘭興建的總部大樓落成，馬上成為企業總部的新標竿。在這個總部大樓裡，每個員工都可以看到窗外的芬蘭湖和森林，高速光纖縱橫在建築結構中，員工在辦公室裡裡外外都有舒適、方便、創意的環境互動。

在網路的時代，辦公室的設計必須有完整良好的網路通訊設備，甚至處處可以無線上網。然而，企業要體認到，辦公室不只是個員工工作的地方，更是一個員工學習以及生活的所在。在知識經濟時代，如何透過辦公室的設計促進員工形成一個學習與生活的社群，產生有用的知識是現代企業最重要的任務之一。因此，辦公室設計要考慮到人們學習的習慣，創造學習社群的可能。

透過設計，辦公室的凌亂也可以克服改善。以寶齡為例，除了改變辦公室的物理環境外，在資料處理上亦做改變。過去是每個人都有一份相同的資料，但現在則推行公用資料櫃，可以移動也可以借用，如此從效率的角度，統一資料儲存呈現的方式，避免資料不知何處尋的混亂；此外，還可提高資料的使用效率，並增加知識存在公共領域的程度。另一方面更積極的作用在可增加人

員的互動。

組織的實體環境，包括地理位置、週遭環境、建築外觀、週邊設施、內部的佈置和擺設等，會對組織相關成員的行為造成深刻的影響，包括經理人、員工、顧客、供應商、社區居民、以及其它需與組織互動的個體。

有意或無心形成的組織實體環境，對於想要了解組織文化的研究者提供非常有價值的觀察線索，並可因此有形化組織所要傳達的企業形象或定位，例如有社會地位的、重視科技發展的、注重員工創意的、強調環境保護的、遵守企業倫理的、追求組織平權的等。

當觀察自己的組織實體環境時，不妨問問自己，組織的環境鼓勵什麼樣的互動，又阻礙什麼樣的行為？從辦公室的室內裝飾和擺設中，可以獲得什麼樣的訊息和意義？實體環境的改變（如遷入新辦公室，或讓團隊成員改在一個空間中工作等）如何影響成員的社會關係，同樣地，成員關係的改變（如雇用新進員工、流程再造或組織精簡）又是如何影響實體環境？又從機器設備的佈置或人員走動的型態可以看出組織採用的是什麼樣的技術？組織實體環境如何強化組織文化，又組織文化如何影響實體環境的選擇與設計？

持續地提出問題，觀察，尋找答案，這樣的練習當可有效強化讀者對實體環境的敏感性，並讓讀者更具有洞悉組織本質的能力。實體環境對國人而言似乎多僅停留在遮風避雨的生存功能層次上，再多則作為身份地位的社會象徵。但從本章的實例和說明中，讀者當不難體會，組織的實體環境不僅僅是組織的一部分，還具有與組織相關成員互動的功能，一方面影響和改變組織相關成員的行為與態度，另一方面持續地向組織相關成員傳達組織的文化、價值和企業形象。

成功的實例如麥當勞、花旗銀行等，在選擇企業的地理位置、建築物、周遭環境和室內整體設計時即已考量是否與企業的價值與形象一致，而非僅僅考量地價、面積、稅賦、交通等實質層面的因素。此實值得國內企業參考學習。

問題討論

1. 請說明本章最有用的觀念或技巧

2. 如何改進辦公室空間配置和成員動線？目的是什麼？如何進行？

3. 試檢視你的辦公室設計，舉凡地理位置、周遭環境、建築外觀和辦公室整體設計，你的評價如何？有何改善的建議？請提出分享之。

參考文獻

Brown, John Seely & Duguid, Paul. 2000. *The Social Life of Information.* Boston: Harvard Business School Press.

Hatch, Mary Jo. 1997. *Organization Theory - Modern, Symbolic and Postmodern Perspective.* New York: Oxford University Press. Chapter 8.

Robbins, Stephen P. 2001. *Organizational Behavior.* New Jersey: Prentice-Hall, Inc. Chapter 15.

Saxenian, Anna Lee. 1996. *Regional Advantage: Culture and Competition in Silicon Valley and Route 128.* NY: the President and Fellows of Harvard College. (彭蕙仙和常雲鳳譯，1999，《區域優勢》，台北：天下文化。)

組織除了經濟性的功能外，亦有社會性的目的。亦即，組織無法自外於所在的社會情境與關係，僅僅作為獲取經濟報酬的手段……

學習目標

1. 了解組織網絡對企業生存競爭的重要性。
2. 了解組織網絡興起的原因，以及組織網絡對企業經營的影響。
3. 學習建立組織網絡的作法與技巧。

導論

常言道：商場如戰場。但事實真是如此嗎？這要看商場上的遊戲規則是什麼。如果是你贏我就輸的零和賽局，那麼商場的確像戰場。但如果可以創造雙贏，那商場就與戰場截然不同了。零和賽局指的是參與雙方中不可能雙贏，一方的勝利或利得就是另一方的失敗和損失。例如，總統只有一個，你當了，別人就沒有機會，不可能雙贏，商場的確有如戰場，因為不是你贏就是我贏，在這種情形下，我們會視競爭對手是我們誓不兩立的敵人。但是，在真實的世界裡，商場與戰場大不相同。

試想，如果商場如戰場，每天去公司上班時，難道都抱著赴戰場的心情去嗎？其實，在企業之間的競爭非常有可能是既競爭又合作，不是零和賽局，而可以創造雙贏。當年網景（Nestcape）在如日中天時，微軟曾有意投資20%，當時網景的創辦者兼執行長是吉姆‧克拉克（Jim Clark），他是矽谷非常有名的創業投資者，在心情上，他可能類似蘋果電腦的賈伯斯（Steven Jobs），

以作戰的想法，想要把微軟徹底的擊垮，拒絕與微軟的合作機會，結果是全盤皆輸，落得被美國線上（America Online, AOL）併購，而市佔率也從90%落到10%不到。假如當初Nestcape有雙贏的想法，與微軟合作來創造網際網路的市場，今天可能就沒有微軟的Explorer，而領航者也應該還是網路世界的領航者。

商場上的競爭者合作創造雙贏的例子，比比皆是。在台灣中小企業營運的實際經驗亦俯拾皆是。早期台灣的許多中小企業在一接到需要趕工的訂單時，可以馬上動員相關廠商，不分日夜、無休無眠的工作。換言之，企業平時所擁有的企業間 網絡關係，都可以順利轉化成促進生產的資源。又例如在台灣的經濟發展過程中，互助會以及地方信用合作社，在企業籌集資金時發揮很大的功能，而互助會與信用合作社的維持，即是依靠會員或社員間彼此的相互信任，促使廠商之間的資金周轉或資訊交流，可以更頻繁更有效。

既然有雙贏互惠的可能，企業之間形成網絡以共存共榮的動力於焉形成，而國際分工型態的改變，更加凸顯企業網絡的重要性。過去世界各國基於自身條件選擇有利的產品來生產，逐步形成國際的分工體系，例如美國生產高附加價值的汽車，台灣生產低附加價值的鞋子等。但近年產品項間的國際分工已漸次轉變為價值鏈（或價值網）的國際分工，例如美國負責設計、行銷；台灣負責製造、運籌。亦即，各國的分工基礎不再是產品品項，而是價值創造活動。此時，何謂組織的界限變得不再清楚可辨。以戴爾電腦和廣達為例，戴爾負責研發與行銷；廣達負責訂單生產到

交貨給最終顧客的所有活動，究竟是那個企業生產戴爾電腦呢？戴爾像是廣達的業務部門和企劃部門，廣達像是戴爾的製造部門和配送部門，彼此組織的界線已難清楚界定，此正說明組織網絡世代的來臨。

因此，本章要強調商場非戰場。在一個非零和的賽局中，競爭以決定勝負固然重要，但合作以擴大資源的重要性也絕不容忽視。本章以下依序介紹廠商合作以形成網絡的本質；其次，組織網絡形成的關鍵原因；最後，討論建立與維持網絡的作法與技巧，以及網際網路對台灣組織網絡的可能影響。

壹、企業的本質與交易關係

一、企業的本質

在企業的工作有經濟性的層面也有社會性層面。從員工的立場來說，應該還有不少員工每天是抱著愉快的心情去上班，而不是抱著赴戰場的心情上班。為什麼？理由包括：成就感、樂於接受挑戰、可以與同事互相學習、生活充實、對社會有貢獻，除了以上經濟性的理由外，相信不少人喜歡上班的原因還包括：在家太無聊、喜歡與公司同事聊天、不斷接觸新業務，認識新朋友、公司有自己欣賞或喜歡的同事等等，這些理由反映出一個人去工作，除了經濟因素之外，社會因素一樣重要。有人預言指出：因為網際網路發達，日後人人可以在家上班。從技術面或經濟面來看，

確實有此可能，但從社會面來看，則不可能人人在家上班，因為人是社會性動物，喜歡結夥作伴[1]。我們喜歡到餐廳吃飯，到人多的地方逛街採購，多少與我們的社會需求有關，並不純然是經濟因素。

所以說，由於電子商務的興起，有人預言逛街購物的活動會消失，百貨公司不再能夠生存，但如此預測完全忽視逛街除了有購物的經濟性功能外，還有休閒娛樂的社會性功能。逛街活動如此，到企業上班亦是如此，生存於市場中的企業在本質上亦是兼具社會性和經濟性。

1. 商場非戰場

戰場爭的是「你死我活」。因為是零和遊戲，資源無法擴大，且贏者通吃，使得打敗對手成為戰爭的最高指導原則。相對地，商場強調的是「競合 (co-opetition)」亦即，商場上存有彼此合作以擴大可用資源的可能，例如食品街、眼鏡街、書店街等。商圈擴大的同時，商圈中各個成員依然存在競爭的關係，但競爭成敗可以分配的利益大小則決定於商圈中成員合作以擴大資源的程度。

台灣中小企業的中心衛星體系運作常常是相互競爭，但同時也互相支援，即是一種典型的競合關係。例如高雄岡山地區的螺絲螺帽廠，彼此之間業務上是競爭關係，但在物料、技術、資金等又

---

[1] 如果真的人人在家上班，從人的社會需求而言，人會開始恢復與左鄰右舍的來往，使自己不致獨立生活於社會之外。

屬互相支援的合作關係。

2. 商場是劇場

如果商場不是戰場，那商場像什麼？商場像劇場，演員要入戲才有樂趣。你每天都抱著歡喜回到公司的心情去工作，還是抱著能不能今天不用上班的心情去工作？劇場上每個人都有負責的角色和職務要扮演，要盡力作好，表演才會精彩。

商場上的競爭與合作，成功與失敗，可以看成是一齣一齣上演的戲。在戲中演出的企業要做的事就是了解劇情，忠實演出，演什麼像什麼，上場就要盡力演出，但當劇終下場，則不忘當個忠實觀眾。換言之，商場競爭難以避免，有機會上場，自當博力演出；當新戲上場，必需下場時也能宜然自得，勉強不得，這上場與下場的分寸著實需要費心拿捏。

3. 企業是劇團

如果商場像劇場，在商場上博力演出的企業，就像是劇團。劇團要能成功，需要很多的協調工作，要導演、要編劇、要演員、要後勤支援等，缺一不可。一個演員的光彩成功，往往需無數的無名英雄才有可能。同樣地，一個企業英雄的成功也多是奠基在很多人的辛苦與辛酸上。

以上討論，不論商場是劇場或企業是劇團，都在凸顯企業的本質不僅僅限於經濟交易的競爭關係，產業要成功或企業要成功，就

像一齣戲的成功，既有角色之間的競爭，但更需要各個不同角色之間的合作、協調、互相襯托，才能成功。對於企業本質的以上討論，在呈現企業彼此間的競爭固然難以避免，但企業間合作的重要性更不可忽略。

二、企業交易與社會關係

1. 企業交易的意義／工具性強

作為資源轉換機制的企業，既需將產出出售，又需取得投入以進行加值活動。因此企業隨時有與外部單位進行交易的需要。換言之，企業與外部單位進行交易的目的在獲得利潤，因此企業交易具有經濟性關係，同時也可稱企業交易的工具性。除了企業交易的經濟關係和工具性外，企業交易尚具有滿足社會關係的目的性。

2. 社會關係的意義／目的性強

企業與企業之間有經濟面的關係，亦有社會面的關係。就如同人與人的關係有經濟面的關係也有社會面的關係。例如我是部屬，你是主管，存在你我之間即屬經濟性的關係，但如果因此發展出友誼則出現所謂的社會性關係。

從個人，到家庭，到企業，到政治組織，到國家，當組織的層級愈高，社會性關係愈不易發生。換言之，個人與個人之間是非常可能發生單純社會性的關係，家庭與家庭之間有所謂的通家之

好，發生非經濟利益的交往關係，也是很正常的。但到企業組織之間，就不太容易了，至於國與國之間，就只會有經濟或其他利益之間的工具性關係，更不可能有社會性關係了。

又例如父母與子女之間的關係屬於目的性的關係居多，亦即人們通常不會去估算父母對我多好，把我養得多好，或打過我多少次，來決定對父母的孝順程度，同樣地，父母對子女的照顧往往只有想到如何好好照顧子女，無怨無悔，不加算計，此即為目的性關係。

夫妻間的關係依然目的關係居多，但相對於父母子女之間的關係，經濟關係的成分增加。如果有人是因為太太對我這麼好，我實在不應或應該如何如何……，即已有算計的成份在內。基本上，當兩造關係的工具性的成份愈多——有利則聚，不利則散，感情自然愈趨淡薄。美國有夫妻為保障恢復單身時的權益，而流行於結婚前先簽離婚協議，但通常簽有這樣契約的夫妻，因為對婚姻關係算計的成份多，目的性的關係少，離婚的機率往往大幅增加。

3. 經濟性與社會性的結合

企業與企業之間的關係一定有算計，只是程度有所不同，而不可能是單純的目的性關係。東海大學的陳介玄教授對國內中小企業網絡關係的研究即指出，企業間的關係既非純粹工具性的經濟交易關係，亦非單純的目的性社會關係，而包含了「人情」與「利益」的雙重考量，透過此二層面的「加權」運作影響企業間實際

的交易行為。

貳、基本企業交易方式與比較

一、基本的企業交易方式

企業為獲取所需資源，可以利用的交易方式共有三類，分別是經由市場交易取得、組織自製或是向長期合作夥伴購得。企業的三種交易方式可以用男女之間的交往關係加以比擬，男女間的兩性關係也可分為三類：一為一夜情；一是同居關係；一為結婚共組家庭，三類關係的差異主要在雙方對長期關係的承諾程度。因此，企業的交易方式，第一種是市場關係，例如到市場去買價格最合理的產品，就有如男女的一夜情；第二種是網絡關係，企業與長期往來有信用的特定企業交易，就有如男女同居；第三種是組織關係，即自己生產自己所需的東西，就有如男女組成家庭。

例如政府機關需要一項印刷服務，取得此一服務的方式有三種，一種是到外面詢價，藉由投標，找價格最合理最符合品質的印刷廠；第二種是與某一家或二、三家印刷廠維持長期交易關係；第三種是自己設置印刷部門，自己來做。各個交易方式的特性比較說明如後。

1. 市場

誰的價格、品質有競爭力就跟誰買。當市場交易發生衝突時，主要的協調機制是價格。交易雙方藉由議價，獲得彼此滿意的交易

結果，或是選擇不進行交易。

2. 組織

由組織內部自行生產，提供服務。當員工與員工之間發生衝突或是部門與部門之間出現爭議時，基本上組織都設置有標準作業程序 (Standard Operational Procedure, SOP)，或內部形成的慣例，來作為解決衝突的管理機制。

3. 網絡

組織與交易對象維持長期的合作關係。1980年代美國汽車公司發現競爭力不如日本企業，道理何在？以當時的通用汽車為例，外包廠商多達上萬家，且兩年更新契約一次。相對地，日本豐田汽車的外包廠商約300多家，且與外包廠商維持長期的合作夥伴關係，兩者的交易方式前者是市場機制，後者是網絡關係。網絡交易發生衝突時，主要是依賴關係作為協調機制，例如出貨後整批貨因為品質不符標準被退貨，中心廠會把外包廠找來，討論該如何分攤損失？類似「搓湯圓」的方式，透過慢慢的協議來解決，看是要各自分攤損失或是允許外包商分年攤提損失等。

基本上，愈能標準化、規格化的產品，愈能透過市場交易來進行。例如在網路上進行交易的標的，最重要的賣點都在價格。當涉及產品品質、規格不易標準化時，網路就很難順利地促進交易。換言之，有些產品的採購，需有長期的合作關係才能確保產

品品質。

二、企業交易方式的比較

到統一超商買東西是典型的市場交易，交易雙方所形成的契約關係，為單純的財產權交換。不論市場交易是否有明文的契約規範，這個交易的交貨時間、交貨價格、交貨地點都應該很清楚，若有違約發生，則必須由司法單位進行仲裁來解決。市場交易因為交易對象可以隨時更改，因此交易的彈性高。

受雇於特定企業組織並提供組織需要的服務，為典型的組織交易，屬雇傭關係。受雇者與雇主簽約，訂定工作規範，但不可能詳細具體列明每天要處理幾個案件或要寫幾封信，而多依照組織慣例行事。遇有部門之間的衝突時，就由擁有權力者來解決。很顯然，這種交易方式的彈性很低。

網絡的形成係奠基於成員間彼此有互相合作的需要。至於衝突如何解決，需視網絡成員對網絡關係的重視程度而定。如果彼此珍惜互相的關係，成員將致力解決衝突；但如果不重視，則可能傾向依重市場衝突的解決方式來解決。依據包威爾（Powell）的研究，我們比較企業的三種交易方式如表12－1所示。

雖然企業交易方式有以上三種，但由於市場交易和組織交易的明顯缺點，企業交易方式有朝向網絡交易收斂的趨勢。例如企業實

表12-1　企業交易方式的比較

主要特徵	市場	組織	網絡
規範基礎	契約──財產權	雇佣關係	互補所長
溝通方式	價格	慣例	關係
衝突解決方式	執法單位裁定	行政權威	互惠規範──聲譽之關切
彈性程度	高	低	中
成員之承諾程度	低	中至高	中至高
氣氛	精確以及懷疑	正式、官僚	開放式、互利
行動者之選擇	獨立	不獨立	相互依恃

資料來源：Powell, Walter W. 1990. Neither Market Nor Hierarchy: Network Forms of Organization. In Barry M. Staw & L.L. Cummings eds. *Research in Organizational Behavior: An Annual Series of Analytical Essays and Critical Reviews.* Volume 12. Greenwich, Connecticut: JAI Press Inc.

行利潤中心制，使部門與部門間的交易也講求成本，即是組織內部市場化，相對地，很多獨立的企業之間常常往來，關係密切，即是市場組織化（或市場網絡化），如策略聯盟、合資等，又例如大藥廠與學校、小公司和研究機構合作即屬此類。

這個現象正可以說明為何近年來十分流行「策略聯盟」？所謂策略聯盟正反映雙方維持長期合作關係的意願。產業流行網絡的交易方式，說明整個產業經濟發展的趨勢。

參、企業網絡

大量的實證研究發現人際間或企業之間社會網絡的確非常重要。例如相對於網絡關係不佳的同儕，擁有豐富人際網絡的經理人的升遷速度較快，被升遷時自然也比較年輕。在企業之間的網路關係，與顧客保持好關係，顧客的回客率較高，因此可以為企業節省大量的推銷成本。同樣地，企業與供應商維持好關係也可以獲得降低成本和改善品質的好處。在個人方面亦然，研究發現擁有良好人際關係的個人平均壽命較長，而無家可歸的流浪漢往往是因缺乏網絡資源（包括家庭、親族、教會、朋友和鄰居等）所致。

但因為種種的環境變化，網絡對組織生存和競爭力的影響益發明顯。在了解企業的本質，以及企業交易關係的內涵後，本節針對企業網絡興起的因素進行探討。其次，介紹建立企業網絡的原則。最後，說明企業網絡的類型，以及可能的發展情形。

一、企業網絡興起之背景

在經濟交易的市場中，參與者初期係以個人為主，而後以企業為單位，現今愈來愈多在市場中的作戰單位既非個人，亦非個別企業，而是由多家企業所形成的企業網絡。在市場或組織層級以外，企業網絡的交易模式日益盛行，背後的環境動力可分析說明如下：

1. 新興競爭合作形態

在競爭愈來愈激烈的時代裡，任何的浪費或不合理都將被淘汰，把機會讓給任何精簡的、有效的創新或經營模式。例如生化科技的發展，策略聯盟經常被採用。大藥廠與研究大學以及很多小的生物科技公司合作，由大藥廠投資研發並支持商品化。為何大藥廠不自己做？因為靈活度不夠，不如大學和小公司做的成效。

又例如IBM在生產大型主機的時代裡，從頭到尾都是自己做，但在個人電腦時代，什麼東西都是外部廠商來做，正說明新興的產業競爭型態──「競合」已經形成。

2. 資訊革命

上述新興產業競爭型態的出現與資訊科技的發展密切相關。因為網際網路的出現，使個人或小公司有更好的發展成長機會，即使一個人都可以在網際網路上與全世界的人做生意，網路的出現也讓企業能尋找的合作對象大大的增加，換言之，大公司想要壟斷的可能性越來越低。此外，網際網路的發達，讓進行交易所需的搜尋、議價的成本大幅下降，直接促進更進一步的專業分工，也讓合作的機會和可能性不斷增加。例如過去以垂直整合為特性的晶片生產已經改為設計、製造、封裝、測試產業，拜資訊科技之賜，使得許多新興產商以專業分工形式出現，但企業間彼此良好的互信合作更形重要不可免。

更進一步，資訊科技打破部門或個人之間的人為障礙，可讓更多

的部門或個人參與問題的解決。同時，資訊科技方便資訊流通的特性，讓組織有更快回應環境變化的能力、分散權力，以及放寬層級控制。過去對「控制幅度」的討論，也被「協調幅度」的管理所取代。此意謂管理者利用職權下達命令，完成任務的困難日益提高，而需面對善用人際網絡，發揮影響力，完成任務的挑戰。

經濟學諾貝爾獎得主寇斯用交易成本（transaction cost）的高低來解釋廠商的形成。依照寇斯的理論，企業之所以形成是因為市場交易成本太高，所以，企業就自己來做，不要透過市場交易完成。資訊科技的發達，大幅降低市場各廠商之間的交易成本，因此，許多原本靠企業自己生產的工作，就可以透過市場完成。但是，企業可能對一般企業的信任度有所不足，所以，會透過網路關係來完成。

3. 競爭合作全球化

市場未全球化前，廠商可以劃地為王，閉關自守。但全球經濟自由化的趨勢，讓世界各個地理區域不再能「劃地為王」，這可以從企業不再討論產品自製率，而開始重視業務委外 (outsourcing) 等議題可為明證。

當年微軟有意進入中文電腦市場時，積極尋求與倚天合作的可能，但倚天公司基於中文市場不可能會輸給微軟而認為沒有合作的必要。結果微軟自行發展中文化的結果，使得倚天中文完全失敗淘汰。此一實例說明全球產業競爭的事實，讓任何國家或企業

依靠單一或地方特殊性存活的可能性越來越低。

全球化不僅僅是減少或消除貿易障礙而已。市場競爭全球化代表事業競爭的步調，因為海外競爭者的加入，而日趨快速。對許多公司而言，全球化代表的意義是海外市場的重要性已遠遠超過國內市場的重要性。即使擁有廣大國內市場的美國，許多重要企業的營收與獲利均超過一半以上是來自海外市場。同時，愈來愈多的企業需遷移公司總部，以接近海外的關鍵市場、供應商、競爭者等。換言之，對企業經營而言，重要的不再只是企業與國內市場交易夥伴的關係，企業的網絡關係必需是跨越區域、文化、國界、以及時間，才足以面對市場全球化所需協調與整合的種種挑戰。

過去對於產品自製率、民族工業、或是糧食自給自足的重視，都反映市場不開放時劃地為王的思維邏輯。展望未來，國家與國家不是只有競爭的關係，企業與企業不是只有競爭的關係，而存在合作的可能性。因此思維的邏輯不再是如何能不假外求，如何能自給自足？而是如何最會做一樣東西，讓自身條件在國際舞台上或市場空間裡佔有一席之地，只要具備與人合作的價值，自然無懼與他人合作的需要。

4. 風險、成本與速度

因為上述市場全球化的發展，產業競爭的步調不斷加快，企業或產品的生命週期大幅縮短，正反映企業經營風險提高，而需重視企業與企業間長期關係的經營，來移轉、隔離和分散風險。依據

薩克瑟尼安 (1999) 對美國矽谷和美國東岸128公路興衰的研究，即指出矽谷廠商藉由人材的流動、頻繁的非正式互動、重視創新的價值等，彼此關係緊密充分合作，而得以大幅縮短新產品開發所需的時間和成本。

二、建立網絡的五大原則

一般而言，我們可將企業創造經濟價值的資本區分為三類，一為實體資本，如肥沃的土地、機器設備、廠房、資金等；二為人力資本，如人力素質、勞動力等；三為社會資本，如良好的人際關係、社會網絡關係等。當我們說某人很有錢，即是某人有實體資本；如果說某人很聰明，如此某人擁有人力資本；當我們說某人的關係很好，則是具備社會資本。社會資本作為企業創造經濟價值的重要性受到越來越多的重視。依據貝克 (1994) 的研究，指出企業建立網絡，累積社會資本的原則，包括：

1. 關係是人與企業之基本需求

基於各式各樣的原因，人們會與他人建立關係。最基本的原因即是人們有這樣的需要。雖然我們都希望可以獨立、自立自強，但現代社會似乎沒有魯賓遜存在的可能，每個人都是處在交互相關網絡中的一點。可能是因為團結力量大，有時是因為有共同的興趣，有時是因為服從命令或傳統，而與別人建立關係，但更多時候，人們與別人建立關係只是因為天性，有這樣的社會需要，藉由與別人的關係，獲得社會認可、豐富生活和自我認同。

人是群居的動物，即說明與人的關係是人的基本需求。對企業而言，作為資源轉換機制，與外部的交易亦不可能完全依賴市場交易，亦即，不論是人與人或企業與企業之間的關係是人與企業的基本需求。

2. 人傾向做被期待之事

《戰國策》有一則故事說，有人丟了一隻雞，而懷疑是鄰居偷了他的雞。因為懷疑是鄰居偷了他的雞，他對鄰居的態度讓鄰居看起來非常像個偷雞的人；後來此人找到他的雞，知道鄰居沒有偷他的雞後，他用完全不同的態度對待他的鄰居，結果他的鄰居怎麼看都不像個會偷雞的人。

這個故事正說明人傾向表現出被期待的行為，換言之，個人行為的差異不在個人如何表現，而在個人如何被對待、被期待。當甲越相信乙是個壞人，基於自我保護甲對乙就不容易出現友善或信任的行為，乙因為甲表現出的不友善行為，自然也會對甲不友善，如此更增強甲認為乙不是好人的看法。孟子說：「君之視臣如手足，則臣視君如腹心；……君之視臣如土芥，則臣視君如寇讎。」也是類似的道理。

大部分管理者懷疑員工的能力，結果也真的得到員工不佳的績效表現。因為當你懷疑員工沒能力，員工就會失去信心，而真的如你預期地表現不佳。因此，當我們信任部屬時，部屬的表現才會表現愈來愈好。作為父母的道理亦然，不要在小孩面前批評他們的表現，如此反而不利小孩出現父母所期望的行為。

我們要先能信任別人，把別人當朋友，如此關係才有建立的可能。為什麼有人很會交朋友，通常就是因為比較信任別人，開啟建立關係的正向互動關係。

3. 物以類聚

人們會喜歡與自己相似的人建立關係，包括類似的社會階級、宗教信仰、區域、種族、教育程度等。企業也一樣喜歡與自己分量相同的企業在一起或與之聯盟。但物以類聚正反映掌握的資訊類似，而容易失去了解其它資訊的機會。亦即，物以類聚的網絡原則很容易失去與其它不相似群體接觸的機會，並失去了解其它群體的能力。

例如管理者喜歡與其他管理者建立關係，慢慢地失去與員工接觸的機會，當員工遭遇生產力低落的問題時，管理者會傾向歸因於員工不聰明、不勤快、懶惰等個人因素，而較不會去考量情境或系統因素，例如材料品質不佳、及時送貨系統出問題、或是非正式的團隊規範限制員工全力投入等。對問題的不同解讀導致不同的解決方案。不與員工接觸的管理者，若把生產力的問題歸因於個人因素，就會開除「懶惰」的員工；但經常與員工保持接觸的管理者則可避免物以類聚的可能偏誤，發掘問題的原因，並解決之。

4. 一回生兩回熟

網絡關係是要慢慢形成，不斷投資，多來往才有變成穩定網絡的機會。從賽局理論的觀點，重複來往還有益合作行為的出現。例

如希望顧客重複上門，就最好不要欺騙顧客，否則顧客不會再上門，公司的聲譽也可能受損。亦即，在重複的交易中與對方合作是自利的行為。當合作獲得的利益超過欺騙，就會有合作的行為出現；反之，則會欺騙。除了成本利益的算計外，在真實的世界中因為關係是人與企業的基本需求（原則1），人們很自然會把別人的利益放進自己利益的考量之中，即使確信欺騙不會被發現，人們依然未必會欺騙自己的朋友。

5. 小小世界

地球村已是事實，而不再是對未來的預期。你可能覺得你不可能再遇到這個人，而不在意你的行為，但這個人的朋友可能正是你的朋友的朋友。亦即因為每個人的網絡關係，任何兩個個體彼此相聯結的程度其實遠遠超過我們直覺的想像。也因為每個人的網絡關係，我們所在的世界裡幾乎無法排除再相遇或再合作的可能，互助已成為最佳的行為方式。

或是說得更直接淺顯，在小小世界的行為會有立即的回饋和報應，因此要互相幫忙。互相幫忙是動物世界的行為常態而非例外，例如猴子會互相抓背清理皮膚、蝙蝠會互相餵食等。雖然經濟學者在人是自利的假設下，無法理解人為何會利他，即使在利他會傷害自己的利益的情形下，人依然會有利他的行為，例如拾金不昧。但從生物演化歷程則可看到個體互相幫助會提高族群基因得以繁衍的可能性；相對地，不互相幫助的個體，長期基因得到繁衍的可能性就會下降。

三、網絡關係的類型

依據貝克的研究，我們可以將個體間關係分為交易取向的經濟關係，以及關係取向的社會關係，如圖12-2所示。當你對對方採關係取向，但對方對你採交易取向，此關係為對方在剝削你，反之你在剝削對方。為什麼台灣很多女人覺得被剝削？正可以此說明之。在傳統的價值裡，所謂的好太太或好女人就是賢妻良母、無怨無悔、把小孩教好等，期望女人的是不計較地為家庭全心付出，但對男人卻無如此的期待，這是典型的剝削。但這樣長期不對等的剝削關係在企業與企業間是不會持久的，受剝削的一方會選擇退出，而使交易關係難以為繼。

當你與對方均採交易取向，係為典型的市場交易關係；或是當雙方均採關係取向，即屬多一點社會關係，少一點經濟角度的網絡夥伴關係。當然雙方的關係是動態的，不會固定一種特定的關係類型，在某些情況下可能是你剝削對方，有些情況是對方剝削你，有些情況則是長期對等的社會關係等。

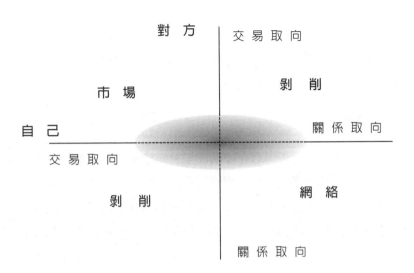

圖12－2　網絡關係類型

資料來源：Baker, Wayne E. 1994. *Networking Smart - How to Build Relationships for Personal and Organizational Success.* New York: McGraw-Hill, Inc.

肆、企業網絡的相關議題

人際間或企業之間社會網絡的重要性無庸置疑。在了解企業的本質、企業交易關係的內涵、企業網絡興起的因素，以及企業網絡的類型後，本節重點在提示建立企業網絡的相關議題。首先，就企業建立網絡關係的技巧與方法進行討論。其次，建立企業網絡的倫理議題。最後，網際網路對企業網絡關係的可能影響。

一、企業網絡的經營方法

在上述建立企業網絡的五大原則的指導下，以下針對具體的方法做出提示，以供管理者參考。

1. 雙贏與投資心態

互利互惠是兩造關係得以存續的前提。雖然網絡中各個成員依然存在利益分配的問題，但從網絡經營的觀點，網絡成員需有雙贏的心態，藉由持續地創造大餅，來和緩利益分配的衝突。此外，一回生兩回熟，作為網絡成員的一份子，不要想可以坐享其成或搭便車，因為維持平衡的關係才得以持續，如同銀行存款，不能只提款而不存錢。

2. 找到適當的配合

開發網絡資源應是雪中送炭或錦上添花？各有利弊。前者關係比較長久，但風險可能較大；後者風險雖小，但關係的價值相當有限。在企業係物以類聚為原則時，企業若能有遠見地選擇有潛力的小企業來交往，實屬不易，例如當年宏碁遭遇財務危機時，大陸工程的創辦人殷之浩願意投資，即是雪中送炭，雖有風險，但後來的報酬也十分可觀。

3. 改善網絡結構——形成封閉網絡

長期穩定關係需建立在封閉性的網絡結構下，如此網絡成員的行為規範才得以落實。類似過去的村落，由於村民極少搬遷而形成封閉系統，有益社會網絡的建立。過去鄰里宗親所形成的社會封

閉網絡，已因人口經常遷移而不復堅固，取而代之的是，以經濟活動為核心的企業間或企業內所形成的網絡關係。以下介紹數個與網絡相關的概念，並提示有效建立網絡的方法：

(1) 單線與多線網絡關係

以日本各大車廠之衛星工廠的合作關係為例，如圖12－4所示，衛星廠A和C為所謂的多線網絡關係，而衛星廠B為單線的網絡關係。如此A和C對特定汽車廠的依賴程度小於B，在其它條件相同的情況下，A和C在網絡中的策略自由度較高。企業應該視雙方的條件與關係而決定採取什麼網路關係。例如，台灣的寶成鞋業就替多家國際品牌代工，但是豐泰就只替耐吉代工。兩家企業都發展的不錯，可見這並沒有絕對的對錯。

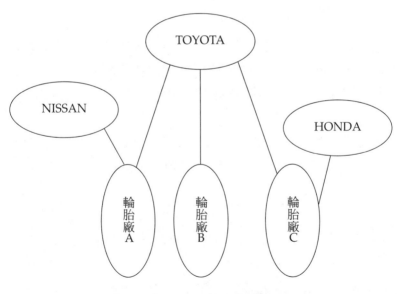

圖12－3　單線與多線的網絡關係

(2) 強連結與弱連結

社會網絡有所謂的強連結與弱連結。一般而言，關係若屬資源互補共享，傾向為強連結 (strong tie)；關係若限於資訊傳遞與交流，傾向為弱連結 (weak tie)。當組織再造時，推行者必須依靠強連結的大力協助，才有成功的可能。但強連結的形成，一方面需要相當的經營和投入，另一方面被強連結相連結的成員，會因互動頻繁而趨於同質，減弱網絡效益。相對地，弱連結需要的投入少，且弱連結相連結的成員異質性高，具資訊交流的價值和效益。因此，在網絡關係的經營上，應該：

* 正式與非正式關係並重：正式關係如明文合約、相互投資等等，非正式則如雙方經營者的交際往來等。

* 降低重複性：假若我們與網絡甲的成員A建立關係，從資源有效利用的角度，應減少投資於網絡甲的其它成員，以降低重複性。因為成員A可以代表網路甲提供網絡甲所能提供的資訊。

* 維持平等性：A獲得B協助，B應找機會協助A，保持彼此關係的平等性，否則就很難避免落入剝削的關係之中。

(3) 社會網絡的樞紐

企業或個人在網絡結構中的地位，也具有相當的重要性。位居樞紐地位當然就有比較大的權力或比較多的機會。圖12－4中的A即位居社會網絡的樞紐位置。藉由A，網絡甲和網絡乙的成員才

有互動交流資訊的可能。因此，A對網絡價值的創造有極大的重要性。從經營網絡的價值觀點，同樣投資資源於建立關係，投資於P與X關係，使居於網絡的樞紐，效益要遠遠大於Q與P的關係或X與Y的關係。

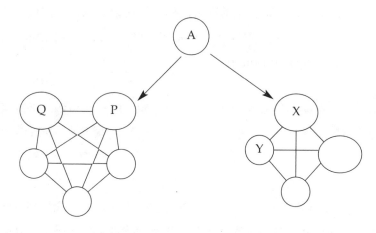

圖12-4　社會網絡的樞紐

二、企業網絡的倫理考量

管理企業的網絡關係是否存有倫理的考量？在上述企業網絡經營的討論，企業網絡（或是關係）既需成本效益的計算，也似乎是達到企業獲利的手段，若果，如何能說企業網絡是關係取向或具目的性呢？亦即，如果我知道別人要做我朋友的目的，只是因為我是實現別人期望目標的手段，那我不會因此懷疑別人，無法信任別人嗎？

這是經常出現在企業管理者心裡的疑問。但問題不在關係可以幫

助我們達到什麼樣特定的目標，例如好的工作關係總是讓我們得以順利完成工作，而在於關係所提供的助益是否對兩造都有利。

真正的問題在於培養信任的目的是否只在剝削別人。例如有些超級營業員的作法，努力培養顧客的信任，但目的只在選擇最佳的時機達成交易。因此企業網絡關係，倫理的考量或爭議之一，在是否具有相互性 (mutuality)。

另一與企業網絡相關的倫理議題是網絡組織的工作目標，這個目標有可能不合倫理。想像一下，偷竊汽車的銷贓流程，是非常專業的，有：口耳相傳的行銷、第三團體的中介推薦、建立穩定的供應網絡（小偷）、顧客（零售點和批發商），並有其它的競爭者（其它買賣贓車的個體）。汽車銷贓的主事者與其網絡成員的關係既有信任、共同利益，也有相互支援。同樣地，任何發生在社會上的政治獻金醜聞、貪污或走私等事件往往也都奠基在一個穩定信任的關係上。

因此，企業網絡的經營與運作，應不脫網絡的基本要素：信任、相互性和道德的。任何企業網絡的領導者應了解到網絡關係有助於企業的生存、發展與成功，但係在利他的、雙贏的、和倫理標準的基礎上。

三、網際網路對企業網絡的可能影響

第參節網絡組織興起的環境因素的討論，已提及資訊科技和網際

網路的興起，因為大幅降低交易成本，促進專業分工，而大大增加企業與其它企業合作的機會和必要性，也是促使企業網絡愈來愈重要的關鍵。

但建立與維繫企業網絡的重要性，與傳統企業經營所認知「關係」的重要性是一致的嗎？則值得進一步的討論與澄清。首先，網際網路對於透明化的影響。透明化指的是所有資訊的公開透明。在幾乎是毫無資訊管制的網路世界裡，企業很難隱瞞產品的真正成本與品質。因此，企業既不能再靠著「欺哄」顧客而獲利，也不能憑藉特殊的人脈關係而取得商機。舉例來說，在過去有些人可以憑藉著與官員的關係良好而取得政府的採購，目前政府採購法規定所有超過一百萬以上的採購案都需要上網公開招標，大大削弱過去特殊關係的價值。就此而言，網際網路的透明化效果，會使講究人脈的傳統經營手法，愈來愈沒有價值。

其次，網際網路是一個打破國界疆域的工具，但是，它的成功必須憑藉某些標準或規格的建立。例如，近年來許多企業流行的企業資源規劃系統（ERP）就迫使許多企業放棄舊有的各種管理制度，改採ERP的制度。假定政府法規與政策、企業經營制度與理念無法配合這一套制度，企業將難以生存。我國有許多企業仍採內外兩套帳運作，許多會計科目不合理，在網路的時代，勢不可行。從權力運作的角度來看，標準化會減少企業主管濫用權力的可能，也讓依賴企業內逢迎拍馬、揣摩上意「關係」的生存之道，勢必愈來愈不可行。

有關係沒關係，沒關係有關係，正充分說明人際網絡對個體生存發展的重要性。隨著市場競爭全球化、資訊科技和網際網路發達等種種環境因素，產業中的作戰單位，不再是個人，也不是個別企業，而是多家企業所形成的企業網絡。作戰單位既是企業網絡，企業如何廣結善緣，維繫所在網絡的關係，就成為企業經營上一個關鍵的議題。

本章首先探討企業交易的本質，強調企業交易既有工具性的經濟關係，也有目的性的社會關係，不可偏廢，才能一窺企業交易的全貌。其次，企業獲取資源的方式，因為市場和組織層級的個別限制，而有逐漸向企業網絡方式收斂。為能善用企業網絡交易的諸多優點，企業有必要善用建立企業網絡的原則，包括關係是人與企業之基本需求、人傾向做被期待之事、物以類聚、一回生兩回熟、以及小小世界，來維持與網絡成員平衡對等的交易關係，並達到互利互惠的目的。

企業網絡的重要性日益得到肯定，學習如何建立企業網絡，也成為管理者熟悉的議題。但重視企業網絡經濟價值的傾向，是否反而會傷害企業網絡的維持與穩定？本章就此倫理議題，提出討論，強調問題不在企業網絡帶來的經濟價值，而在經濟效益是否為網絡成員所互惠共享。可為企業帶來長期競爭優勢的企業網絡必定包含三大要素：信任的、互利共享的、以及符合倫理的。

此外，網際網路發達是企業網絡盛行的重要原因，但其對企業網絡的價值卻有根本性的改變。其中網際網路對企業經營方式的影響，特別是透明化和標準化，企業或個人愈來愈難藉關係網絡，來壟斷交易機會或從事不公平競爭。

問題討論

1. 請說明本章最有用的觀念或技巧。

2. 請分享貴公司企業網絡的建立原則，以及企業網絡成員出現衝突時的解決機制。

參考文獻

陳介玄，1994，《協力網絡與生活結構──台灣中小企業的社會經濟分析》，台北：聯經。

Baker, Wayne E. 1994. *Networking Smart - How to Build Relationships for Personal and Organizational Success.* New York: McGraw-Hill, Inc.

Powell, Walter W. 1990. Neither Market Nor Hierarchy: Network Forms of Organization. In Barry M. Staw & L.L. Cummings eds. *Research in Organizational Behavior: An Annual Series of Analytical Essays and Critical Reviews.* Volume 12. Greenwich, Connecticut: JAI Press Inc.

Saxenian, Anna Lee. 1996. *Regional Advantage: Culture and Competition in Silicon Valley and Route 128.* NY: the President and Fellows of Harvard College. (彭蕙仙和常雲鳳譯，1999，《區域優勢》，台北：天下文化。)

組織文化

文化是一群人共同的信仰、
規範和價值,在不同價值系
統下,不同系統中的個體因
而有不同的行為……

學習目標

1. 了解文化的意義、呈現的方式與影響
2. 了解各社會或各組織文化的比較構面,以及既有的文化模式
3. 學習診斷組織文化的構面
4. 了解推動組織文化改變的步驟以及相關的管理課題

導論

在第四章有關企業願景的討論,我們曾提及,企業願景具有引導組織努力方向、集中資源、減少衝突的重大功能。企業願景要能發揮如此重大的作用,又必須能滲透成為組織文化的一部分。本章的主要內容即在對「文化」一詞的內涵和相關的管理議題進行探討。

首先,先說明何謂文化。文化是一群人共同的信仰、規範和價值,這一共同的信仰、規範和價值係藉由神話、故事、英雄人物和語言來呈現。其次,探討文化比較的構面,個體或組織的行為深受文化所影響卻多不自知。第三,面對環境的變化和各種競爭壓力的挑戰,組織文化是否有改變的需要;如果需要改變,應如何有效改變。本章最後討論文化的診斷以及推動組織文化改變的步驟。

壹、什麼是組織文化？

什麼是組織文化？簡言之，文化是一種共同的信仰、規範、價值系統，係呈現在神話、故事、英雄人物與語言之中，且被反映在各式各樣的儀式以及典禮行為。具體而言，文化是成員間行為與符號互動的現象。以下具體說明之。

一、文化是一種共同的信仰、規範、價值系統

文化是社會共同的信仰、規範和價值系統，例如什麼是善？什麼是惡？什麼事能做？什麼事不能做？台灣傳統的勤奮、敬老尊賢、不能言而無信、佛教或道教的一些基本信條等都是文化的一部分。

二、文化呈現在神話、故事與語言之中

文化呈現在神話、故事與語言之中，例如小朋友小時候常聽的24孝故事、100個好孩子的故事、愚公移山或鐵杵磨成繡花針等都是在傳遞社會肯定的價值或規範，不論是愚公移山或鐵杵磨成繡花針都在暗示「努力就會成功，一分耕耘一分收穫」的價值。又例如自古以來時有懷才不遇、抑鬱而終的文人雅士，相當程度也反映中國傳統對做人要能內聖外王的價值與期許。也因為社會有這樣的文化價值系統，才常讓人有做不到不得志的感慨。

此外，語言也是文化呈現的重要方式，例如我們常常對孩子說：

「用功讀書，要認真」，即在反映我們的價值觀。例如中文詞彙中區別親戚的名詞，如叔叔、伯父、姨婆、嬸婆、姑姑、阿姨不下數十餘種，但英文只有aunt, uncle；相反地，對物的描述如杯子，中文只有杯，但英文有glasses, cup, bowl等，比較之下，中國文化相對地對人較為重視，而發展出較豐富描述人與人關係的詞彙；西方則相對重視物，而有相對多樣的用詞來描述物。我們常說「做人比做事重要」，似乎亦可印證從語言可以反映出不同社會的文化。

又例如地址的用法，中文是中華民國台灣省雲林縣斗六市大學路三段123號，先國名、再省縣名、依序市、路、號；但相反的，英文的地址則是先有號、再是路名、依序市、州省、國。反映中國的價值是沒有國那有家，沒有家那有個人；但西方則是先有個人，才有家，才有國家社會。甚至連名字的順序，也反映出華人是先有家族，再有個人；西方人是先有個人才有家族。

三、文化反應在儀式、典禮行為中

文化反應在儀式、典禮行為中。例如結婚有婚禮，死亡有葬禮，孩子滿月有滿月禮，長大成人有成年禮，學校畢業有畢業典禮，學校開始上課有開學典禮……。這些典禮的意義何在？每個儀式或典禮其實都象徵著人生的段落，讓參加典禮的成員可以在儀式中深刻的反省。例如婚禮或畢業典禮的目的應在讓參加的人自省並察覺自己已不再是從前的自己，而要開始進入嶄新的人生階段，如開始就業或作為人妻人夫等，因此儀式有其社會功能。儀

式進行過程中絕對需要有莊嚴的片刻，才能讓參與的成員反省，要進入人生下一階段該有的責任以及該有的調整。又例如葬禮，除了對過世的人表達追思之外，更重要的是在儀式中可讓參與成員對生命有反省，思考自己有一天也終將離開人世，自己要留下什麼遺澤，讓人對生命的價值和意義有更深刻的體會。但儀式的社會功能在台灣似乎已被遺忘而徒留形式而已，實在值得我們檢討反省。

在企業內常有頒獎資深服務同仁的儀式，這個儀式反映什麼樣的企業文化？鼓勵員工留下來。因此如果企業認為長年服務的同仁是企業的負債或不值得鼓勵，自然不應有類似的頒獎儀式，來傳達組織並不強調的價值和期望。有些儀式，因為年代久遠，大家也忘了這些儀式的意義，那就失去儀式的意義了。

四、文化是成員間行為與符號互動的現象

文化是成員間行為與符號互動的現象。人與人之間的互動包括語言、行為和態度，彼此互動的方式即在反映文化的內涵。例如同樣的溝通內容，往往因為對話的對象不同，溝通的態度、行為和用語也隨之不同，例如同樣的內容是向長告「報告」，讓老婆老公「知道」，但卻是「命令」小孩，正反映中國傳統講求階級、地位、長幼尊卑的文化。

所謂符號包括個人穿的衣服、皮鞋的品牌、使用的詞彙、活動的場所⋯⋯等有形或無形足以傳達特定意涵的作為或實體物品。組

織或個人的互動行為和符號既可作為組織信仰、價值和規範的傳達，有時亦可做為階級身份的區別。例如社會精英的典型打扮是穿西裝打領帶，社會精英為何可以做如此拘束的穿著？因為有人為他開車、做工等，一般藍領低階人員很難整天做如此打扮。穿著因此成為身份或地位的象徵，也是階級流動的門檻。又例如品嘗紅酒亦是精英文化互動符號的現象，因為品嘗紅酒，要能懂紅酒；懂紅酒要花錢更要花時間，一般人做不到，而可藉以區別不同的社會階級。

文化不一定符合經濟理性，但卻能反映階級地位。例如雖然夏天穿西裝參加正式活動，既浪費電力也不舒服，但因為穿西裝已是一種禮貌，若有人因為節約能源只穿襯衫參加活動，則在所有穿西裝與會者的圍繞下定會感覺格格不入，難以自在。透過這樣的拘束，階級地位才能顯現。

綜合以上討論，可以知道組織文化不只指組織內成員所展現特有的行為與模式，還包括這些成員所共通的信仰、習慣、默契等。

貳、文化的三個層次

根據 Schein (1985)，文化的內涵可以從三個不同的層次來進行了解，它們分別是文物、價值與假設。如圖13－1所示。

圖13－1　文化的三個層次

資料來源：Schein, Edgar H. 1985. *Organizational Culture and Leadership.*
San Francisco: Jossey-Bass.

一、文物

人為製造出來得以展現文化意涵的標的，即所謂的文物 (arti-
fact)，包括帶手錶、穿西裝打領帶、上課應穿著的衣服、使用
的語言、流傳的故事皆屬之。文物對文化的展現，又可分為：實
體展示、行為展示和語言展示。說明如下：

1. **實體展示**——如辦公室的隔間與裝潢、有的企業員工穿制服，
   有的不穿制服、公司最好的位置是給誰使用、公司有沒有規劃
   特定職位的停車位或是先到先停等，皆可反映組織文化有沒有
   階級或是不是平等互動。

2. **行為展示**——例如在台灣惠普公司，一個初入公司的普通職員，碰到總經理不是以一般所習慣的「總經理」來稱呼，而是直呼其名，這在講究長幼尊卑的我國社會中，顯得極為不尋常。在我國的企業文化傳統下，連副總經理都未必敢直呼總經理之名，更何況是最基層的小職員了。但是，惠普公司內的員工，彼此之間，不論位階，都以名字相稱。究竟所屬部門主管是屬於那一類型的管理者，從其行為可以獲得相當的線索。

3. **語言展示**——如何與人說話，在傳統產業中的知名大企業，不難觀察到員工碰到長官的反應都是必躬必敬，不敢造次，最常用的詞彙即是「報告長官」。相對地，美國企業裡多以人名相互稱呼，相遇即自然打招呼問好，反映的是平權的文化價值。

二、價值與規範

文物背後往往隱含是非善惡的判準，例如「上課合適的穿著」是文物，其背後反映的是「上課應穿著整齊」的價值。或我們常說的「人在做天在看」，天在看什麼？其實就是在看價值體系中的規範是否被遵行。又譬如說，在我們的價值系統中，我們都認為有錢、有地位是好的，所以，有錢有地位的人就必須在穿著打扮上顯示出他的財富與地位。又譬如說，台灣有很多企業如台塑、宏碁、華碩標榜節儉這個價值，他們的辦公室布置（一種文物呈現）就不會太豪華。

三、假設

「上課應穿著整齊」的價值，潛藏的是對學生與老師關係的基本假設——老師應被尊重。又例如說，我們都聽過美國國父華盛頓砍櫻桃樹的故事，事實上，這是個編出來的故事。這個故事反映出誠實是個重要的價值，但這個價值後面有個重要的假設，那就是，誠實的人會得到好的回報。

根據人類學者研究，可粗略地把人類文化分為兩大系統，一為酒神文化；一為日神文化。酒神文化的特色是今朝有酒今朝醉，樂天知命，不為未來擔憂，錢多錢少沒有什麼關係，多屬物產富繞的社會。相對地，日神文化，不縱慾，努力工作，為未來打算，如漢民族、英美等皆屬之。因此，用功努力是不是好的，努力是不是就會成功，實為一特定文化價值體系中的想法，而非普世的價值或真理。究竟文化之間存有那些價值或假設的基本差異？我們在下一節進行討論。

參、文化的基本假設

前面已提過文化是一群人共同的信仰、規範和價值。通常文化藉由神話、故事、語言、儀式和典禮來傳遞，而要了解不同社會或不同組織的文化，除可從舉辦的典禮以及流傳的故事或神話一窺究竟之外，深入從文化的三個層次進行剖析，包括文物、價值和假設三個層次，則可對文化有更深刻的體會。本節提供第三個了

解文化意涵的方向，即文化的基本假設，分別是與環境的因素、人類行為的本質、真相與真實的本質、時間的本質、人性的本質、以及同質與異質 (Hatch, 1997)。

一、與環境的因素

中國或日本社會傾向「天人合一」尋求與大自然和平共處的和諧，例如將環境的災害如山崩、土石流、乾旱、蟲害和水災等，視為人與環境共處無可避免的挑戰。西方則傾向「人定勝天」因為不向環境低頭，西方社會投入相當研究發展的心力，來了解環境、掌握環境，甚至征服環境。但隨著科技的發展，種種環境力量的展現，西方過去對環境的假設已有所改變，並積極尋求與環境和平相處的可能性。

二、人類行為的本質

組織成員工作時，給人的感覺是主動積極或是消極態度？飛利浦在全球各地設廠時，會考量國家文化的不同，他們在決定先進大陸或印度設廠時考慮，印度雖是民主國家，政治穩定而且有自由財產權，不過人民的價值觀著重在輪迴，工作態度比較消極，而中國人很現實，很愛賺錢，飛利浦最後決定先在大陸設廠，雖然大陸並非一個民主國家。又，同樣在共產統治時期的各東歐國家，在二次大戰前比較富裕發達的國家，如東德、捷克、南斯拉夫等國，即使在蘇俄統治時，還是比其他東歐國家富裕。可見，不同文化的行為對於經濟發展也有相當的影響力。

三、真相與真實的本質

真相或真實是如何被決定或被呈現？有沒有惟一客觀的真實？又誰說的是真理？是老師？或是媒體？不同文化，面對「真實」有完全不同的態度。不論古諺或現代好萊塢電影，有所謂的「吾愛吾師，吾更愛真理」，或如電影全民公敵所傳達的訊息「小人物只要堅持下去就會成功」，反映西方對真理的追求。相對地，漢民族是相當務實的民族，很容易妥協，真理是什麼不重要，能夠活下去就好。對於不顧一切發現真相的行為則不如此重視或肯定，就是文化不同使然。

四、時間的本質

不同的文化對於時間的看法與認定有相當大的差異。印度等文明重視輪迴，當下的種種都與過去的作為有所聯結；中國重視現世，因此一寸光陰一寸金，活在當下；西方則關心能否上天堂，主要是看未來。又例如有人對時間的看法是比較直線的，如歐美人一般在同一時段只能專注於一件事中，這也是工業社會的特性，而巴西人則是比較多元的，所以他們認為人們可以同時做很多事（Levine, 1997）。

五、人性的本質

人性本質的假設可以是人性本善、人性本惡或人性本無善惡。人性本善因此人人皆可以為堯舜。人性本惡所以每個人都有原罪，

需要上帝的救贖。我國公部門或企業制度的設計精神若偏重在防弊重於興利，即是反映對人性本惡的假設。因此對人性本質的不同假設，對後續個人或組織作為有極大的影響，對制度設計亦是截然不同的挑戰。有的企業採人性本惡的假設，如台塑企業，精於制度設計的精確分工與控管，十分成功；同樣地，有的企業採人性本善的假設，如惠普公司或宏碁企業，善於創新與員工自我管理，亦非常成功。這些例子說明對人性本質的假設並無對錯好壞，關鍵在於對人性本質的假設是否與組織的結構設計、控管制度和環境挑戰互相搭配而已。

六、同質與異質

以前美國人稱他們是大融爐，融合許多來自不同文化的移民，但現在他們已經改稱他們是沙拉盤 (salad bowl)，強調尊重多元族群文化。他們尊重個別的文化、語言，並不加以改變，美國的各個民族可以和平相處，又保有各自的異質性，反映其對異質的包容和尊重（也因此美國不再自稱是文化大熔爐，因為大熔爐是代表單一文化）。反觀日本、韓國則是另一個極端，幾乎不容許異質性的存在。過去中國社會罵人雜種是對別人很嚴重的污辱，正反映我們對不同背景或非我族類的排斥，亦即對同質性的重視。

觀念澄清——文化可以操弄或需要操弄嗎？

文化不是工具或手段，而是一種生活方式，很難操弄。若組織的中階和基層主管想改變組織文化通常是很困難的。因為要改變文化，必需先獲得組織的認同。為獲得組織的認同，需先行適應組

織內的文化，才能進行體制內的改革。然而一旦適應組織文化，沈浸其中，改變的動力不復存在。相對地，若是組織高階管理者擬改變組織文化，可採用的手段則來得豐富許多而有較高的可行性，但也不如一般想像的容易。因為組織規模愈大，層層結構，即使是企業老闆依然有諸多決策上的無奈，可能連更換身邊的秘書都有困難，遑論其它。因此學習組織文化，目的不在操弄文化而在深刻體會文化的內涵與形成機制，提醒管理者即使是日常生活的管理語言、行為、儀式或典禮都是文化的呈現，亦是塑造文化的機會。

肆、文化差異

因為環境、歷史種種因素的作用，每個組織或社會所形成的文化——文物、價值規範和假設均存在差異。究竟如何描述文化之間的差異？

一、強勢（中心）文化與弱勢（邊陲）文化

文化沒有對錯或是好壞的區別，但有強弱的差異。以現況而言，西方為強勢文化，東方為弱勢文化；在台灣，台北是強勢文化，其它地區是弱勢文化。因為不論是在事實的呈現或問題的解讀，往往都是從強勢文化的觀點出發，而忽略其它觀點的可能性。每個地區都有主體性，都有觀點需要呈現，但卻在文化相接觸的過程中，強壓弱，讓所謂的弱勢文化（或邊陲文化）的觀點和看法

沒有任何發言的機會，亦缺乏呈現的舞台空間。以美伊戰爭或美國反恐活動為例，主流媒體畫面幾乎一面倒傾向美國的觀點。新聞媒體所呈現的即是強勢文化的觀點——世界的秩序遭受破壞，而忽略弱勢文化的想法——權益受損群體的吶喊和不平。組織中因為權力不對等而出現的「中心文化」和「邊陲文化」的差異更是不勝枚舉。

二、主文化與次文化

文化可以有主文化、次文化等不同層次。在主文化與次文化的互動交流中，會呈現給人文化是異中有同、同中有異的感覺。講到中華文化，大家就會想到故宮、山河等具代表性的建築物或風景，但是在廣大的中國大陸裡，南北方的文化還是很不一樣的，這就是次文化的不同。台灣雖小，濁水溪以南和以北整個風土民俗給人的感受就很不同，台北人、非台北人的分類更是次文化之異的展現。然而，次文化在一些基本價值觀、儀式典禮上與主文化的差異有限。

三、大眾文化與精緻文化

我們對許多民族文化的理解相當程度來自歷史因素，例如世襲貴族的信仰、價值和假設，這些文化觀點與普羅大眾的信仰、價值和假設自然存在相當的差異，且不易溝通。中國過去婚姻講求門當戶對，即可視為避免大眾文化和精緻文化的差異對婚姻的不利影響。現代資本主義社會所存在的大眾文化和精緻文化的差異，

則相當程度來自所得能力的差異、教育程度的差異等。企業員工來自各個階層，有的出身良好，有的來自非常基層的社會。掌握權力的統治階級通常生活在精緻文化中，對於大眾文化的瞭解可能有所不足，連帶影響他們決策的品質。

伍、跨文化比較

依據Hofstede (1980)對組織文化的比較研究，歸納發現進行跨文化比較的研究時，可據以描述各文化差異的構面，分別為權力距離（power distance）、對不確定性的規避程度（uncertainty avoidance）、個人主義程度（individualism）和陽剛性（masculinity）。分別說明如後：

一、權力距離

文化強調個體之間權力地位平等的程度。中國自古強調男尊女卑、長幼有序、尊師重道、君君臣臣、父父子子等，即反映中國社會對階級、尊卑的重視，因此子女、部屬和學生在下，父母、長官和老師在上，不得踐越，即使今日，學生依然覺得需要尊重老師、子女應該順從父母、部屬應該聽從長官，此即權力距離大；反之，西方文化的吾愛吾師吾更愛真理、人生而平等等，反映的是對每個個體權利的重視，即所謂權力距離小。但是，即使在西方，不同的國家權力距離還是很不一樣，荷蘭以及北歐國家是非常強調平等的文化，相對而言，德國、法國就未必如此。

二、不確定規避

基本上,人都不喜歡不確定。但以日本為例,由於非常不能忍受不確定性,因此擅長規劃、預測,讓未來的情況盡量納入可掌握的範圍內,屬不確定規避程度高;反之,台灣屬移民社會、賭徒文化,享受不確定性或可以容忍不確定性,屬不確定規避程度低的國家。事實上,台灣人連自己的國家、民族認同都可以模糊處理面對,還有什麼不確定無法面對的呢?台灣在資訊產業的競爭力比日本還行,與這種能夠面對不確定的能力有很大的關係。

三、個人主義

前面以東西方地址的書寫順序,說明個人主義和集體主義的差異。西方認為先有個人才有家庭,有了家庭才有組成社會和國家的需要;反觀華人文化則是沒有國那有家,沒有家那有個人。因此,西方思維係以個人為核心,思考個人與家庭、與國家的合適關係,只有有利個體發展的家庭或國家才有存在的必要,屬個人主義;但中國傳統的思考則以整體為出發點,致力追求總體利益最大,鼓勵犧牲小我完成大我,並以光宗耀祖或榮歸故里等規範來表現集體主義[1]。但從另一方面來說,華人似乎也是最個人主義的文化,所謂「個人自掃門前雪,莫管他人瓦上霜」就是這個反應。在西方社會,每個人可以直接與上帝交通,但在個人與上

---

[1] 強調個人忽略團體當然有其缺點,如同重視總體發展犧牲個體自主性是一樣,因此西方藉運動來加以彌補,西方的運動如足球、棒球、籃球等都是團體運動,團體中沒有個人英雄,重視團隊成果的達成。相對地,中國傳統的運動則多屬個人運動,如國術、劍道或踢毽子、跳繩等,來尋求個人的表現。

帝之間的組織就是各種會社或市民社會的組織，他們雖是個人主義卻很習慣於團體組織。但在華人社會，個人是定義在家族、宗族中的，當家族沒有了後，個人也就失落了，要這些個人適應團體組織或其他的市民組織，並不存在於我們固有文化之中。所以，華人的極端個人主義與西方學理定義的個人主義有本質上的不同。

四、陽剛性

陽剛性格以美國和日本最重，牛仔、切腹自殺、傾向好戰算是他們陽剛性之象徵之一。芬蘭、挪威、瑞典等國則被認為是較溫和陰柔的民族，主張和平重視男女平等。雖然美國十分強調男女平等，但截至目前為止，500大企業的女性高階主管的比例不到10%，從來沒有出現過女性的總統或副總統，可見美國人說是男女平等，但距離實際理想還有相當距離。

陸、文化指標

每種文化背後都有一組隱含的信仰或假設，生活其中往往不易覺察。這些信仰或價值均自個體出生開始，即有意無意地藉由故事、神話和語言，來傳達、灌輸，以致根深柢固，深藏於成員的潛意識之中。如何察覺自己所屬文化的信仰與假設？最經常的途徑是來自與其他文化的接觸經驗，藉由觀察、比較、親身感受，才得以發現個體行為或決策判斷所依賴的價值與信仰。此外，諸

多跨國文化的比較研究，對於體會各個文化的內涵亦有相當助益。

Hampden-Turner & Trompenaars對美國、英國、瑞典、法國、日本、荷蘭、以及德國七個資本主義國家的跨文化比較研究，所獲致的文化指標，分別是普遍主義或特殊主義、分析或整合、個人主義或集體主義、內部導向或外部導向、依序處理或同時處理、贏得的地位或賦予的地位，以及平等或階層[2]。詳細說明如后。

1. **普遍主義或特殊主義**：英、美等國喜歡發展基本原則，一體適用，屬普遍主義；相對地，中國人常說的「此一時也，彼一時也」「好漢不吃眼前虧」傾向特殊主義。法國也是比較傾向於特殊主義。

2. **分析或整合**：以醫學為例，西醫以解剖學為基礎，長於分析，擅長科學，相對地，中醫視身體為完整的系統，強調五行、血氣等，因此看問題會傾向全方位，重視配套措施。但究竟需從那些方位，又該有那些配套，又往往需借重分析的能力。西方發展出的經濟學、管理學、政治學等分析性的知識，與其文化的特性有密切關係。另以簡報軟體powerpoint為例，結構的設計上就是已設定簡報者對問題或解決方案的陳述，是第一點，第一小點，第一小小點……依序分析式的說明。

---

[2] 詳細構面以及構面的意涵，參考徐聯恩譯，1995，國家競爭力，台北：智庫文化。

3. **個人主義或集體主義**：前面已有討論，基本上，英、美、法等國比較強調個體的主體性，相對地，德國、日本等則重視群體和諧和關係維繫。

4. **內部導向或外部導向**：係指當困難發生時，是向內看或向外看，即如何歸因，如果都是別人害的、環境不好或時機不佳等，屬外部導向，因應的策略為重視外部關係的建立與資源的獲得。相對地，傾向歸因於內部條件或資源的不足等，屬內部導向，因應的策略在強調內部資源的調整或人員的重新配置等。

5. **依序處理或同時處理**：對時間的原則是一件做完再開始做另一件，或是同時處理。先進國家的文化中以依序處理的較多，充分反映在英美的教科書，經常需要思考的議題是：「什麼是你的優先次序？」，即物有本末、事有先後，代表一個時間只能處理一件事，決定並排定優先次序十分重要。相對地，嘗試同時間從事多項工作，一般而言，較不適合現代商業社會。但是，這並不表示一個人不能多技能，在不同的時段從事不同的工作。

6. **贏得的地位或賦予的地位**：指個體的社會地位是爭取來的，還是被賦予的。例如過去君權時代，強調君權神授，即權力是被賦予的；相反地，在自由競爭的現代市場中，則允許並鼓勵個體善用其聰明才智來獲得財富以及社會地位。

7. **平等或階層**：類似權力距離的觀念，台灣的社會是重階級的，相對地，北歐或荷蘭等國家是平等的。例如荷蘭乘客搭乘計程車時，乘客是坐在司機旁邊，反映荷蘭社會的平權與彼此尊重。又例如許多本國銀行和外商銀行的佈置，容易予走進其間的顧客完全不同的感受，前者是保守、階級；後者是現代、開放，亦充分反映組織文化屬階層或平等的差異。

柒、如何形成、學習與改變文化？

一、如何形成文化？

文化的形成多與創辦人的理念和信仰有密切的關係，隨著組織成長規模擴大，組織文化受創辦人影響的程度是否會遞減，相當程度決定於創辦人的影響力是否落實於組織的制度之中。以下說明文化形成的影響因素：

1. **創辦人的特質**：創辦人的特質如王永慶實事求是、節儉勤勞的特質，或惠普創辦人的惠普風範，或是施振榮對人性本善的信仰都深刻地影響所創建企業的文化特性。

2. **招聘人選**：什麼樣的人得以進入組織工作？進入組織之後，什麼樣的人得以持續留在組織內？前者是過濾機制，後者是保留機制，使組織的成員趨於認同共同的信仰、價值與規範。假設中鋼的企業文化是嚴肅的，則中鋼找來的人，就傾向嚴肅不活潑；如果選人失誤，有活潑的人進入中鋼，保留機制會發揮作

用，讓成員因個性與組織文化不一致而離開，或是改變員工原來活潑的個性融入企業的文化，因此藉由人選招聘與淘汰，企業的文化得以持續。

3. **高階管理團隊**：高階管理團隊因為職權的關係，不論是談話、開會、報酬制度設計、公開表揚等，舉手投足都在向組織成員傳達組織重視的價值或規範，而對組織文化有深遠的影響。

4. **社會化過程**：新進人員藉由與既有成員的互動，很巧妙地從既有成員的手勢、應對、表情和各個事件的前後因果關係，學習在組織中可被接受的合適行為，而自然地達到傳承和維繫組織文化的效果。除非新進人員的職位很高，被組織賦予的職權很大，才有可能改變組織原有的文化，這也是為什麼推動組織變革的企業會聘用外來的高階主管，來進行組織文化的改造。

二、如何學習文化？

以上討論組織創辦人的特質如何形成組織文化，並藉由人員招選、高階管理團隊和社會化過程來維繫傳承組織文化。對員工而言，究竟係藉由那些機制來學習組織的文化？

1. **從故事**：例如麥當勞流傳的故事之一，指出麥當勞的創辦人到各個分店巡視的時候，都是看廁所清潔與否，因為創辦人認為麥當勞是賣衛生，而不是賣食品。姑且不論這個故事的真偽，

這個故事已清楚地讓麥當勞的員工學習並了解麥當勞重視的規範與價值。

2. **從儀式**：美國非常精於舉辦儀式，如NBA頒獎典禮、奧斯卡金像獎典禮、總統就職大典等，都可從儀式傳達重要的價值。例如組織重視創新，當員工有重大創新時，藉由儀式來表彰員工在創新上的優異表現，是最有效讓員工學習組織文化的途徑之一。

3. **從符號**：前面已有討論，所謂符號內容包羅萬象，只要是可以傳達特定價值或意念的人造物均屬之，如品牌、logo（識別標誌）、辦公室的位置分配、裝潢、色彩、公司大廳的擺飾等，都可能有意無意地讓員工學習組織的信仰、規範和價值。

4. **從語言**：青少年常以慣用語，來判斷是否非我族類。組織中成員互動所慣用的詞彙、稱呼，以及什麼樣的用詞是不被歡迎，或是在什麼場合與什麼人對話合適的用語，亦可讓成員對組織文化有所學習。

三、如何改變文化

我們已知文化沒有好壞、對錯的問題，只是能否與環境搭配。隨著競爭環境日趨激烈，不同文化有愈來愈多接觸的機會，為能在市場競爭中佔有一席之地，組織常常有改變組織文化以配合環境的需要。以下說明組織改變文化，可以參考的步驟與作法。

1. **組織文化診斷**：行動之前絕對有必要對問題做澄清。因此文化改變的首要之務在了解組織現有的文化特色，以及促成組織形成既有文化的機制所在。組織文化診斷又注意很多員工間互動的小細節，而不是單純發些問卷調查就可以清楚的，人類學家對此比較能夠掌握。

2. **找出公司最需要的文化要素**：了解組織既有的文化後，接下來的工作是環顧競爭環境、本身優劣勢，找出公司最需要的文化要素。建議可參考本章第陸節文化指標與特質的說明，來檢驗組織最需要的文化要素是創新？注重細節？或容忍不確定性等。

3. **以身作則**：確定公司最需要的文化要素後，作為領導者或高階管理團隊就要以身作則。例如公司最需要的文化要素是重視團隊合作等，公司領導者或高階管理團隊就要以身作則，用行動大聲地向員工提示團隊合作等的重要。以身作則說來簡單卻難以落實，特別是華人文化，習於陽奉陰違、說一套做一套，生活經驗中到處充滿便宜行事、彈性權宜的事例，因此領導者或高階管理團隊需對此特別自覺，否則員工勢必依照往常，認為「老闆講他的，我們做我們的，過一陣子，老闆會忘記」，如此文化改變只是緣木求魚而已。

4. **獎勵的配合**：從本書第一章〈管理十要〉的討論，即不斷強調績效與員工行為的聯結，否則難以奏效，因此不論組織期望員工的行為朝什麼樣的方向改變，絕對要注意獎勵的配合，以求

落實。

5. **注意行為語言的溝通**：習於說一套做一套的結果，就是老闆或組織在宣示工作重點時，員工總是會觀望一陣子以了解組織宣示和行動的決心，再決定是否要全力以赴。不只領導者或管理團隊在考核員工，員工也在觀察領導者和管理團隊，因此，領導者和管理團隊需相當重視自己行為語言的互動，而不只是口頭語言的溝通而已。

6. **不能容忍違反公司文化的行為發生**：端視企業的運作機制，有些企業對於某些文化中的價值是不容挑戰的，例如說，誠信正直。因此，當員工違背這個原則時，就一定會受到處罰，無可寬貸。當然，也有些文化並沒有那麼嚴格，並不涉及公司紀律。其實，一個公司有很強的文化的話，就很難容忍不同文化的行為，就算公司不祭起紀律大旗，這些員工也待不下。這可能造成公司僵固，對公司是好是壞還很難說，因此，組織是否認真地推動組織文化的改變，從組織對違反公司文化行為的容忍程度可一探究竟。

7. **不懈地推動**：不論是推動組織再造、知識管理、學習型組織或是ISO9000，都需要組織領導者和管理團隊不氣餒，不鬆懈地推動，否則都只是一陣流行風，無法變成組織文化的一部分。

四、文化的相關議題

人類學家紀爾茲（Clifford Geertz）對文化是採詮釋的角度來說明：要活在其中才能感受得到文化。他認為人與人在彼此之間編織了許多意義網，依賴許多物品、規範來表示彼此的關係（像學生在課堂上就是應該守規矩等）。未來的組織文化研究中，下面幾個議題值得注意：

1. **購併**：因為組織文化的不同，購併常常會失敗，所以應該由某一家公司的文化來掌控被購併公司會比較好。

2. **外籍員工的文化問題**：當企業聘用外籍經理人，通常可以反映這家企業的國際化程度提高。隨著國際化，公司的很多員工是來自許多不同的國家，之間的文化處理是值得探討的。

3. **駐外人員**：台灣企業至外國或是大陸設廠時，前幾年大部份的員工會比較想要到美國去，但現在則都比較願意到大陸去，因為彼此的文化比較接近的緣故。

4. **女性員工的問題**：尤其是高階管理人，常會出現很有趣的文化現象。女性主管為了顯現其大公無私的形象，往往會對手下的女性員工較為苛求，對男性員工反而要求不那麼嚴苛。除非是像在花旗銀行那種多數員工為女性的企業，否則這種現象的確是存在的。還有，在美國有很多小企業主是女性，這是因為有能力的女性在官僚體制中的升遷困難，所以往往就會出來創業

而造成的現象。

隨著市場全球化和知識經濟的來臨,組織文化已是愈來愈重要的
管理課題。如何藉由組織文化的塑造和建構,來影響組織成員的
行為,有效地達到目標,是管理實務工作者關心的議題。但本章
從更大範圍的文化意涵、文化的層次、跨文化比較的構面來進行
討論,試圖讓讀者對於「文化」,不僅看到文物,如語言、穿
著、居住環境、品牌等表面的展現,更能察覺體會文化深層所蘊
藏的共同價值、規範和信仰。

此外,愈能掌握不同文化潛藏的價值和假設,愈能具有反省與創
造的可能性。本章介紹Hampden-Turner & Trompenaars以及
Hofstede的研究,不難發現,即使在傳播科技發達、各國交流
頻繁的世界裡,各個民族或社會所信仰的、所規範的以及所重視
的價值依然存著鮮明的差距。這對於日益擴大地理涵蓋範圍的台
灣企業,具有非常重大的管理意義。因勢利導,因地制宜,在管
理上絕對有其必要,但進入不同的社會或陌生的組織,管理者要
如何因勢如何因地,相當程度即需奠基在對所在社會和組織文化
的了解。本章所介紹的跨文化比較構面,提供管理者一個認識不
同文化的起點。

組織文化的形成係透過創辦人的特質、人員招聘、高階管理團隊
和組織成員長期的社會化過程交互作用而來。究竟如何管理組織

文化呢？基本上文化是不能被管理的，然而經理人的一舉一動的確是帶有文化意涵，可能會改變所處的公司文化。造成的作用有好有壞，所以管理者對「文化影響」應該要保持敏感。換言之，組織文化非一朝一夕可以建立成形，而改變組織文化亦非易事。因此管理者應謹慎思考在組織中制定的每個決策、宣示的每個想法，對組織文化塑造與深化的可能影響，而採長視野的格局來看待組織文化的相關議題，而非期望藉由對組織文化的操弄，產生立即可見的改變或績效。

問題討論

1. 本章最有用的觀念為何？

2. 你要如何在公司推廣這個觀念？

3. 你所屬企業的組織文化有何特質？

4. 你所屬的企業的組織文化，你認為需要在那方面進行改善？

參考文獻

徐聯恩譯，Hampden, Charles & Trompenaars, Alfons著，1995，《國家競爭力——創造財富的價值體系》，台北：智庫文化。

馮克芸、黃芳田和陳玲瓏譯，Levine, Robert著，1997，《時間地圖》，台北：台灣商務印書館。

Geertz, Clifford. 1973. *The Interpretation of Culture.* New York: Basic Books.

Hatch, Mary Jo. 1997. *Organization Theory - Modern Symbolic and Postmodern Perspectives.* New York: Oxford University Press.

Hofstede, Geert. 1980. *Culture's Consequences: International Differences in Work-Related Values (2nd edition).* Beverly Hills, Calif.: Sage.

Schein, Edgar H. 1985. *Organizational Culture and Leadership.* San Francisco: Jossey-Bass.

企業形象與公關

企業形象之於企業，就如同
產品包裝之於產品，需要謹
慎的設計與管理

學習目標

1. 學習企業公關對塑造與維持企業形象的重要性
2. 了解企業公關的內涵、基本要素與功能

導論

1950年代台灣才開始有公共關係的概念，但宥於當時的政經環境，公共關係或企業形象在台灣並未受到重視，也因此很少有企業會成立一個獨立的部門來進行公關工作。直到1987年開放報禁、黨禁，以及後續一連串的產業解除管制，邁向自由化以迎接全球的市場競爭，讓公共關係或企業形象的議題受到愈來愈多的重視。此從台灣專業公關公司倍數增加，不論是政府或企業的公關部門都從冷衙門變成當紅單位的改變可得到印證。

由於外在環境的重大變化，企業生存不僅要注意實質面——是否有效地滿足顧客和相關利益團體的需求，亦需相當重視形象面————是否讓顧客和相關利益團體認為企業有效地滿足相關利益團體的需求。兩者不可偏廢。

本章目的在針對企業如何進行公關，以建立維繫良好的企業形象進行討論。首先從企業最經常使用的名片談起，回顧台灣企業對企業形象和企業公關的一般看法與作法。其次，進入主題從不同

的觀點，說明企業公關的重要性。第三探討企業公關的工作內容、基本流程等。最後說明企業公關的基本信念。

壹、名片——企業形象的第一步

一般企業經營者或工作者每天幾乎都離不開名片的使用，給別人名片或收別人給的名片。但名片被期許扮演什麼樣的角色？又什麼樣的名片稱得上是一張好的名片？恐怕不是很多人會花時間注意的。

有人認為好的名片需有企業的識別標幟 (logo)，有人認為好的名片需字體美觀、材質講究和配色悅目，也有人認為好的名片要有色邊、個人相片、產品特性、公司特性等。

但事實是名片的空間有限，名片是要用來推銷公司的形象，還是產品的形象？基本上是兩個有所衝突的目的，因此在設計名片之初，即需確定名片是要做什麼用？如果是一位房地產的仲介商，可能加色邊，以讓持有者容易整理容易使用；但如果是中華民國總統李登輝、陳水扁，已經很有社會地位或知名度，名片上可能只需印名字三個字，連電話都不必印即可，因此，名片的內容與目的，與使用者從事的行業和本身的社會地位是密切相關的。

其次，從名片的內容亦可進行有趣的觀察。例如台灣學者的名片總是印有某大學博士，但美國學者的名片甚至連 "Ph.D." 都不會

印。似乎台灣學者自覺大學教授、副教授或助理教授的社會地位並不穩固，而需藉哈佛、耶魯等名校的聲譽來肯定自己。相反地，美國教授的地位比博士還重要，既然已是教授就自然沒有再印出博士字樣的必要。

此外，名片還可反映個人的風格 (style)。例如名片的美感重不重要？可能問題是印名片的人根本沒有想得如此複雜，但為什麼台灣經常看到的名片總是塞得滿滿的，不是個人的經歷，就是林林總總的產品名稱。此與社會的進步程度有密切相關。社會進步到一個程度，就會要求美感。過去十年，的確可以觀察到台灣企業的名片、公司簡介 (brochure) 的水準均在提升。從早期的功能導向，到近來重視企業風格 (style) 和形象 (image) 的展現。

名片的昨與今——管理的動態性

就好像過去有東西吃就好，然後，希望吃飽，慢慢開始希望到有氣氛的地方吃飯，亦即，早期重視實惠，現在則除了實質的功能外，開始注意有沒有美感。這樣的變化，從台北流行餐廳的改變可獲得印證。依靠環境設計和佈置吸引食客的餐廳，雖然現在流行，但二十年前一定無法存活。同樣地，過去注意名片或公司簡介的美感既不經濟也沒有需要，但現在企業則不能只注意名片和公司簡介「告知」的實質功能，也要注意名片和簡介反映企業形象的重要作用。

當然講究企業形象是有困難的也是需要支付代價的。以台灣的印刷技術而言，印名片500張，很難做到每一張的色彩和油墨都是

一樣的，或許有300～400張還可以的，但就是有100張印不好。可能會有人認為：需要要求這麼多嗎？究竟是成本控制為先或是呈現風格為重？以美國企業為例，即使面臨倒閉的威脅，所提供的名片、宣傳品等還是相當注重專業形象的呈現，可知，對這些經營者或組織成員而言，企業形象的建立與維護已不是成本的問題，而已是全體對美感要求水平的體現。

台灣過去光面的、撕不破、防水和耐用的名片十分流行，正充分反應出當時追求實用、廉價 (cheap) 和炫耀 (showing) 的文化特質。但這種材質的名片已愈來愈少見，另如誠品書局開始販售漂亮有設計的紙張也是最近十年的事，正足以反映台灣商業水平的轉變。

最後，除了材質之外，字體在美感的呈現上亦十分重要。以英文字體為例，不同字體呈現出的形象均有不同，讀者可從各種原文的時尚或商業雜誌或是廣告的字體體會英文字體的多種變化。

形象值多少錢？

我們曾對一般企業人士做過非正式的調查，發現大部分的企業人士只願花 5 萬元以下的價格請設計師來設計個人的名片，正足以反映我們對於「形象」這項財貨的消費意願還不高。

小小一張名片是建立與維護企業形象的一部分，而要設計一張好名片更是需要諸多專業以及對企業特質的充分掌握。過去少有企業設立公關一職，若設有公關，主要的工作不離為公司調頭寸、

喝酒應酬，但現代企業的公關實是企業十分關鍵重要的職位，其工作在有系統有計劃地呈現公司，而在發生特殊狀況時，更要有將特殊狀況化危機為轉機的能力。

但目前真正的公關公司都在台北市，對高雄市或台灣其它城市的公司多只能靠個人的時間、魅力來經營企業與社會的關係，這也是為什麼企業主需要經常喝酒、與媒體建立關係，其在建立企業形象的專業性和時間配置都受到相當的限制。

除名片之外，公司的宣傳品以及辦公室的位置和擺設亦是公司形象的體現，因此，除了考量名片、宣傳品和辦公室的實質功能外，整體有沒有呈現出美感，在講究企業形象的現代商業世界中至為重要。公關公司不只協助企業名片、廣告小冊或辦公室的設計規劃，亦對企業主的對外發言、接待來訪外賓、與員工的應對等提供意見，以下詳細探討公關的職責與主要的工作內容。

貳、企業公關

一、企業公關的重要性

公共關係的內涵，用通俗的話是「一張笑臉，二句好話，三杯黃湯，四季送禮，無事不成」。送禮的重點在維持人際網絡，除了藉以掌握和了解企業經營所需各項資源的來源外，更要讓社會知道我們的專長和優勢，以極大化商業機會的可能性。具體來說，企業公關是一種管理功能，選擇與企業相關的目標群眾，建立起

雙方溝通管道，維繫彼此互惠（雙贏）的關係，以營造促使企業達成目標的整體環境。亦即，企業公關重要的功能在讓人知道你在幹什麼？你是誰？你能或不能做什麼？

以2000年榮獲諾貝爾文學獎的高行健為例，過去曾為周恩來的法文秘書，或許如大陸學者所言，作品比高行健意境高的作者不只一個，但為什麼獲獎的是高行健而非他人？高行健於六四天安門事後即留在法國，在歐洲的藝文界有相當的互動和網絡關係，作品是用法文寫的，並被翻譯為瑞典等多國語文，或許大陸真的有比高行健好的作家，但別人不知道，如何能有獲獎的機會？其實許多現代藝術家要成名也都要靠公關，否則的話，可能就落到像梵谷一樣，身前沒人能夠欣賞他的價值。就企業而言，有實力當然很重要，但有實力後，不是企業公關變得不重要或不需要，相反地，企業公關更重要，如此才能讓企業的實力廣為人知。像現在企業非常重視投資法人關係，其實就是公關活動的範疇。

觀念澄清──對企業公關的誤解

可能有企業人士認為企業公關是企業的一種包裝，包裝的目的就是要欺騙別人，這是對企業形象或公關的誤解。舉例而言，甲公司很棒，不擅包裝，在市場競爭中不敵另一不是很棒卻很會包裝的公司，如此不是很可惜嗎？注重包裝主動出擊儼然已成為新的商業競爭方式。

由於企業經營的壓力，企業愈來愈難有餘力去關注非本業核心以外的發展，或去市場中尋找合適的交易夥伴，也因此有愈來愈多

公司會做主動接觸，展示他們好的產品或服務，爭取交易機會。相對那些擁有更好產品或服務的企業，沒有主動出擊，最後只能「孤芳自賞」實非意外。

為什麼讓企業的實力廣為人知，在近年來變得越來越重要？此當然與外在營運環境的改變密切相關。主要的改變如全球性競爭，趨使企業不只需注意實質面亦需重視企業的包裝與公共關係，此外，環境的複雜度提高，公關得針對企業引發爭議的議題進行解讀，引導輿論方向。在傳播媒體自由化的環境下，企業必須非常謹慎避免媒體無端製造謠言，對企業造成極大的傷害。同時，消費者意識抬頭，企業需對涉及消費者權益的決策進行解釋，以爭取消費者的持續支持，追求永續經營，更是企業維護形象，重視公共關係的根本動力所在。

以網路公司為例，其對於銷售企業形象不遺餘力，因為許多網路公司還處在銷售夢想階段，讓顧客，即投資大眾，有更豐富的知識，體認未來世界的改變。

面對各種環境的變動和經營不確定性，往往不只外界，通常內部的員工也不清楚公司要做什麼或在做什麼，因此，公關的活動內容不僅限於對外關係，促進員工間的彼此溝通，增進員工對公司未來政策方向的了解都是公關的範疇。亦即，企業公關一方面需尋求溝通管道或影響方式來與外在環境互動與對話；另一方面需對內溝通協調讓企業凝聚並兼具彈性。

觀念澄清——花錢可以建立企業形象？

建立企業形象當然需要投資，但花錢卻不必然可以有效建立企業形象。但企業形象究竟是要促銷公司形象 (corporate image)、品牌形象 (brand image)，還是產品形象 (product image)，必須規劃時加以釐清，不是花錢打廣告重新設計招牌、員工制服、公司信封信紙就可以建立企業形象。

二、企業溝通形式組合

依企業溝通對象的普及程度，以及溝通的單位聯絡成本，可以企業的溝通型式做一依序排列，如圖14－1所示。企業的溝通組合包括：溝通對象最多，單位聯絡成本最低的公關及新聞報導，然後是廣告、直接信函及各種促銷活動、產品型錄產品文件和手冊、電話行銷，再來是溝通對象最少，單位聯絡成本最高的業務代表。

以產品型錄、產品文件和手冊為例，公司要呈現什麼形象 (image)？公司是否關心水準如何？若是認為企業就是要賺錢，不需風格、美感，自然沒有討論的必要，但從簡單如名片、產品型錄和手冊等，就能讓人知道企業是什麼水準的組織，實不可不慎。

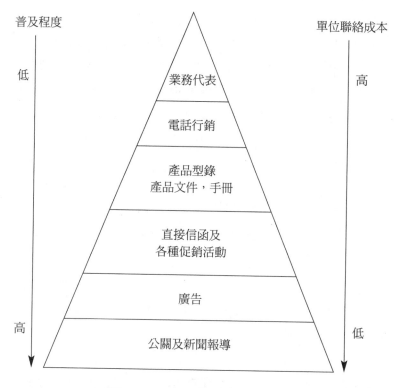

圖14-1　企業溝通形式組合

以政府機關塑造形象為例，似乎第一件事是重新設計機關標誌（logo），但標誌的目的是什麼？讓人們對政府部門或機關的標誌有印象要做什麼用？根據研究顯示，人對圖案的記憶能力遠低於對文字的記憶能力，雖然圖案可以加強理解，但從記憶的角度，圖案卻不是好的選擇。一般而言，好的廣告讓人們記得的一定是

廣告詞而不是圖案，這也可以說明為何國際大型企業的標誌都與公司的名稱結合在一起，如 IBM、AT&T、新力、3M等。反觀國內企業形象的設計與推行總附帶圖案式的標誌，反而模糊訴求的重點，加重顧客記憶的負擔，實有檢討改善的必要。明碁的BENQ 就完全用公司名作為標誌，以及最近修改過宏碁（Acer）的標誌都是經過國際級設計公司設計，所以能跟上國際水平。

三、企業公關的目標群體

企業的利害關係人 (stakeholders) 係指與企業生存競爭相關的機構或部門，包括股東、員工、顧客、經銷商、新聞媒體、社區、學校、業界組織、政府、國會等，因此，企業公關的目標群體即是與企業生存競爭息息相關的團體。公關的目標群體如圖14－2所示。

股東、員工、顧客和經銷商是與企業最息息相關的利害關係人，例如台積電很有名，如果鄰居中有台積電的員工，大家都會對這位員工很好奇，可知即使是員工亦是企業公關的溝通對象，有必要增加員工對企業運作的了解與掌握。至於其它的利害關係人，其中新聞媒體以及業界組織的重要性日益增加。企業擁有的資源最容易透由媒體或是同業的關係，進行有效的傳遞。以台灣金融機構的逾放問題為例，根本源自台灣金融機構沒有力量，沒有共同的利益，而只能順從政府指示——政府要求買股票、要求融資、要求降息，金融機構都得遵行。除了金融機構受財政部業務管轄，需回應財政部的要求外，金融機構本身缺乏足以代表金融

機構利益的業界組織，才是根本的原因。

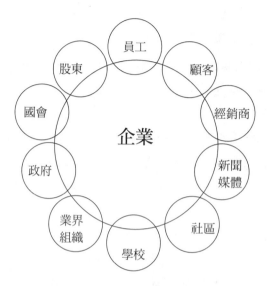

圖14-2　企業公關的目標群體

另一個值得重視卻被國內企業經常忽略的利害關係團體是企業所在的社區。所謂環境是指一家企業周圍所有的狀況，顯而易見的環境會影響企業，也會受到企業的影響。當然沒有一個企業能完善地因應社區中所有的需求，或化解社區中所有的問題，可能也不會有企業企圖如此做。但若企業忽視或處理不當，即使是社區中的少數團體或個人都可能會傷害企業的營運。換言之，社區的優勢與弱點就是企業所謂的環境，有些社區的條件不會影響到企業，但有些條件則可能會改變企業的經營，甚至於未來的發展。

例如公司如果是基於強大的購買力而設立據點在一特定的社區，

自然協助或主導地舉辦吸引更多產業到此一社區的活動，讓社區的購買力更上層樓，絕對是對企業有正面助益的作法。同時，把企業所在社區包裝為一個適合居住及工作的地點，同樣可對企業獲得質量皆優的勞動力做出相當的貢獻。這就好像日本神戶，寶鹼把日本總部設在神戶之後，還努力的在替神戶打開國際知名度，希望能吸引更多的國際公司進駐神戶。

此外，社區關係的經營還可對企業的形象建立、發掘商業機會、提高企業或經理人知名度、強化員工對企業的向心力等有所幫助。以美國奇異為例，社區關係經營的驅動力來自對社會的關心，鼓勵每一個階層的員工攜手合作，成為一群熱心協助社區的奇異人，讓社區關係的經營深植於企業每個部門及人員的工作和心目中。又例如通用汽車要求企業主管與所在社區的地區性組織配對，為每位主管設定責任區，進行實地拜訪，以了解地區性組織的困難以及對企業的期望，並藉展現企業本身的優勢和專業來回應社區的需要。同時，不論是奇異、AT&T或福特公司等企業都設立各種獎項，來表揚企業內現職員工、退休員工或員工家屬在自己社區提供卓越服務的事蹟，讓從事社區關係的個人，對自己的所作所為感到驕傲，並積極發佈消息，以提醒社區企業為他們所做的事，並樹立「該如何進行社區服務」的模範。

以上說明，目的僅在強調與企業利害相關的群體不侷限於顧客、供應商或員工，舉凡社區、同業組織、媒體、政府等也與企業成敗息息相關，需要企業加以重視並積極作為，來維持良好的企業形象，建立關係，並為企業對外獲取資源奠定厚實的基礎。

參、企業公關與企業管理

企業公關的內涵如以上所述，不難了解到公共關係的範疇絕不限於企業與外界的應酬或聯繫，舉凡對內員工或對外股東及其它利害關係人的訊息溝通或告知，均屬企業公關的範疇。因此，企業公關與企業管理有極密切的關係。以下分述之。

一、企業公關具有的功能

1. **企業公關是重要人際關係的管理**——公關活動包含各式各樣為增加各種利害關係團體對公司接受度的活動。有的活動傾向中立或是防禦性地維持商譽或阻擋攻擊；另一方面公關的活動更廣泛、更正面，也更有原創性，以產生新的並加強現在的商譽，而得以增加利害相關團體對公司的接受度，有益公司人際關係的管理。

2. **企業公關為管理決策提供寬廣的視野**——某些團體可以為企業帶來重要的利益，但也可能因為企業疏忽而把帶來利益的力量，轉變成企業經營的阻力。這些團體有顧客、供應商、政府等我們所熟悉的，但還有少數激進或特定訴求的團體，可對企業經營造成重大影響，卻被企業所忽略。觀察社會趨勢、制定因應策略、設計活動來引導趨勢走向，是公關最重要的功能，也因此有益豐富企業決策的視野。

3. **為市場行銷做前導**——透過公共或商業媒體的評論，加上在具

有影響力的場合曝光公司的產品，比較容易達成提高大眾對公司或產品接受度的目標。換言之，愈來愈多企業重視所謂的事件行銷 (event marketing)，而不直接廣告或促銷，泛亞主辦歌手五佰演唱會即屬事件行銷。又例如國立中山大學亦積極進行公關活動，設置公關室專責了解媒體對中山大學的報導，同時，推行各式各樣的活動，來吸引媒體的報導與重視，如保障畢業學生就業、新生送電腦、設立藝文活動中心。換言之，不是靠登廣告來提升學校的知名度，而是藉由辦各式各樣的活動，以不斷地上報、上媒體和上電視。

4. **為人事部門做後援**——公司的成功靠人才，研究發現有能力選擇企業的求職者往往選擇在產業排名前幾名的公司。公共關係有益公司為人所知並受重視，如此才能確保優質人力的招募，健全未來的發展。

5. **加強管理的溝通能力**——公關部門透過與各利害關係團體接觸，利用出版品、專業期刊、剪報及意見調查，得以掌握新趨勢的發展，或是預測相關事件的發生，有益加強管理者內外的溝通能力。

二、企業公關的類型

企業公關與行銷功能間的關係密切，前者處理的標的在人以及與人的關係，以改善相關團體對企業的認識並提升企業的形象。後者亦與人關係密切，但最終在能把企業提供的產品或服務被相關

利害人所歡迎。基本上，公共關係是一個可獨立運作，也可與廣告搭配整合的重要行銷工具。行銷與公共關係間的關係有如圖15－3所示的幾種可能：

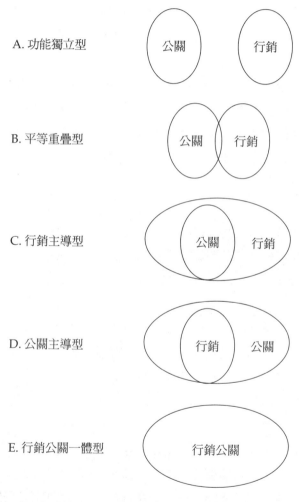

A. 功能獨立型　　公關　　行銷

B. 平等重疊型　　公關　行銷

C. 行銷主導型　　公關　行銷

D. 公關主導型　　行銷　公關

E. 行銷公關一體型　　行銷公關

圖14－3　公共關係與行銷之關係

1. **功能獨立型**──行銷與公關互不隸屬也不互動,為獨立的功能行使。

2. **平等重疊型**──行銷與公關有部分活動重疊,以增進雙方活動的成效,經過一段時間的適應,均無太大的問題。

3. **行銷主導型**──公共關係屬於行銷活動中的一個部門,如此行銷的價值會引導公共關係的發展,而使公共關係的積極功能通常無法落實發揮。類似總務部門下設工業安全科,如此在總務單位要求的施工進度和成本控制政策壓力下,工業安全的重要性常被忽視。

4. **公關主導型**──與行銷主導型相反,是公共關係為主導部門,行銷功能僅為公共關係部門的一環。如此公共關係的重要性得到實踐,但行銷功能則有難以發揮的問題。

5. **行銷公關一體型**──結合行銷與公關的活動內容並同等重視之。如前所述,公關活動作為市場行銷的前導,市場行銷作為企業公關的後盾。相輔相成,事半功倍。

誠如公關學者Lesly (2000) 所言:公共關係具有主菜的本錢,卻一直被當成剩菜。有效的行銷如同健康的飲食,需要各類基礎的營養成份,而公共關係正是成功行銷的營養成份。以韓國現代集團試圖打進美國汽車市場為例,在專業公關公司的協助規劃下,行銷活動從現代集團總裁親自拜訪美國深具影響力的媒體發行人

及編輯開始，不只談汽車，更談論韓國的發展及在世界經濟中的處境，如此作法，讓韓國汽車從未進入美國市場的缺點，反而轉化為「是韓國在美國市場唯一重要產品」的優勢，媒體將韓國現代集團理解成一個來自新興國家先驅產品的代表，如此極具新聞價值的概念，而不再只是銷售產品的商業訴求，讓美國主跑汽車的新聞界開始注意此款產品，並主動與現代集團的主管見面，結果讓現代汽車在美國市場的第一年，就創下榮登當時進口車銷售量第四名的優異記錄。由此實例，不難發現成功的行銷往往需要結合促銷、廣告、顧客關係和公共報導等多面向的活動，才能畢其功於一役。

雖然實務上公共關係與行銷可以有如圖15－3的種種型態，但從成功行銷的案例中，卻不難體會行銷與公關關係密切，應結為一體。因為公共關係不僅能成功利用公眾傳播為產品行銷奠下良好的基礎，也可以協助確定產品被拒絕的原因是否與產品有直接關係，此外，公共關係還能夠幫助組織控制風險，避免不良後果的發生。這些都是成功行銷不可或缺的。

觀念澄清——中小企業需要公共關係？

規模小的企業的確比較不會成為相關利害團體攻擊的目標，也不容易成為新聞注目的焦點，同時，也較難以與重要的團體建立有效的關係，但卻不代表中小企業不需注重公共關係。因為即使本身是整體產業裡的小兵，也要能站在趨勢的前峰，並以領導者自許，並表現得像個領導者，最終也才能成為領導者。因此中小企業需盡力發展出自己獨特的形象，例如總經理的個人魅力、領導

創新思維或議論、過去獲得特殊的獎項或從事引人注目的活動或貢獻。大公司都是從中小企業長成的，中小企業不因為規模小而不需要公共關係，而是需要不同的公共關係活動——在較少的資源基礎上，發佈公司訊息，爭取外界更多的注意，同時尋找公司現有的特色或潛在特色，然後建立活動計劃，來加強這些特色，以讓公司持續成長，具備躋身大型企業的條件。

三、公關管理的基本要素

企業不論規模大小都有進行公關活動的必要，但如何進行？在規劃與執行公共關係活動時，需考量公關管理的基本要素，包括：

1. **公關活動的必要性及優先次序**——在企業價值鏈的各項活動中，公關活動的必要性如何？相對於其他價值活動的重要優先順序又如何？

2. **公關活動所需的資源（人員、設備、預算）**——量入為出或量出為入，為執行特定公關活動需要多少資源？那些資源？進行評估以對公司適合採取的公關活動有所掌握。

3. **公關部門納入組織運作（部門之間的分工與合作）**——公共關係應屬於那個部門？公關是總經理或少數人的工作或是應納入組織的體制運作？一般而言，若公關只是少數高階管理者的工作，公關活動的效益十分有限，因此為確保公關活動的落實，公關部門有必要納入組織運作。

4. **公關活動的監督與評估**——管理最後也最重要的工作就是監督與評估，以了解成效，作為修正改善的參考。

究竟企業是否需要導入公關，考慮的因素，包括：(1) 企業本身的需求 (2) 外界環境對企業的要求 (3) 企業本身可投入的資源多寡 (4) 企業公關的範圍與工作量 (5) 管理階層與員工對公關的態度 (6) 高階主管的個性與興趣 (7) 不導入公關的負面效果評估。

其中又以高階主管的個性與興趣以及不導入公關的負面效果評估最為重要。所有的人都對人的故事感興趣，其程度遠遠超過對組織的興趣，例如對王永慶的興趣遠高於對台塑企業的興趣。因此，企業要做好公關，企業內一定要有人願意把個人拿出來促銷，如果作為高階管理者的你不喜歡怎麼辦？或許很多人認為國內知名企業奇美的負責人許文龍不喜歡做公關，但從公關的目的而言，許文龍和奇美企業在社會大眾所塑造的絕佳形象，不難推知許文龍不僅擅長公關且樂在其中，但用的是一種不明顯微妙的方式，如藝術、音樂、人文等方式來進行。

此外，企業究竟要不要導入公關，不只要思考做有什麼效益，更需要考量不做有什麼損失。大部分企業根本沒有想過這個問題，忽視公共關係對於獲取資源的重要性。過去台灣中小企業的經營總是內部導向地致力於控制成本、提高品質，壓低價格，而忽略尋找外部資源、結合資源、提升戰略位置的可能性。

以長興化工為例，該公司是公開上市公司且屢獲國家品質獎項，但該公司在1990年把公司生產的廢棄物，以不合理的低價委託外包公司處理而忽略監督之責，外包公司將所有的廢棄物都傾倒在高屏溪，成為重大環保事件。雖然犯下如此嚴重的污染事件，長興公司依然可以繼續營業。因為進行抗爭的不是高雄市民而是長興化工的員工，被抗議的對象不是長興化工而是高雄縣政府，抗爭的訴求是如果長興化工停工，員工的權益應由縣政府保障。此外，長興化工為國內供應新竹科學園區廠商必要生產材料的唯一廠商，若勒令停工影響層面廣泛。結果迫使縣政府與長興化工協議，做有條件的復工，而非採取停工以示懲罰的方式。此一案例似可說明無怪乎台灣企業不重視環保或公安等活動。但所謂公關係在協助組織和公眾相互適應，若是能預見公眾需求和對企業期望改變的企業，並順著改變趨勢著手投入公關活動，勢必可在變動快速的環境中為企業帶來諸多好處。

四、企業運用公關的選擇方案

基於上述，企業對於公共關係活動的執行存有相當多的可能，以下一一說明。

1. 根本不做公關
2. 由高階經理撥出部分時間，兼任公關之職
3. 聘請專業人員或成立公關部門來從事公關活動

4. 運用公關公司的服務

5. 兼設內部公關部門，並援用外部公關顧問

如何選擇，端視企業擁有多少資源。但如果公司有計劃成為上市公司或已是上市公司，一定要有公關公司協助或有專人來負責公關活動的規劃與執行。

公司需要公關人員嗎？需要多少公關人員？

依據經驗顯示，員工人數低於 50 名的公司，其總經理通常直接控制公關職務，並專注於三個主要的目標群體——員工、顧客與財務界。當員工人數達到 150 人之時，公司內部應聘雇一位專職的公關專業人員。當員工人數在 150～500 人時，公司的公關人員可能包括一位協理帶領數位經理從事員工關係、行銷文宣和財務關係職務。若公司人數達到 500～1,000 名員工時，內部員工應該包括有數位專精於重要目標群體的經理人。不論公司內部公關人員的編制如何，善用外部公關顧問所提供的服務對企業面對危機或其它獨特狀況，依然是十分重要的。

肆、企業公關的工作內容

以工作對象而言，企業公關涵括的對象，包括：(1) 內部溝通 (2) 新聞聯絡 (3) 公益活動 (4) 事業夥伴關係 (5) 業界關係 (6) 政府關係 (7) 國會關係 (8) 校園公關 (9) 財務公關等。本節針對公司公關活動涵括的對象，以下一一說明不同互動對象的溝通型式與運用

原則。

一、內部溝通：企業共識的基礎

企業與員工的溝通方式，包括：(1) 年度員工大會 (2) 總經理時間－總經理定期與幹部輕鬆溝通 (3) 員工刊物——此為企業內部訊息溝通的重要媒介 (4) 佈告欄——重要訊息在布告欄公布 (5) 內部員工專用網站，讓員工有發表意見與溝通的管道 (6) 電子郵件 (7) 特別推廣活動等。企業需要定位和思考的是：主管與員工的距離是什麼？有很多方式，也有更具創意的方式來縮短主管與員工間的距離，但如果流於形式，就失去意義。

二、新聞聯絡：企業的喉舌

企業向外界傳達訊息或影響外界對企業的看法，主要管道為新聞聯絡。型式包括：記者會、發佈新聞、安排採訪、規劃報導、記者研討會、與顧客的聯誼活動等，此外，企業達一定規模後，尚需有專人監看新聞剪報，並做內容分析，以即時回應媒體報導。

三、顧客／經銷商／事業夥伴：企業營運的基石

沒有人敢否認顧客、經銷商和事業夥伴對企業營運的重要性。企業當然應花費相當時間來經營管理與顧客、經銷商和事業夥伴間的關係，一般採用的型式，包括：顧客聯誼活動、顧客通訊刊物、高階管理研討會、年曆／賀卡製作以及禮品／贈品設計製作

等。幾乎所有的企業都會採用上述方式維繫關係，但似乎都流於型式，很少有組織成員用心思考以上聯誼活動如何進行？或什麼樣的賀卡、行事曆、禮品，可以讓人覺得貼心？過去做的企業少，只要有做就已達到目的，但現在每家企業都在做，要能產生效果就得多花心思，來讓顧客、經銷商和事業夥伴感受到企業對合作關係的重視。

新思維——顧客關係的另類型式

顧客是企業重要的營運基石，因此值得企業投資建立與維護與顧客的長期關係。事實上，顧客與企業之間的關係不只可由企業對顧客單方面來加強，更可由顧客之間的互動來改善。例如顧客自發形成的用戶團體（user group），對產品的成敗的影響越來越關鍵。以 PDA 為例，Palm 是目前市場領導廠商，在美國有 60 % 的CEO使用 Palm，除產品的特色外，強大的用戶團體是另一大功臣。用戶團體在公司提供的網站上，由使用者自發組成，顧客自己沒事喜歡不斷開發 Palm的周邊功能，讓使用者能分享彼此使用產品的新應用，不僅能改善產品特色吸引更多新的使用者，並不斷增強顧客的忠誠度。

四、公益活動：企業公民理念的實踐

隨著企業公民觀念的普及，企業愈來愈被期望參與公益活動，以積極地回饋社會。企業從事的公益活動，包括：辦公室環境活動、公園認養計劃、環保教育及拯救水資源贊助活動、其他社會福利及慈善活動等。但根本在企業是否志願參與？是否長期承

諾？還是被迫為之？

Porter & Kramer (2002) 曾經呼籲企業在從事公益活動時應該有策略性眼光，讓企業的公益能發揮最大的效益。雖然台灣企業愈來愈積極參與社會公益活動，公益活動的績效似乎也有。但企業更應該思考的是，究竟從事哪方面的公益活動對社會的積極正面影響力最大，而不是隨便做做公益，有個交代而已。不可否認，台灣企業在公益活動方面的作為太缺乏創造力。大部分企業捐款多限於低層次的社會救濟的慈善活動。至於高層次的公益活動，如贊助成立政府政策智庫，提供政策諮詢，改善政策品質、或認養某學術研究團隊等又相對十分罕見。

歐美對過世家人的紀念方式是如何讓其遺澤廣被留下，例如會在訃文中註明逝者係死於肺癌，請親友奠儀可捐給相關癌症防治單位。但華人做公益似乎還是希望能「豹死留皮，人死留名」，希望能留下自己的好名聲，因此各自從事一些公益，結果是國內有成千上萬個基金會，資源無法集中難以發揮功效，各級學校則有一大堆找不到學生申請的清寒獎學金或助學金。

觀念澄清——企業公關就是從事福利事業或慈善活動嗎？

如果企業公關就是從事福利事業或慈善活動，公關是否是企業必要的活動就有相當爭議，因為企業的專業不在福利事業，企業的股東也不必然期望企業從事慈善活動。純粹的慈善行為當然是善意的作法，但還是要考量到企業每日運作的實際需要。以美國排名第二的汽車保險公司歐斯戴保險公司，基於本身業務的考量，

積極從事安全觀念的推廣。一方面在全國性的活動扮演領導者的角色，試圖影響所有使用街道及高速公路的安全標準，促成酒醉駕車重罰法案的成立；另一方面推廣汽車安裝品質較佳的保險桿、致力研究降低火災與偷竊損失的頻率及嚴重性，以控制保險成本。歐斯戴保險公司更藉提供一般性的資訊，如汽車安全、家庭保險、避免火災、汽車失竊等手冊，來協助公眾。這樣的公益活動既是企業專長也是企業熟悉的工作，能有效提升公眾福祉，實踐企業公民理念；又能改善企業形象，擴大企業獲利空間。

五、校園關係：企業人才的根源

校園是企業引進新知識的最主要管道，亦是與學術界保持交流的間接方式。因此，與校園維持良好關係，確保企業優秀人材的來源，對企業有相當的重要性。企業與校園的互動方式，包括：捐贈設備、贊助校園活動、企業參觀活動、配合校園徵才、志願輔導計劃、獎學金等。呼應以上企業公益活動的想法，企業在校園設置獎學金，重點不在社會救濟協助清寒學生，因此，給獎的標準應是鼓勵同學從事某類研究，或是到某企業工作，以引導特定領域人才的供應。

六、公協會組織：不可忽視的第三勢力

過去以中小企業為主體的台灣產業界，企業經營者很少會將其注意力放在公會或協會關係的經營上，但在政府產業政策對企業營運影響鉅大的現代商業環境中，企業領導人參與公共事務已有其

必要性，同時，應正視公會和協會的力量。

在經營公會或協會的關係上，企業要能先選定相關組織，然後，擬訂參與策略（競選／主動／被動），然後，指派代表人，並進行追蹤評估。基本上，健康的社會非常需要健康和數量可觀的公會和協會。企業領導人在正視公協會的力量後，應致力取得在公會或協會中的有利位置，掌握發言權，如此可引導政府政策的改善方向，同時，若善用公會的組織和名義，更有益於爭取政府資源的挹注。

七、公共事務：企業的政治話題

公共事務所指的是，企業涉入政治活動及其對政府的關係。以美國經驗為例，公共事務的內涵從早期遊說政府制定有利企業營運的法規，到接受遊說規範避免直接涉入政治決策過程，到訓練和刺激企業主管對政治活動的敏感度，來善盡社會責任，成為好公民。公共事務的內涵已從專注於企業與政府的關係，擴大到企業對社會責任的積極回應。

社會大眾對大型企業始終是容忍多於尊敬。社會大眾對於企業運作方法與道德的質疑也是有增無減，例如商品的安全性、可靠性、訂價、環境破壞、勞工權益等，因此，越來越多企業開始體認到，經營企業對社會的關係是一項長久、持續性的工作。企業有必要回應社會各界對企業作一個好市民和積極承擔社會責任的期望。

除此之外，企業與政府的關係依然存著相當的重要性。以近來爭議的話題——恢復電子產業課稅為例，因為目前抬面上的決策影響人物都是屬於電子產業，使政策很難獲得支持。換言之，事情的決定或執行，有時候這樣做，有時是那樣做，決定關鍵不在客觀的事實，而是政治因素，或是權力角力的結果。或許恢復對電子業的課稅，對國家有益，但決定政府要不要去做這件「對」的事，係決定於背後主導議題的相關人員。顯見企業關心政治課題，參與公共事務的重要性。企業的公共事務包括：趨勢追蹤、議題管理、國會運作和政府關係。

觀念澄清——企業涉入公共事務就是不務正業或是對政治有野心？

美國公共事務委員會對企業合理的社會角色提出以下的看法，可供國內企業參考——「企業不是為政治或文化機構而設計的組織團體，但企業社群應該隨時對社會現狀保持高度的敏感，並具備適當因應能力。我們可以發現，公眾對企業信任度的提升，端視企業如何回應公眾對企業更新、更大的期望。企業有責任對自己、同業、所在區域的民眾，甚至整個社會，做出合理且有效的回應。企業的責任還包括企業整體如何運作。它應該是一個有思考能力的機構，能夠小至由股東個人，大至社會的全觀角度，來觀照企業作為可能帶來的影響。它的商業活動應該具有社會意識，就與它的社會活動應該有社會意識一樣。

伍、企業公關與企業形象

一、塑造企業形象

塑造企業形象可透過以下多樣的途徑來進行：

1. 企業認同或企業的識別系統（CIS），包括：(1) 理念識別（mission identification MI），藉由公司的文化、制度以及產品等呈現出來的公司理念，(2) 行為識別（behavior identification BI），藉由公司各種活動，管理機制等呈現出的形象，(3) 視覺識別（visual identification, VI），藉由公司的logo、信封信紙、名片、產品型錄或公司通訊 (newsletter) 來與大眾溝通，呈現出企業的形象，影響他人對企業的印象。

2. 環境設計亦是呈現企業形象的重要管道。環境設計包括內部、外部和周遭環境的設計與選擇。如花旗銀行的內部佈置很好，但如果是設在泡沫紅茶店或檳榔攤或機車修理行旁邊，帶給消費者的感覺絕對不同於將花旗銀行設置在商業區的金融大道等。此外，企業的辦公室反映的是企業對自身未來的期望與態度。因此，辦公室地點的選擇或內部裝潢不是量入為出，而應該是具前瞻性地依照對企業未來的定位，選擇設計反映企業未來價值的辦公地點與內部設計。

3. 產品。舉凡廣告、產品包裝以及各類行銷活動，都對企業形象有直接關鍵性的影響。

不論是那一個途徑，都涵括在公共關係的觀念範圍內。此亦表示公共關係在致力塑造與維護企業形象時，不可只偏重於產品上，舉凡企業識別、企業所在地理位置、建築外觀、內部佈置等，都是不可輕忽的。

二、公關的基本信念

綜合以上對公關功能、基本要素、流程與工作內容的介紹，公共關係相對於企業一般的價值活動，還更多一份對社會的責任。為確保公共關係對塑造企業形象有所貢獻，在執行公關活動的過程，需隨時謹守以下公關的基本信念：

1. 好的公關可以加強企業的整體表現，對企業的成長與利潤都有幫助。
2. 企業應該積極並回應主要目標群體的需求與期望，如員工、顧客、供應商、政府、社區等。
3. 溝通品質會影響外界對企業的認知。
4. 由溝通而獲致的信譽不會超越企業的實質。
5. 好的公關以事實為根據，而非欺騙。
6. 溝通應該是開放的、即時的、公正的，而且與溝通對象相關。
7. 企業對外的溝通訊息應支持其經營目標，表達一致的訊息，並反映出單一的整體企業形象。
8. 有效的公關是一動態過程，必需以彈性來因應意料之外的事。
9. 企業應對影響其營運的公共議題表示立場或意見。

10. 建立良好的長程關係有助於加強短期公關的效益。

11. 公關是全體管理團隊的共同責任，而不只是公關部門的事。

公共關係的重點應是防患於未然或是亡羊補牢？

防患於未然可以事半功倍，自然是公共關係努力的重點；但若遇危機或獨特的狀況，則更迫切需要公共關係的專業，來協助企業渡過難關。例如美國安泰保險公司察覺愈來愈多人對保險公司反感，而在相關訴訟的案件中，陪審團傾向判決大筆賠償金給受害者。為此，安泰舉辦一連串的公開討論，內容包括健保業、健保系統的問題、汽車保險提供及成本、計算汽車保險費等，不僅有益改變社會大眾對保險理賠的了解，也讓大眾認為安泰是家負責任的保險公司。此為公共關係的防患於未然，至於亡羊補牢，著名的案例如嬌生公司經歷的 Tylenol 膠囊中毒危機，因為處理得當，讓嬌生公司的商譽沒有因此受罰，還更上層樓，得到美國廣大消費者的信任與肯定。

三、公關與新聞聯絡

在商業利益掛帥的時代，媒體與企業的利益糾葛愈來愈難用傳統傳媒的倫理觀點來規範，所謂置入性行銷就是赤裸裸地把企業利益包裝在媒體的節目中，究竟企業與媒體要保持什麼樣的生態關係，目前還處在一個動態的階段，還無法找到一個平衡點。例如說，假如有某一報紙做出對統一企業的不利報導，這份報紙很可能會被統一超商放在報架最下方，讓銷路大減，報紙為了自己的

生存就不會報導有關統一企業的不利消息。事實上，台灣企業與媒體的共生關係相當緊密，媒體不太會有太多批判性的報導。

基本上，每個利益團體的利益皆有不同。企業公關的職責在塑造與維護企業形象，但媒體記者的職責則在報導事實。如何結合雙方的利益，減少衝突，創造合作，是企業公關的重要課題之一。

媒體記者的目標在為讀者報導事實與分析，而非作為企業的「宣傳工具」。但企業的目標在提高大眾對企業之產品質與服務的知名度與偏好度，因此，公關的目標即在使新聞報導「效用極大化」，即一方面讓記者能夠服務讀者，同時也報導企業相關的訊息。

公關在為企業準備新聞稿，以鼓勵記者多加報導企業相關訊息時，要能回應記者的需要。記者需的是好題材，所謂好題材，包括：新聞、重要趨勢、戲劇化的事件，突出的角度、精彩的敘述「引用句」、即時的、有趣的（如特殊的人或事）、競爭比較分析等。

公關在協助記者時，要能了解記者的工作環境、尊重其新聞專業、觀察記者的關注重點及路線、提供新聞及趨勢背景資料、符合時效要求、提供清楚有力有關公司及產品訊息、避免太多專有名詞。

除了注意與新聞媒體的互動外，尋求企業行銷與新聞結合的可能

性，已成為重要的公關活動。例如事件行銷就是製造新聞，而大做廣告。實際案例已如前述。但是，做到置入性行銷可能就比較有爭議了。

四、公關人員的條件

公共關係是一份複雜性極高的工作，應該交由訓練有素的專業人員執行才能發揮最高效用。究竟稱職的公關人員應具備什麼樣的條件，才能發揮公共關係的效用？

1. 要有充沛的精力、對挫折的忍受力，以及具有完成事情的能力
   ——並能在壓縮的時間壓力下，從頭至尾照顧整個專案的進行過程。

2. 良好的個人簡報能力——公共關係重要的工作之一是傳遞訊息。但公關部門所傳遞訊息與廣告不同的是，訊息必須透過記者或發言人過濾。這意謂著訊息有時會被扭曲。訓練有素的公關人員不但可以將資訊表達非常清楚，而且也準備後續行動或報導，使得公關人員所提供的訊息只會被「過濾者」小幅修改，並讓訊息被理解為具有公信力。顯然公關人員具備良好的簡報和溝通能力是十分重要的。

3. 良好的人際技巧，和悅的個性，和突出的相處能力——包括公司內部及外部各階層的人員，並具備對各利害關係團體的動力

來源、政治及社會狀況等的分析與了解的能力。

4. 判斷力——公共關係是一個需要高度創意的領域，專業人員必需不設限地構思以往從未做過的活動，來成為眾人矚目的焦點。但有創意的作品或活動又必需符合組織策略，不會危及組織的資金或信譽，並將組織訊息傳達給適當的目標群體，否則不論構想有多高明也只是枉然。因此，公關人員需要敏銳的判斷力，來拿捏公關工作的種種決策。

彙總

公共關係，相對於其它企業功能，尚未獲得足夠的重視。但隨著競爭加劇、媒體開放、社會大眾權利意識覺醒，企業不只要表現優異，還需被廣為週知，來確保企業的生存和持續發展。公共關係是一種管理功能，目的在針對企業相關的目標群眾，建立溝通管道，維繫互惠關係，營造促使企業達成目標的整體環境。

本章從企業人士經常使用卻常被忽視的名片談起，簡單提示建立企業形象要有策略、有對象、注意細節和不吝投資。究竟企業公關是不是企業必要的活動？公關可以發揮什麼樣的功能？公關與企業管理有什麼樣的關係？執行公關需要經過那些步驟？公共關係經過什麼樣的演變？稱職的公關人員需具備那些條件？主要依據美國企業從事公關活動的經驗，本章首先說明企業公關的重要性、企業公關的目標群體，以及企業與利害相關群體的溝通形式。由於與企業成敗息息相關的利害關係群體不僅限於顧客、員

工和供應商；其它利害關係群體如政府、社區、媒體、同業組織的意見或活動，可對企業經營造成深遠重大的影響，不可輕忽。

其次，本章探討企業公關與企業管理的關係。特別是在公關與行銷兩者間的關係。成功的行銷往往需要多面向活動的結合，包括價格、通路、廣告、新聞話題、公共報導等，才能讓企業或企業推出的產品，在紛雜的訊息和數量可觀的同業裡，獲得注意和青睞。此種成就常需行銷與公關密切合作才有達成的可能。

此外，企業善盡社會責任和不務正業；熱心公益和干涉政治之間的分寸如何拿捏？分際為何？隨著企業經濟力的不斷累積強化，社會大眾期待企業承擔越來越多的社會責任。作為社會的一份子，企業善盡社會責任已是無可迴避的責任，但絕不可流於純粹行善，或只謀個人利益，而應結合企業專業和利益，在追求社會福祉，滿足大眾期望的同時，策略性地建立和維護企業形象並進而擴大企業獲利空間。

最後，企業與社會關係的經營是一項持續性的工作，企業形象的建立與維護更需要長期耕耘，不論是中小企業或大企業，取得大眾信任，預備危機發生時的處理能量，對企業極具重要性。遵守公共關係的基本信念，聘用專業人士來執行複雜度極高的公共關係活動，應是有意維持既有產業地位或追求更上層樓的企業經營者，不可不面對的管理工作。

問題討論

1. 請分析貴公司的公關活動的內容、執行步驟，以及效益，有值得改善之處嗎？

2. 貴公司致力參與公共事務嗎？最大的阻礙為何？

3. 請提出貴公司在公共關係方面的實際案例，即規劃或執行公關活動所發生的問題或是值得討論的議題，以供討論之用。

4. 請整理說明本章你所學到最有用的觀念或技能。

參考文獻

石芳瑜、蔡承志、溫蒂雅和陳曉開譯，Lesly, Philip 編，2000，《公關聖經——公關理論與實務全書》，台北：商周出版。

Porter, Michael E. & Kramer, Mark R. 2002. The Competitive Advantage of Corporate Philanthropy. *Harvard Business Review,* 80 (12): 56-69.

企業倫理

15

爲什麼管理者應該是道德的？面對競爭壓力，管理者如何採取符合倫理的行動？

學習目標

1. 爲何企業倫理成爲重要的經營課題？
2. 什麼是企業倫理？企業倫理、道德與法律的差異何在。
3. 企業如何推展企業倫理？

導論

自從美國發生恩龍案、WorldCom、Arthur Andersen等重大公司弊案，企業倫理開始成爲美國各管理學院的重要課程，也成爲引人重視的管理議題。事實上，早在1990年代初即有超過500門企業倫理的課程在美國的商管學院傳授，超過90％的州立商管學院提供類似的訓練服務，至少有16個企業倫理的研究中心、25本以上的教科書和3本專業的學術期刊，針對企業倫理相關議題進行研究。

反觀國內對於企業倫理教育的重視，似乎都還只停留在討論的階段，每年的管理教育研討會有相關的討論，具體落實在管理教育上，似乎還有很大的空間。

企業倫理對企業經營具有什麼樣的意涵？企業倫理具不具備什麼樣的經濟功能，或只是不切實際的道德規範？台灣企業對企業倫理的忽視是否會限制台灣企業的成長潛力，以及國際化？或是如

一般中小企業主所指稱的企業生存都有問題，那有重視企業倫理的可能？

雖然企業的經營者不必然要有宗教信仰，但作為一個好的經營者一定要有基本的信仰和價值，以作為企業決策時的根本依據。有關企業倫理的討論，必須回歸企業基本價值的反省，而企業的價值往往是企業經營者個人價值的反映與延續。本章企業倫理的討論，首先介紹何謂企業倫理；其次倫理的維持與變遷。第三，企業倫理的內涵與基本議題。第四分別就企業倫理、職業倫理和專業倫理討論個別的內涵。最後，回到管理的基本面，討論企業倫理的爭議與管理方法。

壹、什麼是企業倫理？

倫理、道德和法律是經常被使用的名詞，其內容有什麼樣的差別？基本上，不論是倫理、道德或法律都是某種形式的社會規範。但之間的差別，首先，從規範的來源而言，道德是自律，倫理與法律是他律。所謂自律是基於個人自由意志，覺得該做什麼，不該做什麼。孟子說：「自反而縮，雖千萬人吾往矣」，雖然可能是不合法，不符合社會的共識，但個人認為應該做便執意去做，如南非曼德拉對種族隔離的堅決反對，在南非當時是違法的，但卻是一種道德勇氣的展現。

相對地，所謂他律則是個人知覺或不知覺地服從社會的約束。法

律是更強勢的社會約束，以不遵守會被社會公器懲罰的方式來促使大家遵守法律；倫理則是藉由社會多數認可的方式來規範，所謂的千夫所指，無疾而終，正說明社會成員因為擔心被多數成員所指責或鄙視，而自覺或不自覺地遵守社會認可的行為規範。

其次，從規範的執行方式而言，法律的落實是由國家設置特定的機構，並支薪雇用特定的人來負責執法，如警察、法官等。但相對地，卻沒有人或機構的專門職責是執行倫理或道德，就算有些促進倫理道德的基金會或會社團體，他們的成員也應該以志願為主，並且無法強制執行他們所認可的倫理規範。所以，倫理的落實要靠社會整體的共識，透過「公論」的力量執行。

雖然以上說明有助讀者了解法律、倫理和道德內涵上的差異，但實際的生活經驗卻顯示很多時候道德與倫理並不容易加以區別的。例如老師認真備課教學，如果是因為擔心學生口碑效果，有損名譽而認真教書，那規範的力量是倫理；但如果學生希望輕鬆上課、同儕很混，個人依然覺得應該認真教學，此時規範的力量是道德。選擇認真教書的老師可能以上原因都有影響，此時，倫理與道德的區別是無法從實際行為的觀察上來加以區別的。

但我們都知道，法律是永遠規定不完的，如果法律沒規定不可以，一個社會的人民可以做，那這個社會一定無法順利運作的。同樣地，如果一個公司員工只做公司規定要做的事項，完全沒有自主性和積極性，那這個公司是不可能生存的。所以說，倫理雖然是藉由社會普遍認可而具有約束力的行為規範，生活其中的成

員不必然察覺到它的存在，卻是社會或組織足以有效運作的重要機制。在企業組織的規模日益擴大、地理涵蓋範圍日益廣泛，組織控制難度愈來愈高的時代，企業倫理也成為維繫組織運作最重要的機制。

一、倫理、道德、法律的功能

從生物演進的觀點，為何人類會群聚，又為何會發展出規範眾人行為的倫理、道德或法律？必定存在有利人類物種生存並適應環境的理由。以下從經濟性的理由來嘗試說明倫理、法律和道德存在的原因。

1. **解決衝突機制**：無論是人際間或企業間總難免有些衝突，這時要有解決衝突的機制。無論是倫理、道德、或法律形成的社會規範皆有助於衝突的解決。當衝突發生時，最大的問題是彼此之間沒有一個共同認定的規範可以依循，那衝突就很難解了。以多元化的美國為例，不論是什麼背景的民族，他們都認同憲法，因此，再大的爭議，如小布希與高爾的總統選舉爭議，再經過一定的憲政程序之後，就可以獲得解決。反觀台灣社會，大家連國家認同都有所不同，政治的衝突當然很難獲得合理的解決。

2. **降低交易成本**：社會中人與人間的交往有一定的彼此期待。如果期待無法預測時，交易便很難發生。例如我們常說小孩很難管教，即是因為小孩的行為無法預測。又例如老師上課，課程

要能順利進行，老師要如學生預期地準備教材，準時授課；同樣地，學生要如老師預期地會在特定時間到特定教室上課，如果沒事常出狀況，交易便無從發生。可知無論是倫理、道德、或法律形成的社會規範，都有益提高企業行為的可預測性，而可降低交易成本，促進交易的進行，讓資源做有效的配置。

二、倫理的形成

既然倫理可作為解決衝突的機制，又能降低交易成本，那倫理是如何形成的？基本上，倫理的形成可能是無意的，也可能是經由設計的。例如台灣一樓的住家均認為門口的路邊是自家的停車位，雖然是不合法，但大家都這麼做，連非該住家的車若是不得已要停在別人家門口時，亦會在車上留電話或是註明：對不起，暫停一下。代表這樣的行為是被社會認可接受的，這樣共識和習慣即是慢慢形成，不是刻意設計產生的。

在另一方面，倫理當然也可能是人為刻意設計的。例如說，周公在三千年前制禮作樂即是藉由制度設計，來建立倫理規範。但不論倫理是怎麼形成的，一定要以社會共識為前提，即普遍、絕大多數的人認為某些行為是應該的或不應該的，對的或錯的。亦即，倫理所形成規範的約束力，必須奠基於大家共同的認識上，大家都覺得應該這樣做，否則約束力無從產生，既然沒有約束力，也就不成為大家必須遵守的規範。

倫理既以社會共識為基礎，可知不同社會的倫理自然會有所不

同。例如中國傳統對老師一定要尊重，但西方則是「吾愛吾師，吾更愛真理」顯示社會認可的行為會因地因時有所不同。在實務上，有些社會認為有礙公平競爭的行為如賄賂政府官員，是企業經營的必要投資，但也有社會認為絕對不可以用賄賂促進企業交易，可見有些倫理準則未必是放諸四海皆準。

貳、倫理的維持與變遷

倫理是解決衝突和降低交易成本的機制，但如上述，倫理的執行和落實，並無專責單位或人力，而是依靠社會中的每個成員。為什麼每個成員會去要求其他成員遵守社會共同認可的行為呢？如果社會存在共同認可的行為規範，讓每個成員來遵守，那倫理的內涵又要怎樣的情況下才會發生改變？例如過去企業經營可以忽視環保課題或社會責任的討論，但現在自外於環保課題或無視社會責任的企業，似乎都感受到相當大的經營壓力。以下先說明企業倫理的維持；其次，討論企業倫理變遷的動力。

一、倫理的維持

倫理係基於社會普遍被認可的行為規範，來進行約束。因此倫理的維持力量有二：一是社會的集體壓力，當大家都這麼做時，個體單獨有能力有意願出來質疑反對的可能就變得很小。另一是內化，即藉由社會化的過程，個體慢慢地將社會認可的共同規範變

成個體自己信仰的道德標準，即使沒有外在的約束力量，個體依然不會去做違反社會認可的行為。

至於內化，則有程度上的不同。若以經濟學的基本看法，所有的事情都可以透過經濟利益來衡量計算。例如一群人會不會去做違法亂紀的事，如偷東西或搶劫？這取決於這群人覺得偷東西或搶劫是不對的程度，即行為規範內化的程度，當提供報酬是100元時，可能沒有人要做；給1,000元時，可能有1人要做；給10,000元，可能有10人要做；給1,000,000元可能50人中就有30人要做。當然社會中總是有人不為經濟利益所動，堅持自己所信仰的價值（此即上述的道德勇氣），但當經濟利益增加時，的確會有愈來愈多的人受引誘，背離原來內化的行為規範。因此，經濟利益仍然是倫理維持最後的關鍵力量，企業遵守企業倫理若是沒有經濟或功利上的利益，那就很難要求企業遵守企業倫理。

因此，倫理必須與個體或群體的經濟利益相符合，倫理才得以維持；反之，當倫理與個體或群體的經濟利益扞格時，就算有社會的群體壓力或公共政策的規範，也難以確保倫理的維持。俗語說：「殺頭的生意有人做，賠錢的生意沒人做。」就是這個道理。

二、倫理的變遷

倫理的變遷是指原來社會認可的行為規範，不再具有社會普遍性；或是反之，原來不被社會認可的行為規範，變成普遍的行為

約束。過去普遍被接受的「男大當婚，女大當嫁」在都會區的行為約束力即有明顯的降低，可為例證。究竟是什麼因素會引發倫理內涵的變遷？

1. **經濟利益**：這是最根本倫理變遷的力量。例如台商到大陸投資，在政府戒急用忍政策下，似乎是不合乎社會期望和規範的經濟行為，但當大部分台商著眼產業競爭和企業生存，必須佈署大陸據點，即使有違政策或社會輿論，到大陸投資已不再被視為違背社會預期的行為。可知不論是政府的政策訴求或企業目標，或許可以民族大義或理想來要求人民，但絕不能違背基本的經濟原則，否則是難以持續的。又例如傳統對子女孝順父母的期待是「父母在，不遠遊，遊必有方」，但在知識經濟的社會中，工作機會不再附著於土地上，經常有區位變動的可能，此時執行此一規範的成本提高，而迫使孝順的內涵發生重大的改變，從「父母在，不遠遊」，變成在父親節母親節買禮物、打電話或請父母用餐，足可顯見經濟利益對倫理內涵變遷的影響。

2. **體制因素**：所謂體制因素涵括所有的遊戲規則（rule of games）。例如國內過去大學家數少，受政府經費補貼，本身是可以很孤傲的，去業界募款或替學校打廣告都被認為是有失身分。但近來政府減少對大學經費的補助、大學快速增加等體制性的改變，大學對外募款或廣告，已不再被認為是有失身份的行為。又例如上市公司普遍忽視小股東的權益，如果修法使董事會的權力提高、企業相關資訊的揭露更充分等，過去企業

的公益捐款或是建立企業帝國的投資擴展，可能會從原來合乎倫理的行為，變成不倫理的行為。以上例證可以說明體制因素改變對企業倫理變遷的影響。

參、企業倫理的內涵與基本議題

倫理是藉由社會普遍認可的行為規範，以對個體行為產生約束力量。那所謂倫理的內涵究竟包括那些構面？又有那些可以應用倫理觀點來加以討論的議題？以下先對企業的責任做一澄清，再依序討論倫理的內涵與議題。

一、企業責任

卡洛爾 (Carroll) (1979) 指出企業的責任有四個不同的層次，對投資者和消費者的經濟責任，對政府或法律的法律責任，對社會大眾的倫理責任，以及對社群的自發性責任，整理如圖15－1企業的責任所示，可以了解企業被期望承擔多樣的責任，且責任之間具有層次關係，詳細說明如後。

圖15－1　企業的責任

資料來源：Carroll, A. 1979. A Three - Dimensional Conceptual Model of Corporate Social Performance. *Academy of Management Review*, 4: 497-505.

1. **法律責任**：簡單的說就是遵守法律。十幾二十年前台灣企業普遍有兩本帳，企業逃漏稅是很普通的現象，我們可以說這種行為雖不合法卻未必不合乎倫理。但現在兩本帳的作法愈來愈少，可能的原因是當時稅制不合理，乖乖繳稅，企業會倒閉，如此就不符合經濟責任，即無法在守法的情況下活下去[1]。但隨著政府稅制的合理化，以及企業創造的附加價值提高，企業得以善盡經濟責任，又不違背法律責任。目前許多產業因為台灣勞工以及環保的相關法令，而需外移至其它國家，即是經濟責任和法律責任出現衝突所致。

---

[1] 可能更重要的原因是企業電腦化、規模化，內部稽控的重要性遠大於逃漏稅可帶來的成本節省，使得經營資訊透明化。例如統一超商、麥當勞等比街頭林立的雜貨店或快餐店，規模大、資訊化程度高，內部稽控比節稅的考量更重要，而必需內外一本帳。

2. **經濟責任**：企業不賺錢就是不倫理。經濟學諾貝爾得主傅利曼即主張：企業唯一的社會責任就是在社會認同的遊戲規則下獲利並極大化股東的財富。這個主張後來被誤解，並強調企業唯一的社會責任是獲利和極大化股東財富，而忽略傅利曼主張的重要前提是在社會認同的遊戲規則下。換言之，企業在合法合理的範疇內，追求利潤是企業最根本也是最重要的責任。至於所謂合理合法的範疇則隱含以下其它企業被期待善盡的責任。

3. **倫理責任**：當社會大眾期待企業做某些事，企業為符合社會期望的行動就是企業在善盡倫理責任，例如1999年921地震時，各方企業紛紛捐款，可視為這些企業回應社會大眾對企業「取之於社會，用之於社會」的期待。又譬如說，現在一般社會大眾普遍也會期待企業能有環保意識、從事社會公益等行為，也算是企業的倫理責任。

4. **自發責任**：相對於倫理責任，社會沒有期待，但企業主動自發地去做得比社會期待更高尚的行為，就是企業的自發責任，例如奇美企業設置的博物館，台塑提供3,000名原住民少女免費至長庚護校進修的機會，又例如國內某些企業設定稅後盈餘1％捐作社會公益活動等。

企業不能獨立活動於社會之中，相反地，企業任何一項經營活動都與所在的社會密切互動，也因此社會的貧富、優劣與企業經營成敗息息相關。特別是在市場全球化的環境下，企業愈來愈需要合作聯盟以競逐全球市場，企業如何善盡社會責任－在獲取經濟

利益的同時，亦能兼顧所有利害關係人的利益，已成為企業無法逃避的挑戰。很多企業主難免會問：「企業已無法生存，又要如何善盡法律責任、倫理責任或自發責任？」這個問題正說明唯有企業擁有競爭力，企業才有善盡社會責任的餘裕，反之，因為善盡社會責任而無法生存的企業，正顯示企業缺乏競爭力。因此，當企業已沒有能力做好企業倫理為理由時，這家企業一定是沒有競爭力的企業。

我們接著要問的問題是，如果企業缺乏競爭力，只能靠不法排放廢水、不提供勞工安全的工作環境等忽視法律責任、倫理責任和自發責任的方式，來節省成本，苟延殘喘，這樣的企業還應該存續嗎？如果我們同意企業不是獨立活動於社會之中，企業任何一項經營活動都與所在的社會密切互動，當企業必需犧牲其他利害關係人的利益，才能換得企業的生存，經營者難道還能理直氣壯地認為企業生存最先，其餘再說嗎？

二、倫理的不同觀點

如前所說，倫理對行為的規範係來自眾人對合適行為的共識。但如果組織裡大部分的員工都在上班時打混摸魚，大學裡大部分的老師都上課遲到早退、大部分的廠商都不合規定排放廢水傾倒有毒廢棄物，那我們可以說，打混摸魚、老師上課遲到早退、企業污染環境是倫理的嗎？當然不是，因此倫理依然有其絕對的道德標準。如此究竟什麼是道德的？這是古今哲學家思辯幾千年依然沒有明確答案的大哉問。以下僅簡單就倫理相關的觀點，分為效

益論、權利論和正義論說明之。

1. 效益論（Utility）

效益論認為倫理取決於行動後果所帶來的最後整體效益。當兩種決策比較時，哪一種能夠帶來比較大的效益，哪一種就比較倫理。在電影危機總動員的情節中，炸掉一個有4,000人的小鎮，可以換來美國2億人口免於重大病毒感染的風險。依照效益論，這就是符合倫理的。又譬如說，對日本投擲原子彈以終止二次大戰，雖然死傷日本數十萬無辜民眾，但在效益論的標準下，是具有決策正當性的。

2. 權利論（Right）

權利論係主張每個個體有其基本不可剝奪的權利，任何行動都要符合這個原則。再以二次世界大戰對日投擲原子彈為例，因為傷害無辜百姓最根本的生存權利，有違道德良心，所以即使終止戰爭，但從權利論的觀點依然是個該被譴責，不符合倫理的行動。又譬如說，企業不能為了爭取更多股東利益而剝奪員工所應該擁有的基本工作條件，也是權利論下的論述。

3. 正義論（Justice）

以1972年約翰·波德萊·勞斯 (John Bordley Rawls) 發表的《正義論》為代表，主要在對資本主義的正義提出反省批判。資本主義社會以人們對經濟體系的貢獻度來提供報酬，而報酬是由市場所衡量和定義的，因此企業成功是公平的，賺大錢是正義。這樣的正義帶給人類社會，歷史上無可比擬的技術、物質和財富的進

步，勞斯卻認為這樣的正義卻會侵蝕社會組成的根本基礎，進而主張每個人都擁有與其他人相類似的最廣泛的基本自由的相等權利，無論其對經濟體系的貢獻為何，但又允許某種程度的社會和經濟上的不平等。

由於每個人都想保護自己的利益以得到更大的幸福，很少有人會為了全體較大的利益而容許自己持續的損失。所以，何謂正義？就是要能維持每個人樂意合作的意願。如何維持每個人樂意合作的意願，重要的概念有二：

* 分配正義（Distribution Justice）：即指每個人都有參與分配的權利，也有權決定是否要參與分配的自由。如果你不知道自己是天才還是愚痴，不知道自己會有錢還是當窮人，不知道自己是新移民或原住民，你會如何設計社會資源的分配方式？讓不論是天才、愚痴、富人、窮人、新移民或原住民，都願意樂意合作，即符合分配正義的原則。 稅制所採取的累進稅，富人繳交比較高的稅率，就是一種分配正義。

* 程序正義（Procedure Justice）：即決定分配正義的程序是被眾人認可的接受的。例如延續上面的例子，在眾人不知道自己天才還是愚痴的時候，制定一個分配的方式，讓不論是天才或愚痴都願意繼續互動合作。這個分配的方式可以由最有權力的人決定，可以由最聰明的人決定，也可以由最熱心的人決定，當然也可以由大家討論決定。不論是以什麼方式決定，決定的程序愈被所有成員認可愈被接受，愈具有程序正義。

三、倫理的基本內涵與價值

企業被期望承擔上述多種的社會責任，但什麼樣的企業會落實執行，什麼樣的企業只會表面功夫虛應故事呢？這與企業對倫理基本內涵和價值的體會深有關係。究竟「倫理」這個大家從小耳熟能詳的名詞背後，真正的內涵和反映的基本價值是什麼？

雖然本章一開始從規範力量的來源區別倫理與道德，但社會共同行為規範的維持（即倫理的維持），可藉社會成員彼此的約束力，亦可依重個體將社會共同規範內化的程度。因此，被內化的倫理與個人內在的道德標準之間的界線便不再清楚。換言之，雖然倫理作為社會共同的行為規範，有其個別社會的差異性和獨特性，但倫理的基本內涵與價值依然存在絕對的道德標準。詳細說明如後：

1. **公正 (fairness)**：所謂公正係指異地而處，以自己期望被對待的方式對待對方。「己所不欲勿施於人」即是所謂的公正原則。例如為何要協助弱勢的人或殘障的人？因為如果你是或你的家人是殘障或弱勢者，你喜歡或期待被如何對待。因此，提供無障礙空間保障肢體殘障者行的權利和自由即是公正的表現。同樣的道理也適用在企業社會，公平交易法的立法基礎在此，不希望消費者被不公平的對待，也不希望企業間有不公平的競爭。

2. **誠篤 (integrity)**：這是我們傳統中比較缺乏的概念，所謂誠篤是指忠實地反映自己，扮演好自己該扮演的角色。例如作為一

個醫生要忠實地反映對病人的責任,如果對達官顯貴比較好,對平常百姓比較不好,就是不誠篤的表現。

3. **誠信 (honesty)**:誠實,講話有信用。商場上常言:「兵不厭詐」,與此處所稱的誠信是否有衝突?適用嗎?在前面討論領導時,即已指出政治與商場競爭本質上的差異,政治是零和賽局,商場競爭的決勝關鍵卻常是非零和賽局。當是零和賽局互相敵對的狀態自然是獲勝優先,否則什麼都沒有了。但若為非零和賽局時,誠信有益企業間長期關係的建立,朝共存共榮的互惠方向發展。例如921地震時,台積電發現極為省電的製程,可在低度電力供應的情況下維持製程的持續運作,即使與聯華電子等其它半導體廠商為競爭對手,依然快速地分享此省電製程的知識,大家共度難關,可為例證。

4. **尊嚴 (dignity)**:是指做為一個人有其基本的尊嚴。例如員工犯錯,責怪員工時,一樣要把員工當人來看待,而不是當奴隸來對待。當然,尊嚴的維護與經濟發展程度有正向關係。台灣的富裕已達相當程度,人民應該可有一定的尊嚴,但似乎還尚未顯現出來,例如有些店家必需拉著客人不放,靠強力兜售求售商品;又例如計程車司機利用在非夜間加成的時段,按夜間加成來增加收入,兩者或是乞求或是偷偷摸摸的方式來賺取微薄的收入維持生計,即是所謂缺乏生活的尊嚴。

5. **尊重 (respect)**:尊重每個人的特殊情況和需求。這亦是我們傳統中比較缺乏的概念。像「犧牲小我,完成大我」的價值觀

是個體的價值是依附於整體的成就，在著重家族或群體的傳統價值下，個體的差異或特殊需求往往是不被重視的，個體也就很難獲得應有的尊重。

古今中外令人尊敬的人類文明都具有以上各項的文化內涵。社會期待企業承擔經濟責任、法律責任、倫理責任和自發責任，除了依賴社會成員共同趨使的約束力外，企業要能體會以上所述的倫理內涵與價值，才有可能自發主動地做出符合倫理的行為。

四、主要倫理議題

倫理的基本原則如何落實在企業經營上？與倫理有關的企業實務有那些？如何應用倫理的內涵與價值，來澄清重大議題之較佳觀點與處理方式。主要的倫理議題，根據文獻，可整理列出七項屬於企業倫理所應正視的議題，以供企業在制定企業倫理守則時參考。這七項企業倫理議題分別是：環保觀念、產品安全、法律遵循、工作安全、利益衝突、社會責任和人道精神等，詳細說明如後：

1. 環保觀念

指的是企業的產品以及日常的作業應有環保意識。舉例來說，工廠的廢棄物、污水處理應符合環保標準；員工餐廳應該裝設高溫殺菌餐具洗潔機，避免使用保麗龍免洗餐具等。從倫理的基本內涵與價值「給我們子孫乾淨的地球」即是這一個世代要公正地對

待未來世代。不重視環保，在未獲得子孫同意的情況下，留給子孫的是到處垃圾、廢棄物的環境，是違反倫理中「公正」的原則。

2. 產品安全

指企業在設計產品時，應以顧客安全為優先的考量。有些汽車品牌如富豪，以產品安全為行銷的訴求，可以說既符合企業倫理的考慮，又可以爭取商機。換言之，注意產品安全，讓生命免於受到無謂的威脅，是一種對生命的尊重。例如消費者不小心被玩具打傷眼睛，通常廠商會不會賠還不確定，如果賠，會賠多少，或許5萬或許10萬，都可顯見國內廠商對消費者的保護是不理想的。

3. 法律遵循

法律遵循本來是件無須強調的事，無論是公民或企業都應該遵守法律。但是，當企業太過於利潤導向時，不但容易遊走法律邊緣，甚而乃至於鋌而走險。因此，有關企業倫理相關議題的討論，都很強調遵守法律一項。

4. 工作安全

這是企業與員工應該共同努力的重點。企業不應該為了節省一些成本，而忽視工作安全。台灣的職業災害發生次數之繁，遠超過其他先進國家，顯示我國企業對工作安全不夠重視。一個重視公正與尊嚴的企業，一定也會是非常重視工作安全的企業。

5. 利益衝突

利益衝突可以說是國人最不容易拿捏的倫理議題。雖說「內舉不避親、外舉不避仇」是令人尊敬的高尚行為，但在真實世界裡，我們很難分別一個人不避親或不避仇是否有利益衝突問題，因此，員工要避免陷入利益衝突的陷阱。由於利益衝突的層面非常廣，有些企業會明文規範利益衝突的行為。例如說，寶鹼公司就規定員工不能持有競爭對手以及供應商的股票。如果沒有利益衝突，要企業遵守一定的倫理規範是件很簡單的事情。但是，企業倫理之所以值得我們一而再、再而三的討論，就是因為企業行為太容易涉及各方之間的利益衝突，難有一定的標準與判斷。甚至可以說，沒有利益衝突就沒有企業倫理的問題。企業在從事企業倫理教育訓練時，應該多從利益衝突的觀點進行。

6. 社會責任

舉凡對社會或社區有意義的公益或慈善工作，企業都可以考慮參與。前IBM董事長葛斯納就認為企業從事社會公益或慈善工作，若只是捐錢是最不合乎效益的作法，而要如波特（Porter）所說的從事策略性公益活動 (Porter ＆ Kramer, 2002)。企業最擅長的是管理經營的能力，因此，IBM在葛斯納的領導下，積極參與教育改革活動，IBM不是單純地捐錢而已，更重要的是參與一些具有教育性質的推廣活動，如資訊教育等，同時也鼓勵公司員工參與非營利事業的管理工作等等。

7.人道精神

我們希望在什麼樣的工作環境？很顯然，企業的工作環境愈符合人道精神，愈能吸引到優秀的員工。企業在要求員工提升附加價值時，也要自問究竟有沒有提供員工良好的工作環境。我們認為良好的工作環境就是符合人道精神的工作環境。但這並不表示企業可以容忍員工不上進、不努力，果真如此，反而是對那些努力向上的員工不人道了！

肆、企業、職業和專業倫理

倫理因為受社會普遍接受認可而成為有力的社會規範。依規範對象的不同，可以區分為企業倫理、職業倫理和專業倫理。企業倫理主要是規範企業的行為；職業倫理則規範職業的行為；專業倫理規範專業的行為。企業倫理前面已做討論，此處針對職業倫理和專業倫理進行討論。

一、職業倫理

職業倫理的內容，簡單可分為內部關係和外部關係。內部關係係專指上司、部屬、同事間的互動規範。外部關係指自己組織、其它組織間的行為準則。中國傳統對職業倫理有一些基本的看法，說明如下：

1. **忠**：誠敬盡己，即英文的"integrity"，我誠敬地做好自己該做的事。專業的精神就是即使已決定兩個月後要離開公司，依然認真做事，就是專業精神。砌磚工人誠敬盡己地做好自己做的事，可以讓牆面或地面變得美麗許多，帶給所有過往的人好心情。即使平凡如砌磚工作如果盡己地做好，可以帶來如此多的效用，其餘專業更不需贅述。

學生的專業精神是什麼？

就是把該學的東西學好，但現在學生最常的回答：很忙，實在沒有時間唸書。學生需要思考的是如果很忙，無法誠敬盡己地做好學習的功課，那來唸書做什麼？如果自己生病，醫生說很忙，隨便診斷，病人的感覺如何？顯然每個人在每一個職業領域中，誠敬盡己地做好自己的工作是最根本重要的議題。

2. **恕**：推己及人，就是英文的"fairness"，與企業倫理所討論到的公正。我們一定要設身處地的為人著想。創造雙贏就是恕的精神體現。

3. **敬業誠信**：就是心安理得的專業精神。王陽明所指稱的「捧茶童子亦可以為聖人」，即是最能與現代職業精神相結合的古訓。中國傳統所稱的內聖外王，要立德、立言和立功才能成聖人，但王陽明強調的是即使是捧茶如此簡單的動作，只要好好做好自己的工作就是聖人，反映出來的正是職業倫理最基本的態度。

傳統價值下的職業倫理──中國 vs. 日本

日本深受王陽明思想的影響外，日本本身的歷史和制度亦對日本具有令人欽佩的專業態度有所影響。中國自古是「將相本無種，男兒當自強」，代表的是社會階級有流動的可能，但負面的影響則是不安份，永遠都要與人比，這山望得那山高。此外，在科舉制度下，除了讀書做官之外似乎其他所有的工作都不受尊敬，也不值得好好做。相對地，日本在封建制度下，鐵匠的兒子是鐵匠，孫子是鐵匠，職業世襲，使得技藝有持續發展精益又精，因此，任何職業都可以形成受人尊敬的專業。

二、專業倫理

愈現代的社會，愈重視專業，而出現所謂的專業社會，此也是成熟社會的特徵。由於專業有其特殊性，如醫師、律師、會計師和教師等，雖然專業倫理是應該屬於職業倫理的一部分，我們有必要獨立於職業倫理規範，再做深入的討論。

專業的意涵？

專業是指符合一些特定條件的職業總稱，但習慣上對於專業一詞的使用，經常作為具有特殊技能的形容詞，例如幾乎所有的工作都有它不易為外人模仿或快速學習的技能，例如烹飪、家管、帶小孩、室內油漆、貨物綑紮等都有其特殊的技能要求，此時，「很專業」已被作為形容詞，反映工作者提供的產品或服務非一般人可以輕易做到或模仿的，而與以上視專業為名詞，代表一職

業的分類，存有差異，讀者應加以區別。

現在常有人說社會愈來愈專業，即是指專業的數目愈來愈多。依據貝樂斯 (Bayles) (1989: 8-9) 認為「專業」有六個基本特質：(1) 專業人員需要經過長期嚴格的教育訓練。除了正式的學校教育之外，專業人員通常還需要經過實習階段才能成為正式的執業人員。例如，醫師在受過正式的醫學教育之後，還需要實習，才有機會執業。(2) 專業訓練包括相當程度的抽象知識成分，可以透過課堂有效地傳授，需長時間的養成教育，且知識內容可以不斷研發，不斷的進步。泥水匠、理髮師雖然也需要相當的訓練與實習，但因為其訓練之內容並不涉及抽象知識，所以不能算是專業人員。(3) 專業工作對於現代社會的運作，提供不可缺少的服務。金融工作在傳統社會算不上專業，因為它並非不可或缺的服務，中世紀歐洲甚至將這些工作視為卑賤之工作，任由倍受歧視之猶太人從事。但在現代社會，金融是不容缺少的重要工作，金融人員也愈來愈「專業」。可見，一項職業是否被視為專業，視時代環境而變。(4) 專業人員通常需要通過認證。無論是藥劑師、護士、律師、醫師或建築師，都需要通過認證。有證照的原因，在於可以控制證照的數量與品質，以維護專業的利益，同時，專業通常有執業人員與客戶之間的資訊不對稱現象，藉由證照的審核發放來控制專業人員的執業倫理，以免濫竽充數，損害無辜。(5) 專業人員通常都有一個強而有力的專業團體，來促進專業的知識與利益，制定並維護專業的倫理守則。(6) 專業人員通常對其工作有很高的自主權。專業人員常常需發揮一己之判斷力，維護客戶之最高利益。由於專業工作涉及高度的專業知識，

需要執業人員的專業裁量，因此，當專業人員與客戶之間涉及執業失當糾紛時，也只有同業人員才有仲裁的能力。

專業倫理的內容，一般可分為以下數項：

1. 專業工作範圍與場所

專業通常要限定工作場所與範圍，此與專業之傳統有關。由於專業工作需要知識，需要認證，為了維持品質，專業工作不能假手他人，也不能大量生產。因此，必須藉由對專業工作場所與工作範圍之限制，來保証品質。由於時代與環境之變遷，工作範圍常常是不同專業領域爭執的焦點，醫藥分業、會計與記帳人員之間的紛爭就是例證。又如土木技師與結構技師也為了建築物結構認證之權力，紛爭多年，至今尚無定案。

2. 利益衝突

利益衝突不只是專業人員常遇到的倫理問題，也是企業或政府其他人員所常遇到的問題。專業人員必須以客戶利益優先，不能以一己私利而妨害專業之判斷。因此，利益衝突之迴避十分重要。例如，律師倫理規範第三十八條規定：「律師就同一受任事件，不得再受相對人之委任，同一事件進行中雖與原委任人終止委任，亦不得接受相對人之委任。」

3. 收費方式

由於專業工作對品質的要求，收費行為是專業倫理中的重要議題。通常，專業倫理規範會要求會員避免競價行為，以免造成惡

性競爭而危及服務品質。許多專業團體也不允許有視情況收費 (contingency fees) 現象，亦即收費的高低不能由服務的後果決定。例如，律師倫理規範第三十五條中規定：「律師不得於家事或刑事案件約定後酬。」這類規定的目的是防止專業人員，因為收費可能的不同而有誘因差異，進而扭曲專業所應有的判斷與努力。作為一個專業人員，當他接受客戶委託執行專業工作時，他就應該以專業的態度，為客戶做最好的服務，他不應該因為客戶付費的多寡而違背專業的品質。最近國內有幾個主要大學為了鼓勵教授發表論文在國際期刊上，實施按論文發表篇數的獎勵制度，每發表一篇論文在國際期刊上，則予以一定金額的獎勵，這樣的做法扭曲學術研究人員的研究誘因，也違背專業倫理精神。

4. 客戶關係

專業服務的對象，不稱為顧客 (customer) 而是委託人 (client)。因為資訊不對稱，專業人員被期望從委託人的角度，為委託人最大的利益來提供建議。因此，專業人員必須對客戶負責，並呈現出專業、認真、誠實、坦白、決斷、忠誠等特質。由於專業工作涉及許多高深的專業知識，一般客戶沒有能力理解許多決策之利弊，因此，專業人員必須能讓客戶信賴。憑藉著客戶的信賴，專業人員要替客戶分析客戶的問題，提供各種可能之方案，提出建議，並協助客戶做出明智的抉擇。當然，我們不能只討論專業人員對客戶之倫理，也要談客戶對於專業人員之倫理。這包括對專業人員誠實揭露必要之資訊，不得要求專業人員從事不倫理之行為，依合約付費等。

管理顧問是專業嗎？

專業經理人已成為企業生活中常用的名詞，但管理是專業嗎？所謂的專業管理人的「專業」是形容詞，代表管理者是全職地、專心地從事管理工作，但不是企業的擁有者。如果日後規定要有證照，才能當管理顧問，恐怕會有很多企業人士不表同意，相信很多人會同意管理不只是科學也是藝術，管理的能力很難從檢定考試獲知……等，可知管理顧問工作還無法成為專業。但目前在部分管理職能的專業性上似乎已逐漸形成共識，例如專案管理師若能先取得相關證照，似乎更有說服力。

5. 專業團體以及同業關係

前面論及，專業人員為了其形象以及市場秩序的維持，不能讓人有太多的「商業」色彩。因此，專業人員通常不能做廣告、彼此間不能惡性競爭、削價求售等行為，專業公會則是約束同業競爭關係最重要的組織。由於專業奠基在抽象知識基礎之上，而這些知識的進步則需要專業人員的研究與貢獻。例如，建築師應該知道最新的建築設計理念；醫師需要學習更好的醫療方法等。這些知識需要專業人員持續的研究發表，以及專業人員彼此之間的知識分享與研討。因此，專業人員有提升專業知識之責任，也有掌握最新專業知識之義務。同時，專業團體通常有責任發行專業學術期刊，以促進專業知識的進步與推廣。

此外，專業團體有很大的工作在維護或提升專業團體的社會地位和績效表現。一個專業是否受人尊敬，相當程度決定於專業人員

對自我形象的維護、自身專業團體的表現以及專業團體與利益關係者之間的關係。例如我國在實施健保制度之際，絕對有必要諮詢相關專業團體之意見，如果醫師公會沒有表示意見，政府如何可能訂出好的政策，亦即，專業團體的能力如果太弱，對於政策之制定沒有發言權或建議權，將直接損及專業團體的專業地位和權益。

6. 雇用組織關係

傳統上，許多專業人員屬於自行開業的自雇人員，例如醫師開診所、律師開事務所等，但已經有愈來愈多專業人員受雇於事務所、政府或大型企業等組織。這種雇用組織的增加，改變了許多專業的傳統。專業人員除了要維持其專業上的倫理之外，也需要顧及對於服務單位的倫理。當雇用組織對所雇用的專業人員，提出有違專業倫理的要求時，專業人員應該如何自處呢？基本上，雇用組織並不應該提出有違專業倫理之要求，受雇的專業人員有責任就此對受雇組織提出意見。換言之，當雇用組織的要求有違專業倫理時，專業人員應該忠於專業。

7. 第三者

這裡所稱的第三者指客戶及雇用組織之外的人或組織。雖然專業人員最主要服務對象是客戶，但是，在服務客戶的過程不應該對第三者造成傷害。例如，不當的工程或建築設計可能對第三者造成嚴重的傷害。因此，專業工程人員有責任阻止不當設計之發生。專業人員雖然要忠於客戶，卻不能以犧牲傷害第三者為手段。

8. 對公共利益之義務

專業人員通常是社會的菁英份子或領導階層，因此，對於專業相關的公共政策以及必要專業知識的推廣，應該積極參與，責無旁貸。例如，律師倫理規範第九條規定：「律師應參與平民法律服務，或從事其他社會公益活動，以普及法律服務。」本文在前面曾論及專業團體是市民社會中不可缺少的重要機構，專業人員必須積極參與專業團體以及公共事務，一個有生機的市民社會才有可能建立。

誰有專業？

台灣常有「名人是萬能」的投射，例如中研院李遠哲先生或台積電張忠謀先生雖然各有專業，但因為是名人所以可以對教育政策、政治議題、兩岸關係、核四興建等重大議題發表看法。如果真可如此，何需專業，專業又有何用武之地？會有這個現象，最根本的原因是台灣的專業團體力量不足，無法就其專業上提出有說服力、有影響力的論點。例如說，有關教育改革的問題，應該有教師相關的專業團體提出有力的論點。但是，這並不存在，於是「政治正確」就凌駕在教育專業之上。

伍、企業倫理推動方法

在了解倫理的基本內涵與價值、企業倫理、職業倫理和專業倫理的差異後，本節討論企業倫理的推動方法，以供擬推行企業倫理

的公司參考。首先我們要先討論兩種不同推動企業倫理的觀點，一是守法導向，另一是價值導向。其次，列示企業倫理檢驗程序以及警訊，以作為企業評核企業倫理之參考。最後，我們要討論，企業在推動企業倫理的各項活動時，有哪些具體的步驟。這裡，我們提出四個步驟：一是企業社群的建立，其次，發展倫理守則，第三，管理者以身作則，輔以對員工教育訓練來加深組織成員對倫理守則的體會，最後，企業經營者對其企業經營理念的持續思考和澄清。面對企業各種可能的利益衝突和關鍵性時刻，最終都需以企業的基本經營理念為決策依歸。

一、兩種推動企業倫理的觀點

推動企業倫理，使成員產生認同，主要可分為兩種觀點：一是建立清楚的倫理守則，並以適當的制裁懲罰來規訓成員產生認同；另一是擴大制定與執行倫理規約的參與，使成員感同身受進而認同內化企業倫理的價值。分別說明如後：

1. 守法導向

守法導向認為，企業倫理的推動在建立一些明文的準則。在這個理念下，公司首先需確認並統一公司的核心價值；其次，公司要明確規定應遵守的規則與責任，並訂定合理的決策程序；最後則是明定獎懲規則。由於此一推動觀點，十分倚重懲罰對成員行為的規範，因此，獎懲規則的內容不只要明確，更應注意執行程序，包括建立申訴的標準與程序、指定高階主管督導申訴、注意授權與稽核，此外，更應監督、稽核並提供有效的報告系統，執

行各紀律應具一致性，以避免成員反彈，並達到防止再有成員再犯的目的。有些公司訂有明確的倫理守則，並要求員工簽署承諾書，表示他們充分理解公司的倫理守則規範，並會遵守。這樣的作法，就是守法導向的作法。

2. 價值導向

價值導向認為，文字規範畢竟無法完全涵蓋所有的相關問題，重要的是員工是否對公司的倫理價值有充分體認。因此，一如守法導向，價值導向的倫理推動首先要充分理解公司的核心價值。但因推動的力量在建立培養成員對倫理價值的肯定，因此須著重公司政策制定過程應具正當性、允許分權式的決策、鼓勵倫理議題的討論，激發創新與保留執行工作的適當彈性。由於此一觀點是著重成員對倫理價值肯定，來形成有效的行為規範，因此推動的重點在導向成員的自我規約，幹部要以身作則，並透過訓練讓員工理解他們的責任，進而創造自由而公開討論的文化，並建立自我揭露程序等。在價值導向的理念下，企業仍然可能訂定倫理守則，但是，這些守則的重點在提示價值規範，未必具有明確的行動綱領或違規罰則。透過倫理守則，員工可以進行一些具體案例的討論。

二、企業倫理的檢證程序和警訊

1. 企業倫理檢證程序

這一節，我們根據前面的討論，提供一些具體的倫理檢證程序。

企業的任何決策如果沒有在倫理層面上做過合理的評估，非常可能造成不幸的後果。雖然在不同的經營環境，企業所要遵守的倫理規範可能會有所不同，但在檢證的程序上，我們依然可以根據有關倫理的基本論點，訂定相關程序。基本上，任何的企業決策可以依據下列六個原則進行檢證：

* 經濟：此一行動是否有效率？這個原則屬於前述效益論的檢證原則。

* 法律：此一行動是否合乎最起碼的倫理與法律規範？法律保證每個人的權利，所以，這屬於權利論的檢證原則。

* 受益者：誰會受益？受益多少？誰會受害？受害多少？這個檢證原則與倫理的效益論、權利論以及正義論都有關係。

* 一致性：如果我是可能的受害者，我是否容許他人採取同樣或類似行動？這個檢證原則屬於正義論。正義論最重要的觀點就是設身處地來決定一個決策的是非善惡。

* 正義：弱勢者因為比較不會保護自己權益，是否被不公正的對待？很顯然，這個原則是正義論所發展出來的。

* 自由：對於我們的自我發展與自我實現而言，此一行動是否使我們較不自由，較沒選擇？這是權利論的重要論點。權利論認為每個人都應該有自我發展與自我實現的基本權利，所以，任

何的企業行動都應該有助於員工或顧客的自我發展與自我實現。

2. 企業倫理警訊

無論我們論述企業倫理的哲學立場是什麼，也無論我們用什麼樣的方式推動企業倫理，員工若是碰到下列的情形，就表示此間可能有企業倫理的爭議存在，企業員工應該格外的小心。

* 就這麼一次，以後不會再有類似的問題
* 怎麼做不重要，只要做到就好
* 這件事似乎好到難以置信
* 每個人都這麼做，不須要特別擔心
* 沒人會知道，我們可以隱瞞；把文件毀掉或是我們沒有這段對話

三、推動企業倫理的具體步驟

不同於法律和道德，企業倫理對企業成員行為規範的作用力，係源自於成員對合適或正當行為的共識。因此如何建立對合適或正當行為的共識？如何維持這個共識？必須包含在推動企業倫理推動的具體步驟中。以下說明推動企業倫理具體的推動步驟：

1. 建立企業社群

企業社群是指企業彼此形成一個擁有共同文化的企業社會網絡。例如日本大企業員工的離職率很低，原因之一即奠基於企業之間

有不雇用其他公司離職員工的默契。姑且不論這項默契的好壞，但默契的維持，就必需依賴企業社群的力量才能成功。建立企業社群最重要的基礎在於由企業所組織而成的各種同業公會或工、商業總會。以鋼鐵工會為例，工會的主要職責不是從事價格壟斷或產業管制，而應是促進整體利益，如共同研發，讓產業得以提升，或從事相關政策研究，以具有政策建議的能力（policy suggestion）。由於歷史因素，台灣普遍社群的力量太弱，既無法形成穩定的企業倫理價值，創造有效率的經營環境；另一方面則難以在政府政策形成的過程提供建議，引導政策的發展方向。

2. 發展倫理守則

管理企業倫理的第二項重要工作，是擬訂、宣示倫理守則並促其確實遵守。員工、社群、同業以及利益相關者的關係如何？如何遵守法律、貢獻社會？企業應至少有此承諾（commitment）。以美國前100大企業為例，有75%有企業守則，台灣則幾乎都沒有企業訂定公開的倫理守則。當然，有企業倫理守則企業不一定可以做到，但有企業倫理守則似乎是展現企業願意踐行企業倫理守則的最基本表現。

3. 管理者以身作則

企業宣示倫理守則之後，企業成員是否會確實遵守，並內化為企業成員的價值？還相當受到企業領導者行為的影響。企業領導人如果每天想的是如何鑽法律漏洞，如何佔市場或顧客的便宜來獲利，那員工也會以同樣的思考來增加自己的福利或報酬。因此，公司如果不想成為廉價不被人敬重的企業（cheap company），企

業領導人要從自身做起。

台灣充滿路邊攤的叫價文化，即使政黨亦然，本來要發老年津貼NT$3,000元；另一政黨承諾每月NT$6,000，然後 $8,000、$10,000，究竟國庫能支持多少金額的老年年金，發放老年年金又能對老年安養有多大的協助，似乎已不再是決定發放的參考準則，而更類似路邊攤隨意叫價的文化。當然，企業領導人若對企業倫理的態度是以路邊攤的叫價方式，由競爭對手的表現來決定企業倫理的內容，而不是真切體會倫理對企業內部運作和外部競爭優勢的重要性，企業倫理的落實自然遙不可期。

4. 持續思考澄清基本信念

經營者必須要有信仰。本書一開始討論企業願景，並以企業倫理作為結束，主要理由即在凸顯企業價值或深層信仰的重要性。不論企業願景或企業倫理都需以企業的核心意識型態或領導人的價值為依歸。缺乏基本信念和價值的企業，就如同不知生活目的的個人一樣，沒有靈魂，容易在市場競爭的壓迫下做出為害甚烈的行為，並且無法發自內心主動地提供服務，因此，在致力於建立企業倫理之際，高階領導人與管理者的基本信念是什麼，亟需要進行澄清與探索。

具備以上持續反覆的推動步驟，企業倫理要能被企業內每位成員遵行，還需相當多的教育訓練。亦即，如何面對倫理爭議，如何獲致兼容並蓄的解決之道，是員工需要被發展的能力。每個人在工作上都會遇各式各樣倫理的問題，基本上沒有標準答案，該如

何做十分需要組織成員的經驗分享。例如忠孝難兩全、家庭與事業，沒有對錯或是非，討論的意義在面臨兩難時，可以讓員工比較敏銳地知覺所處的情境，不是糊里糊塗地決定，而是可以謹慎地兼容並蓄地制定不致玷污自己道德的決定。

彙總

高貴始於卑微。雖然很多人會質疑，如果企業連飯都吃不飽，如何能講求倫理？或是企業的目的是獲利，何需多談倫理？如同人一樣，人活著的目的是為了吃飯嗎？人要吃飯才能活著，但人活著的目的卻絕不只是為了吃飯。同樣的道理，企業要有獲利才能繼續生存，但企業繼續生存的目的絕不只是為了獲利。然而，要是企業遵守倫理的結果是喪失競爭力，那企業倫理不可能存在，因此，企業倫理要有功利基礎，也就是說，認真執行企業倫理的企業應該更有競爭力，事實也的確如此。

高貴自然讓人尊敬，但如果在寒微貧困時，還能顯得高貴，才是值得尊敬真的高貴。大企業資源寬裕，被期望落實企業責任，相對地，作為中小企業，雖然利潤很微薄，但若有決心、有企圖心，企業依然能獲利又能維持基本的倫理道德。企業也只有納入倫理考量，視為企業經營無以迴避的挑戰或不能妥協的目標，才能因此有所提升，創造更強的競爭力。

此外，從生物演化的角度觀之，企業倫理具有實質的經濟功能，一方面可使企業內和企業之間的行為有所規範，進而降低企業互

動的不確定性；另一方面則是有效解決交易衝突的機能。在其他
條件相同的情況下，一個具有穩定倫理價值的企業社群，自然會
是一個比較具有效率的。如法國社會學家涂爾幹所說：契約的落
實，必須靠契約之外的精神來維持。因此，光憑法律是不足以創
造和維持一個有效率的企業經營環境，而必須透過倫理來維持。

傳統社會運作秩序的維持向來十分依重人際倫理的規範，但在邁
向現代經濟社會的過程中，人際倫理的約束力日益薄弱，透過企
業倫理的建立和發展，來規範新興的交易和互動關係，將是社會
的重要課題。展望未來，隨著企業經營範疇的國際化，以及各利
益團體勇於捍衛各自的利益和價值，企業倫理的發展與建立，已
成為企業經營難以迴避的挑戰。我國企業在提倡產業升級，增加
產品附加價值的同時，企業經營者的基本理念也絕對有持續思考
澄清的必要，正視企業活動的本質，尊重所有與企業活動相關團
體的利益，才是企業經營可長可久之道。

問題討論

1. 請提供你生活周遭有關企業倫理的實際案例，即組織發生的問
   題或是值得討論的倫理議題，以供討論之用。

2. 請整理說明本章你所學到最有用的觀念或技能

參考文獻

葉匡時，2000，〈企業倫理的分析模式與體制變遷〉，企業倫理與永

續發展研討會，中壢：中央大學。

葉匡時，2000，〈論專業倫理〉，《人文及社會科學集刊》，第十二卷，第三期：495～526。

Badaracco, Joseph L. Jr.，〈建立特質的修練之道〉，鄭懷超譯，《領導：哈佛商業評論精選01》，台北：天下文化。

Bayles, Michael D. 1989. *Professional Ethics*. Belmont, CA: Wadsworth Publishing.

Carroll, A. 1979. A Three - Dimensional Conceptual Model of Corporate Social Performance. *Academy of Management Review,* 4: 497-505.

Gerstner, Louis V. Jr. 2002. *Who Says Elephants Can't Dance? Inside IBM's Historic Turnaround.* New York: Harper Collins Publishers Inc.（羅耀宗譯，2003，《誰說大象不會跳舞？——葛斯納親撰IBM成功關鍵》，台北：時報出版）

Porter, Michael E. & Kramer, Mark R. 2002. The Competitive Advantage of Corporate Philanthropy. *Harvard Business Review,* 80 (12): 56-69.

Rawls, John Bordley. 1972. *A Theory of Justice*. Belknap Press.（趙敦

華，1988，《勞斯的正義論解說》，台北：遠流。)

Stark, Andrew. 1993. What's the Matter with Business Ethics?. *Harvard Business Review,* May-June 1993: 38-48.

臺灣商務印書館「經理人系列」精選推薦書——

經理人02

《CEO這麼說

——突破變局的領導名言》

作者/朱家祥　定價／NT$300

傾聽山姆・沃爾頓；傾聽傑克・威
爾許；傾聽華倫・巴菲特……，傾
聽全球頂尖CEO的醒世名言重現。
藉由作者幽默機趣的筆法，讓您領
會改變變局的世紀說服力！

聯合推薦：

朱教授援引了許多經濟學家與華爾街經
理人的箴言，其中有深刻、嚴肅、詼諧、戲謔不同的風貌。本書加入了作者
個人的評論，用輕鬆的觀點來闡明金融市場的運行法則，如果您是初學的投
資人，推薦您把這本書讀一遍。如果您想成爲終身的投資人，一年之後，再
唸一遍。

台灣金融研訓院院長　薛琦

朱教授的這本執行長雋語錄，提供了數十位專業經理人在企業管理上深刻的
體驗，內容生動，發人省思。作者的評論簡潔，但訊息含量高，堪稱擲地有
聲。對於時間寶貴，無暇深究大部頭管理理論的經理人，這是一本短時間可
讀完，卻又獲益良多的小冊子。

戴爾電腦總經理　石國揚

管理講求的是形而上的原則。無爲而治、分工授權或集權管理，不論何種模
式，全是原則的運用。專業則是實行的細節。對有相當經驗的經理人而言，
這本書具有原則再提示的作用。

王品集團董事長　戴勝益

經理人系列 3　**EMBA的第一門課**

作　　　者　葉匡時 俞慧芸
特約主編　徐桂生
責任編輯　余友梅
助理編輯　曾秉常
校　　對　葉匡時 余友梅 曾秉常
封面設計／版面構成　白淑美
書系識別設計　何麗兒
印　　務　陳基榮
排　　版　辰皓國際出版製作有限公司
發 行 人　王學哲
總 編 輯　方鵬程
出 版 者　臺灣商務印書館股份有限公司
地　　址　臺北市10036重慶南路1段37號
電　　話　(02)2371-3712
傳　　真　(02)2371-0274
讀者服務專線　0800056196
郵政劃撥　0000165-1
網路書店　www.cptw.com.tw
E - m a i l　cptw@cptw.com.tw
網　　址　www.cptw.com.tw
出版事業登記證　局版北市業字第993號

初版一刷　2004年8月
初版二刷　2006年7月
定　　價：新臺幣500元
ISBN　957-05-1895-2

國家圖書館出版品預行編目資料

EMBA的第一門課 / 葉匡時, 俞慧芸合著.
 -- 初版 . -- 臺北市：臺灣商務, 2004[民93]
　　面；　公分
　ISBN 957- 05- 1895- 2（精裝）
　1. 組織（管理） 2. 領導論

494.2　　　　　　　　　　　93011860

100臺北市重慶南路一段37號

臺灣商務印書館　收

請對摺寄回，謝謝！

經理人系列╱讀者回函卡

感謝您對本館的支持，為加強對您的服務，請填妥此卡，免付郵資寄回，可隨時收到本館最新出版訊息，及享受各種優惠。

姓名：＿＿＿＿＿＿＿＿＿＿＿＿＿＿ 性別：□男 □女

出生日期：＿＿年＿＿月＿＿日

職業：□學生 □公務（含軍警） □家管 □服務 □金融 □製造
　　　□資訊 □大眾傳播 □自由業 □農漁牧 □退休 □其他

學歷：□高中以下（含高中） □大專 □研究所（含以上）

地址：＿＿＿＿＿＿＿＿＿＿＿＿＿＿＿＿＿＿＿＿＿＿
　　　＿＿＿＿＿＿＿＿＿＿＿＿＿＿＿＿＿＿＿＿＿＿

電話：（H）＿＿＿＿＿＿＿＿ （O）＿＿＿＿＿＿＿＿

E-mail:＿＿＿＿＿＿＿＿＿＿＿＿＿＿＿＿＿＿＿＿

購買書名：＿＿＿＿＿＿＿＿＿＿＿＿＿＿＿＿＿＿

您從何處得知本書？
　　　□書店 □報紙廣告 □報紙專欄 □雜誌廣告 □DM廣告
　　　□傳單 □親友介紹 □電視廣播 □其他

您對本書的意見？（A/滿意 B/尚可 C/需改進）
　　　內容＿＿＿ 編輯＿＿＿ 校對＿＿＿ 翻譯＿＿＿
　　　封面設計＿＿＿ 價格＿＿＿ 其他＿＿＿＿＿＿

您的建議：＿＿＿＿＿＿＿＿＿＿＿＿＿＿＿＿＿＿
　　　　　＿＿＿＿＿＿＿＿＿＿＿＿＿＿＿＿＿＿
　　　　　＿＿＿＿＿＿＿＿＿＿＿＿＿＿＿＿＿＿

臺灣商務印書館

台北市重慶南路一段三十七號 電話：（02）23116118・23115538
讀者服務專線：0800056196 傳真：（02）23710274
郵撥：0000165-1號 E-mail：cptw@ms12.hinet.net
網址：www.commercialpress.com.tw